河南地球科学研究进展

2020

河 南 省 地 质 学 会 主编
河南省国土资源科学研究院 协编

中国矿业大学出版社
· 徐州 ·

内 容 简 介

　　本书收录的论文是河南省地质学会所属理事单位的地质科技人员撰写的,内容涉及地质矿产、水文地质、环境地质、工程地质、地球物理勘查、遥感地质、测试分析、测绘及信息技术等与地质学有关的几乎所有领域,信息量比较大,内容比较丰富。此外,本文集还收录了绿色矿山建设方面的论文,反映出地质工作服务社会经济发展的领域在不断拓宽。

　　本文集对于河南省地质工作者,尤其是广大青年地质工作者具有一定的参考价值。

图书在版编目(C I P)数据

　　河南地球科学研究进展.2020 / 河南省地质学会主编.—徐州:中国矿业大学出版社,2020.10
　　ISBN 978-7-5646-4713-1

　　Ⅰ.①河… Ⅱ.①河… Ⅲ.①地球科学-文集 Ⅳ.①P-53

　　中国版本图书馆 CIP 数据核字(2020)第 184668 号

书　　名	河南地球科学研究进展(2020)
主　　编	河南省地质学会
协　　编	河南省国土资源科学研究院
责任编辑	姜　华
出版发行	中国矿业大学出版社有限责任公司
	(江苏省徐州市解放南路　邮编 221008)
营销热线	(0516)83884103　83885105
出版服务	(0516)83995789　83884920
网　　址	http://www.cumtp.com　E-mail:cumtpvip@cumtp.com
印　　刷	江苏凤凰数码印务有限公司
开　　本	889 mm×1194 mm　1/16　印张 16.5　字数 466 千字
版次印次	2020 年 10 月第 1 版　2020 年 10 月第 1 次印刷
定　　价	99.00 元

(图书出现印装质量问题,本社负责调换)

《河南地球科学研究进展(2020)》
编委会名单

前　言

　　本书收录的文章是河南省地质学会所属理事单位的地质科技人员撰写的,由河南省地质学会从征集的学术论文中精选出来的,内容除涉及传统的地质矿产、水工环地质、方法技术、其他等几大板块外,新增了绿色矿山板块,主要是生态地质及绿色矿山建设方面的文章,尽管不是很多,但是足以说明地质专业为社会服务的领域在不断拓宽,这也是本书的一个特色。

　　本书共收录42篇文章,"地质矿产"方面13篇文章,其中《熊耳山-外方山矿集区火山碎屑岩型金矿地质特征——堂门沟金矿的发现及地质意义》一文的内容是作者于2016—2019年间在实施中国地质调查局项目过程中的新发现,经初步研究认为该金矿不同于区内已有金矿床类型,属于一种新的矿床类型,即与熊耳群马家河组火山沉积建造有关的层控型火山碎屑岩型金矿,该矿床的发现不仅为在区内寻找同类型金矿提供了借鉴,而且进一步扩大了熊耳山-外方山矿集区金矿找矿空间;"水工环地质"方面10篇,包括水文地质、环境地质和工程地质等专业的文章;"方法技术"方面14篇,包括地球物理勘查、地球化学勘查、遥感地质和测试分析等专业的文章;"绿色矿山"方面2篇;"其他"方面3篇。

　　本书的出版得到了河南省国土资源科学研究院的大力支持和协助,在此表示诚挚的感谢! 由于时间仓促,水平所限,书中难免有许多不足之处,恳请读者批评指正。

本书编委会

2020 年 6 月

目 录

绿 色 矿 山

其 他

地 质 矿 产

河南省栾川矿集区钼多金属矿深部快速找矿突破

韩江伟[1,2],燕长海[1,2],李军军[3],冯燕涛[4],
王功文[2],宋要武[1],马振波[1],谭和勇[1]

(1. 河南省金属矿产成矿地质过程与资源利用重点实验室/河南省地质调查院,河南 郑州 450001;
2. 中国地质大学,北京 100083;3. 栾川县自然资源局,河南 洛阳 471500;
4. 栾川县鑫曙伟博矿业有限公司,河南 洛阳 471500)

摘 要:本文简要介绍栾川矿集区钼多金属矿深部找矿突破的工作思路和技术方法,包括从成矿区带通过综合信息预测确定开展深部找矿的矿集区。在矿集区通过成矿系统研究,结合矿床特点选择合适的深部探测技术方法,建立矿床模型和找矿模型,在此基础上建立矿集区综合地学信息数据库,运用证据权法和"密度-面积"(C-A)分形方法开展三维综合地质建模和定位定量预测评价,在圈定的找矿靶区内采用大比例尺的地质、物探、化探、可控源音频大地电磁法(CSAMT)剖面测量,确定靶位并进行钻探验证。该套技术流程在栾川矿集区的深部找矿中取得了良好的找矿效果,并对其他成矿区带的深部快速找矿突破具有借鉴意义。

关键词:河南省;栾川矿集区;深部找矿勘查;三维地质建模;立体预测

1 引言

河南省栾川矿集区位于华北陆块南缘褶皱带多金属成矿带(Ⅲ级)西段[1],是我国 26 个重要成矿区带[2]之一的豫西成矿区[3]的典型代表,经过数十年的找矿勘查和科学研究工作,相继发现和评价了上房沟、南泥湖-三道庄、冷水北沟、百炉沟、赤土店西沟等大中型钼(钨)、铅锌、银矿床(产地)[4-13],但由于长期持续的强力开发,区内浅部资源消耗非常严重,加上以往勘查深度较浅,因此该区亟须向深部找矿。

由河南省地质调查院联合中国地质大学(北京)等国内地学院校在栾川矿集区开展了一系列科研攻关,建立了区域成矿预测优选成矿远景区(矿集区);通过在矿集区进行成矿规律和成矿系统研究,建立成矿模式,运用深部找矿勘查技术方法建立找矿模型,开展综合地学信息三维地质建模和定量预测,圈定找矿靶区和进行资源量评价;在靶区内采用大比例尺的地质、物探和化探方法定位预测矿体,并进行钻探工程验证。通过科研和生产紧密结合,在栾川矿集区取得了钼多金属深部找矿突破,提交特大型钼多金属矿一处[14]。该深部找矿突破过程和方法对我国内生金属找矿具有示范意义。

2 成矿区(带)尺度的快速找矿突破

本次工作选择豫西成矿带开展钼多金属矿成矿预测,指导国家找矿战略行动计划在区内的勘

基金项目:国家科技支撑计划课题(2011BAB04B06)、国土资源部公益性行业科研专项经费项目课题(201111007-4)。

作者简介:韩江伟,男,1978 年生。高级工程师,从事矿产调查评价、研究和勘查工作。

燕长海,男,1955 年生。教授级高级工程师,俄罗斯自然科学院院士,主要从事矿产预测及研究工作。

查工作部署,并为勘查工作提供技术支撑。经过栾川矿集区钼多金属矿找矿实践检验的成矿区(带)实现快速找矿突破的技术方法组合或技术思路为"成矿区(带)预测→矿集区预测→矿床(体)预测→钻探工程验证圈定矿体"。

2.1 矿集区尺度的找矿远景区的定量圈定

矿集区尺度的找矿远景区的定量圈定采用综合信息成矿预测,鉴于部分数据区域资料尺度的差异及其精度问题,数据区域以1:20万比例尺为主,部分区域采用1:5万比例尺。通过研究控矿地层、构造、岩体信息以及航磁、重力、钼元素异常和遥感蚀变信息等多元找矿标志信息,采用证据权分析法对成矿信息进行集成分析,提取致矿异常信息作为找矿标志。在综合分析找矿标志的基础上,将致矿异常信息作为证据权因子进行独立性检验,选择独立性好的证据权因子,计算成矿有利度数值(成矿后验概率),获得各证据权因子的权重值(图1)。

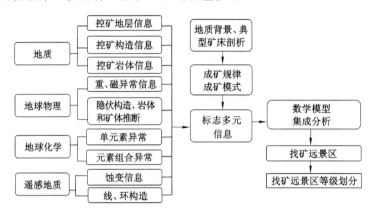

图 1 豫西成矿带钼铅锌多金属综合信息成矿预测技术方法流程图

然后,运用岩石地球化学"密度-面积"(C-A)分形方法[15]划定了成矿有利度的阈值,优选找矿远景区[16]。通过分析矿集区的区域成矿地质条件、矿产地分布特征,结合成矿后验概率,将10个矿集区划分为3个等级(Ⅰ、Ⅱ、Ⅲ)。栾川矿集区属于Ⅰ级,不仅成矿条件优越、已知大中型矿床多,而且后验概率超过0.9,区内工作程度高,是能够实现快速找矿突破的第一选择。

2.2 矿床(体)尺度的找矿靶区的定量圈定

矿床(体)尺度的找矿靶区的定量圈定是在矿集区内完成的大比例尺(大于1:5万比例尺)综合信息定量预测工作。预测工作以成矿系统、地质异常理论为指导,以矿集区多元、多维和多尺度的地学信息空间关系基础数据库为基础,包括地质、矿产、地球物理、地球化学、遥感以及野外实测数据(大比例尺填图、剖面实测、钻探资料和遥感蚀变与构造信息)和测试数据(岩矿分析、稳定同位素、流体包裹体示踪和成矿年代学以及高精度电磁法勘测资料等),运用"数学地质计算+地质知识推理+重、磁正反演"组合方法进行三维地质建模研究[17-20]。在此基础上,运用多重分形、虚拟钻孔等技术方法,建立三维致矿异常信息数据库,并构置、筛选和优化三维致矿异常信息(变量),利用概率神经网络法开展三维矿产资源定量化评价——运用分形方法计算阈值,通过研究区钻孔验证和关键地质变量(如赋矿地层、成矿岩体以及成矿构造)约束双重检验圈定找矿靶区;运用三维块体单元统计分析法估算资源量(图2)。

利用三维地学信息集成与资源预测评价软件GeoCube[21],在优化矿集区已建立的三维地层、构造、岩浆岩体等地质实体模型的基础上,建立了栾川矿集区地质体(地层、构造、岩体)"时-空-因"三维综合信息找矿模型,运用证据权法和多重分形方法对矿集区多元信息变量集成,圈定有利找矿靼区 23 个,为隐伏矿床(体)深部找矿勘查工作提供了依据。

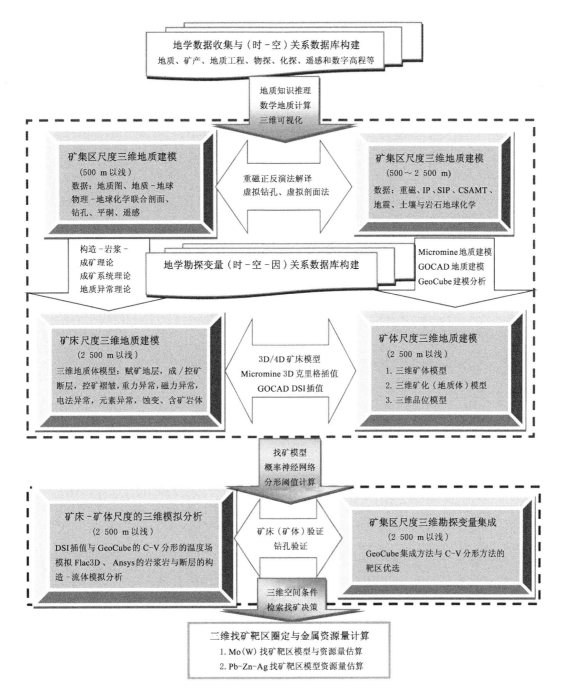

图 2　矿集区三维地质建模与资源预测评价技术方法流程图

2.3　深部成矿有利地段的确定

栾川矿集区钼多金属矿属岩浆-热液成矿系统,主要控矿要素为燕山期中酸性小岩体,脉状铅锌矿主要受构造和地层控制。区内的岩(矿)石物理性质差异具备开展大探测深度地球物理勘探的条件,利用1∶2.5万比例尺的高精度重、磁测量可以有效推断成矿期岩体并预测岩体埋深[22]。三维定量预测的靼区可以通过已知钻孔、1∶1万以上比例尺的 CSAMT 进一步预测成矿地质体的顶界面埋深及可能的含矿地质体,而1∶1万比例尺的地质-岩石或构造裂隙地球化学测量可进一步确定矿体的平面范围,两者结合可以确定矿体靶位[23]。

3　矿集区钼多金属矿成矿规律研究新进展

前期,科研工作者在栾川矿集区内开展了大量的矿床学研究工作,对区内钼铅锌多金属成矿的认识主要有:① 南泥湖钼(钨)矿田外围的铅锌矿与岩浆热液活动有关[7-10];② 赋存于官道口群龙家园组白云岩内的层控铅锌矿(如百炉沟等)和栾川群煤窑沟组细碎屑岩与碳酸盐岩岩性转换界面处的层状铅锌矿(如赤土店等)分别为MVT型铅锌矿床和SEDEX型铅锌矿床[11-13];③ 区内的钼矿与铅锌矿时空关系构成一个成矿系统,斑岩-夕卡岩钼矿与铅锌矿互为找矿标志[24]。但是以往的研究更多注重矿床本身的成因研究,对于构造的控岩、控矿作用的研究比较薄弱,因此,理想化的矿床模式无法用于精确的定量预测工作。

近年来,通过对栾川矿集区骨干构造剖面的测制、分析、解构,结合前期构造地质学研究成果以及本次工作获取的电磁法测量和高分辨率反射地震测量结果,发现矿集区浅部整体构造格架表现为自北北东向南南西方向推覆的逆冲推覆构造体系、矿集区上房南沟-大窑峪沟一线两侧构造不一致、矿集区浅部与深部构造特征不协调等新认识。

通过典型矿床解剖和地质图修编,结合重、磁测量资料的解译推断,发现矿集区内钼钨多金属矿在浅部(地下1 500 m以浅)主要受控于青和堂-庄科背斜和黄背岭-石宝沟复式倒转背斜,分别构成南泥湖和石宝沟钼钨多金属矿田,二者均表现为以斑岩-夕卡岩型钼(钨)矿床为中心,向外依次为层状(控)型铅锌多金属矿床、脉状铅锌银矿床的空间分布规律,深部(地下2 000 m左右)两个矿田相连构成栾川钼钨多金属矿集区(图3),突破了前人"栾川地区以南泥湖钼钨矿为中心向外依次分布着铅锌矿"的传统认识。

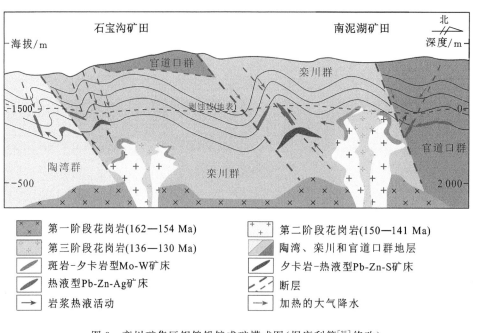

图3　栾川矿集区钼钨铅锌成矿模式图(据唐利等[25]修改)

4 矿集区深部资源勘查技术

栾川矿集区的岩(矿)石物理性质差异具备开展深部物探工作的条件:成矿地质体——燕山期中酸性小岩体较围岩一般具有密度小、磁化率高的特征,这种差异可以通过高分辨率的重、磁测量将成矿地质体识别出来。利用1:2.5万比例尺的地面重、磁测量,通过重、磁正反演联合解译,可以建立成矿地质体的三维地质模型[20,22]。通过已有钻孔揭露的成矿地质体位置,可以进一步提高隐伏岩体埋深等值线的精度(图4),为深部找矿和矿体定位预测提供重要依据,据此部署的验证钻孔均在相应位置见到了目标物——隐伏含矿地质体。

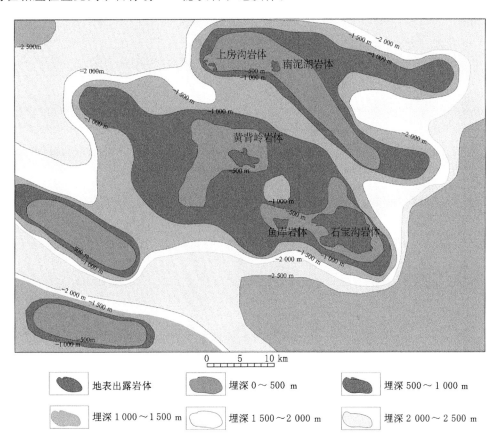

图 4 重、磁推断中酸性岩浆岩埋深等值线图

为了进一步确定与成矿有关的隐伏地质体的空间位置、形态、产状以及含矿性,开展了可控源音频大地电磁测深、频谱激电(SIP)和构造裂隙地球化学测量工作,综合研究圈定了隐伏的成矿有利地段,提出了钻探工程验证靶位。经验证,在相应位置均见到富厚的钼(钨)矿体,取得了良好的找矿效果。同时,提出了矿集区快速实现找矿突破的有效技术方法组合:1:2.5万地质图修测+地面高精度重力、磁法测量→CSAMT+SIP+高精度重力、磁法+构造裂隙地球化学测量→钻探验证,在矿集区推广实践中取得了成功。

5 矿集区三维地质建模和立体预测

5.1 矿集区三维地质建模技术方法

全面收集和整理栾川矿集区内已有地质、矿产、地球物理、地球化学、遥感以及野外实测数据(大比例尺地质填图、剖面实测、钻探资料和遥感蚀变与构造信息)和测试数据(岩矿分析、稳定同位素、流体包裹体示踪和成矿年代学以及高精度电磁法勘测资料等),在同一三维坐标系统内,运用"地质知识推理＋构造地球化学分析＋重、磁正反演"集成方法开展三维地质模拟研究;在此基础上,进一步运用多重分形、虚拟钻孔、虚拟剖面等技术方法,建立矿集区三维地学信息数据库以及三维地质模型(包括三维地质结构模型和三维属性模型)。对矿集区 1∶2.5 万地面高精度重、磁测量数据进行重、磁正反演联合处理解释,以推断矿集区内无深部工程控制地区深部含矿地质体的形态、产状,将三维地质建模由矿床(体)尺度拓展到矿集区尺度,对于"整装勘查"和深部找矿具有重要的指导意义。

5.2 基于矿集区三维地质模型的立体预测

根据已建立的矿集区三维地质模型,进一步构置、筛选和优化三维致矿异常信息(变量),利用概率神经网络与分形法,以分层式和集成式两种综合定量评价模型集成地学致矿异常信息,运用多重分形方法计算阈值以初步圈定找矿有利靶区。通过研究区三维钻孔模型(25％)交叉验证结果对比和关键地质变量约束,进一步圈定出斑岩-夕卡岩型 Mo(W)矿找矿靶区与层控型和脉状型Pb-Zn-Ag矿有利找矿靶区。

5.3 矿床(体)三维地质建模与定量预测

矿体建模基于生产矿山的勘探资料,提出通用的地质勘探数据模型,采用线框模型对涉及的地质体(地表、矿体、地层、侵入岩、构造)进行三维建模,并进行空间分析和成矿预测。根据矿体品位统计分布规律,运用某种克里格插值法预测钼矿储量。利用矿床(体)尺度的定量找矿模型,将研究区内地层、岩体和断裂构造的三维模型与重力、磁法、物探、化探等实测资料进行多信息、多层次的叠加分析,预测最有利的深部成矿地段。

6 结语

(1)在豫西成矿带采用综合信息成矿预测,选择独立性好的钼多金属矿致矿异常信息计算成矿有利度,采用 C-A 分形法划定了成矿有利度的阈值,优选找矿远景区。

(2)运用"数学地质计算＋地质知识推理＋重、磁正反演"组合方法进行三维地质建模,运用分形方法计算阈值,通过研究区钻孔验证和关键地质变量约束双重检验圈定找矿靶区。

(3)建立了矿集区快速定靶位的方法技术组合:1∶2.5 万地质图修测＋地面高精度重力、磁法测量→CSAMT＋SIP＋高精度重力、磁法＋构造裂隙地球化学测量→钻探验证。

参 考 文 献

[1] 燕长海,刘国印,彭冀.豫西南地区铅锌银成矿规律[M].北京:地质出版社,2009.
[2] 肖克炎,邢树文,丁建华,等.全国重要固体矿产重点成矿区带划分与资源潜力特征[J].地质学报,2016,90(7):1269-1280.

[3] 李俊建,何玉良,张彦启,等.豫西成矿带成矿区划研究进展[J].矿床地质,2014,33(增刊1):803-804.

[4] 罗铭玖,张辅民,董群英,等.中国钼矿床[M].郑州:河南科学技术出版社,1991.

[5] 翁纪昌,付治国.栾川上房沟特大型钼矿床蚀变分带规律研究[C]//河南地质学会.河南地球科学通报2008年卷(上册).

[6] 盛中烈,罗铭玖,李良骏.豫西一斑岩钼矿带的基本地质特征及主要成矿控制因素[J].地质学报,1980,54(4):300-309.

[7] 吕文德,赵春和,孙卫志,等.豫西南泥湖多金属矿田铅锌矿地质特征与成因研究[J].矿产与地质,2006,20(3):219-226.

[8] 吕文德,赵春和,孙卫志,等.河南栾川地区夕卡岩型铅锌矿地质特征:南泥湖钼矿外围找矿问题[J].地质调查与研究,2005,28(1):25-31.

[9] 王长明,邓军,张寿庭,等.河南南泥湖Mo-W-Cu-Pb-Zn-Ag-Au成矿区内生成矿系统[J].地质科技情报,2006,25(6):47-52.

[10] 叶会寿,毛景文,李永峰,等.豫西南泥湖矿田钼钨及铅锌银矿床地质特征及其成矿机理探讨[J].现代地质,2006,20(1):165-174.

[11] 刘国印,燕长海,宋要武,等.河南栾川赤土店铅锌矿床特征及成因探讨[J].地质调查与研究,2007,30(4):263-270.

[12] 燕长海,刘国印.豫西南铅锌多金属矿控矿条件及找矿方向[J].地质通报,2004,23(11):1143-1148.

[13] 燕长海,宋要武,刘国印,等.河南栾川杨树凹-百炉沟MVT铅锌矿带地质特征[J].地质调查与研究,2004,27(4):249-254.

[14] 何玉良,韩江伟,云辉,等.河南省栾川钼矿集区深部找矿发现世界级钨钼矿[J/OL].中国地质:1-4[2020-05-24].http://kns.cnki.net/kcms/detail/11.1167.P.20200116.1804.008.html.

[15] CHENG Q M,AGTERBERG F P,BALLANTYNE S B. The separation of geochemical anomalies from background by fractal methods[J]. Journal of geochemical exploration,1994,51(2):109-130.

[16] 肖巧艳,王功文,张寿庭,等.豫西南杜关-云阳钼多金属成矿预测研究[J].现代地质,2011,25(1):94-100.

[17] WANG G W,ZHANG S T,YAN C H,et al. Mineral potential targeting and resource assessment based on 3D geological modeling in Luanchuan region,China[J]. Computers & geosciences,2011,37(12):1976-1988.

[18] WANG G W,MA Z B,LI R X,et al. Integration of multi-source and multi-scale datasets for 3D structural modeling for subsurface exploration targeting,Luanchuan Mo-polymetallic district,China[J]. Journal of applied geophysics,2017,139:269-290.

[19] WANG G W,ZHANG S T,YAN C H,et al. Application of the multifractal singular value decomposition for delineating geophysical anomalies associated with molybdenum occurrences in the Luanchuan ore field (China)[J]. Journal of applied geophysics,2012,86:109-119.

[20] WANG G W,ZHU Y Y,ZHANG S T,et al. 3D geological modeling based on gravitational and magnetic data inversion in the Luanchuan ore region,Henan Province,China[J]. Journal of applied geophysics,2012,80:1-11.

[21] LI R X,WANG G W,CARRANZA E J M. Geo Cube:a 3D mineral resources quantitative prediction and assessment system[J]. Computers & geosciences,2016,89:161-173.

[22] 王功文,张寿庭,燕长海,等.基于地质与重磁数据集成的栾川钼多金属矿区三维地质建模[J].地球科学,2011,36(2):360-366.

[23] 马振波,燕长海,宋要武,等.CSAMT与SIP物探组合法在河南省栾川山区隐伏金属矿勘查中的应用[J].地质与勘探,2011,47(4):654-662.

[24] 毛景文,叶会寿,王瑞廷,等.东秦岭中生代钼铅锌银多金属矿床模型及其找矿评价[J].地质通报,2009,28(1):72-79.

[25] 唐利,张寿庭,曹华文,等.河南栾川矿集区钼钨铅锌银多金属矿成矿系统及演化特征[J].成都理工大学学报(自然科学版),2014,41(3):356-368.

熊耳山-外方山矿集区火山碎屑岩型金矿地质特征

——堂门沟金矿的发现及地质意义

李肖龙,李万忠

(河南省地质调查院/河南省金属矿产成矿地质过程与资源利用重点实验室,河南 郑州 450001)

摘　要: 位于华北克拉通南缘的熊耳山-外方山矿集区的嵩县堂门沟金矿是近年来新发现的矿床,勘查工作和研究程度均较低。本文在分析堂门沟金矿成矿地质背景和矿床地质特征的基础上,进行了勘查地球物理和勘查地球化学研究。经研究初步认为,堂门沟金矿不同于矿集区内其他已经发现的金矿床,其他金矿多属于构造蚀变岩型或隐爆角砾岩型,而该金矿属于火山碎屑岩型金矿。熊耳山-外方山矿集区古火山机构众多,堂门沟金矿的发现,为寻找同类型金矿提供了借鉴意义。今后应加强在熊耳群马家河组内寻找火山碎屑岩型金矿的工作力度,进一步扩大找矿空间。

关键词: 火山碎屑岩型金矿;地质特征;堂门沟;熊耳山-外方山

引言

熊耳山-外方山矿集区位于华北克拉通南缘,区内金矿资源丰富,并伴有银、钼、铅锌等矿产,是我国著名的金多金属矿集区。该区目前已经发现并探明的大中型金矿有上宫金矿、康山金矿、北岭金矿、槐树坪金矿、祁雨沟金矿、公峪金矿、瑶沟金矿、九仗沟金矿、前河金矿、店房金矿、庙岭金矿等,这些金矿主要为构造蚀变岩型或隐爆角砾岩型。2016—2019年在开展熊耳山-外方山地区矿产地质调查与找矿预测过程中,新发现了堂门沟金矿,初步认为该金矿不同于其他已发现的金矿,该金矿属于火山碎屑岩型。

1　区域地质背景

熊耳山-外方山地区处于华北克拉通南缘(图1)[1],区内古老变质地层发育,构造发育,岩浆活动尤其是燕山晚期酸性岩浆活动强烈[2]。该区出露地层主要为新太古界太华群和中元古界熊耳群、官道口群、栾川群等,中生界白垩系秋扒组在熊耳山-外方山东侧小范围发育,新生界分布于潭头-大章断陷盆地中。其中太华群是一套以片麻岩为主的中-深变质岩系,岩性主要为斜长角闪片麻岩、黑云斜长片麻岩、斜长角闪岩、角闪岩、变粒岩等;熊耳群是一套中基性-中酸性的火山岩系,与下伏太华群呈角度不整合或断层接触,主要岩性为玄武岩、玄武安山岩、安山岩、英安岩和流纹岩等;官道口群是一套碎屑岩-碳酸盐岩沉积建造,与下伏熊耳群呈角度不整合接触;栾川群是一套浅

基金项目:中国地质调查局子项目"河南省熊耳山-外方山地区金多金属矿整装勘查区矿产调查与找矿预测"(编号: 121201004000160901-18,121201004000172201-18)。

作者简介:李肖龙,男,1987年生。工程师,主要从事矿产勘查及矿床学研究。

海陆源碎屑岩-碳酸盐岩沉积建造,与下伏官道口群呈断层接触。熊耳山地区褶皱构造不发育,区域性褶皱主要有花山-龙脖背斜和大庄-中胡背斜;构造以断裂为主,近东西向、北东向、近南北向、北西向等4组断裂十分醒目,以前2组为主。其中近东西向的区域性马超营断裂是最重要的控岩控矿构造[3];次一级的北东向断裂为成矿提供了有利的容矿空间,与金多金属矿床的形成和分布有着极为密切的关系[4]。熊耳山-外方山地区岩浆岩发育,包括新太古代的中基性-酸性火山岩及TTG岩系、中元古代熊耳期的中基性-中酸性火山岩、燕山期的酸性侵入岩等。整体来看,区内岩浆活动具有长期性、多期性的特点[5],尤其以燕山期岩浆活动最为强烈,不但形成花山、五丈山、合峪等花岗岩基,还派生出众多小型隐爆角砾岩筒、花岗闪长岩株岩脉、花岗斑岩等,与区内金、银、钼、铅锌等金属矿产有着十分密切的关系[6]。

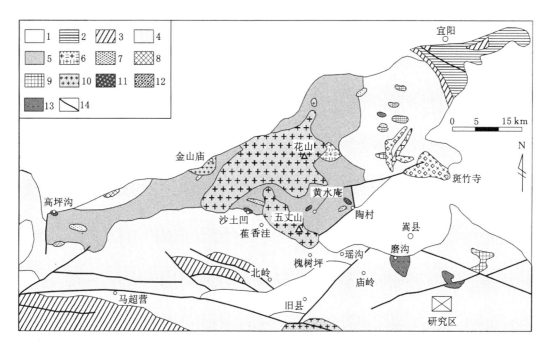

1—新生界;2—古生界-中生界;3—中元古界官道口群;4—中元古界熊耳群;5—新太古界太华群;
6—太古宙闪长岩;7—元古宙辉绿岩;8—元古宙石英斑岩;9—元古宙石英闪长岩;
10—燕山期花岗岩;11—燕山期角砾岩;12—燕山期花岗斑岩;13—中生代正长岩;14—断层。
图1 熊耳山-外方山地区地质简图(据文献[1]修改)

2 矿区地质特征

2.1 地层

堂门沟金矿区大面积出露中元古界熊耳群鸡蛋坪组上段和马家河组下段(图2),大致呈单斜状产出,整体走向北东,倾向南东,倾角为17°～30°,自西北向南东,层位逐渐变新。鸡蛋坪组上段岩性主要为流纹斑岩、英安斑岩等;马家河组下段岩性主要为安山质火山集块岩、安山质火山角砾岩、安山岩、杏仁状安山岩,局部夹凝灰岩,其中,安山质火山角砾岩在矿区大面积出露,是主要的赋矿层位,安山质火山集块岩主要在矿区西南部出露。

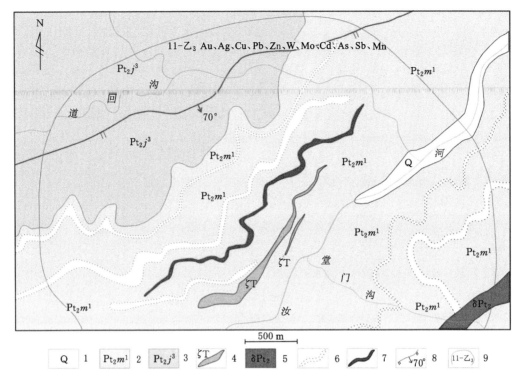

1—第四系;2—中元古界熊耳群马家河组下段;3—中元古界熊耳群鸡蛋坪组上段;
4—三叠纪正长岩脉;5—中元古代闪长岩;6—凝灰岩;7—金矿脉;8—断层;9—水系沉积物综合异常。

图2 堂门沟金矿区地质简图

2.2 构造

堂门沟金矿区位于大庄-中胡背斜的南翼,大的褶皱构造不发育,多见褶曲。构造主要为北东向断裂,可分为陡倾斜和缓倾斜两组。前者为高角度的正断层,倾向南东,倾角在70°左右;后者倾向北西,倾角为10°~20°。

矿区南部邻区发育有古火山口构造,在矿区内可见安山质火山集块岩、安山质火山角砾岩、凝灰岩等,反映了从南到北距离古火山口越来越远。

2.3 侵入岩

堂门沟金矿区内侵入岩主要为中元古代闪长岩墙和三叠纪正长岩脉,出露规模均不大。前者主要出露于矿区东南部,是区域性岩墙的一部分,呈北东向展布,与围岩呈侵入或断层接触;后者出露于矿区中部,亦呈北东向展布,与围岩呈侵入接触。

2.4 矿床特征

项目实施过程中,在矿区发现了一条含金蚀变矿化地质体。该蚀变矿化体大致沿着安山质火山角砾岩的层位产出(图3),局部产出在火山角砾岩与凝灰岩之间的界面上。蚀变矿化体倾向为290°~310°,倾角为10°~20°,沿走向延伸约3.3 km,出露宽度几米到几十米不等。蚀变矿化体中的蚀变以硅化为主,可见黄铁矿化、方铅矿化、褐铁矿化、铁锰矿化、孔雀石化、绿帘石化、绢云母化、萤石矿化等,局部可见稠密浸染状黄铁矿,并伴有强烈硅化。蚀变矿化体内可见数层平行展布的白色石英脉,产状与矿化体一致,石英脉中可见黄铁矿、方铅矿、孔雀石、萤石等。根据地表工程的分析结果,蚀变矿化体内金的含量一般为 $0.5×10^{-6}$~$5.0×10^{-6}$,局部富集地段形成似层状、脉状或透镜状工业矿体,整体表现为膨大收缩、分枝复合的特征。例如由地表工程 YKt 和 TTC01 圈定的矿体 K_1 长约 870 m,厚度为 0.80~1.08 m,平均厚度为 0.91 m,厚度变化系数为 24%,属于稳定型;矿体呈似层状,形态简单,产状与矿化体一致,金的品位为 0.60×10^{-6}~1.86×10^{-6},平均品位为 1.46×10^{-6},品位变化系数为 38%,品位变化属于均匀型。

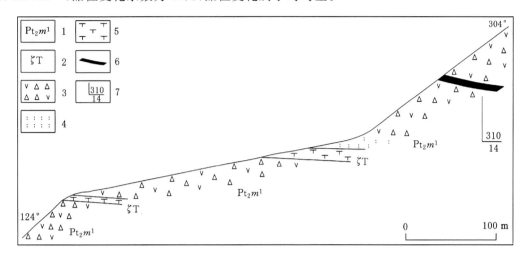

1—中元古界熊耳群马家河组下段;2—三叠纪正长岩脉;3—安山质火山角砾岩;

4—凝灰岩;5—正长岩;6—蚀变矿化地质体;7—产状。

图 3 堂门沟金矿区地质剖面简图

矿石中金属矿物主要为黄铁矿、褐铁矿、自然金、方铅矿、孔雀石等(图 4),脉石矿物主要为石英、长石、云母、方解石、绿帘石、绿泥石、高岭石、萤石等。矿石结构主要有半自形-他形粒状结构、碎裂结构、交代残余结构等,矿石构造主要为块状构造、浸染状构造、脉状构造、角砾状构造等。

Gn—方铅矿;Py—黄铁矿。

图 4 堂门沟金矿野外及镜下照片

(a)地表矿石显示强烈硅化、黄(褐)铁矿化等;(b)黄铁矿呈稀疏浸染状分布;(c)方铅矿沿裂隙充填

3 地球物理特征

3.1 重力特征

矿区布格重力值由西向东逐渐升高,布格重力等值线展布方向大致呈北北西向,在西南部发生弯曲,变为北西向;剩余重力异常表现为剩余重力高异常和剩余重力低异常交替出现,北西部、南东部剩余重力高异常,中间道回沟和汝河所夹持区域为剩余重力低异常。蚀变矿化体即出现在剩余重力低异常内、靠近剩余重力零值线附近。

3.2 地面高精度磁测特征

根据地面高精度磁测资料,矿区磁场强度由西向东经历了低-高-低的变化。在道回沟火神庙一带出现低磁异常,在龙泉寨附近出现北东向的高磁异常。蚀变矿化体出现在 ΔT 化极异常等值线的零值线附近。

4 地球化学特征

4.1 水系沉积物异常

矿区位于 1:5 万水系沉积物测量圈定的 11-乙$_3$ Au、Ag、Cu、Pb、Zn、W、Mo、Cd、As、Sb、Mn 综合异常中。该异常大致呈半椭圆状,南侧不封闭,面积约 11.2 km^2,异常元素以 Au、Ag、Cu、Pb、Zn、Sb 为主,伴生有 W、Mo、Cd、As、Mn 异常。其中,Au 含量最高值为 372.00×10^{-9},平均值为 146.63×10^{-9};Pb 含量最高值为 $4\,413.00\times10^{-6}$,平均值为 $2\,614.50\times10^{-6}$;Zn 含量最高值为 $1\,257.00\times10^{-6}$,平均值为 231.37×10^{-6};Ag 含量最高值为 11.00×10^{-9},平均值为 4.35×10^{-9};Cu 含量最高值为 370.00×10^{-6},平均值为 162.43×10^{-6};Mo 含量最高值为 68.60×10^{-6},平均值为 50.13×10^{-6}。该异常具有强度高、规模大、元素齐全且套合好的特征,Au、Ag、Cu、Pb、Zn、W、Mo、As、Sb 居浓度分带的内、中、外带,Cd 居浓度分带的中、外带。

4.2 土壤地球化学异常

在 11-乙$_3$ 综合异常内垂直于蚀变矿化体布置 7 条土壤地球化学剖面,以下仅简介典型地球化学剖面 T01。该剖面位于矿化体中北段两岔沟附近,横切矿化体,长约 686 m,方位为 309°。该剖面在 449～530 m 处见矿化体,矿化体内发育强烈硅化和黄(褐)铁矿化,局部可见方铅矿化、孔雀石化、萤石矿化等,并可见数层厚度不等的石英脉,产状与矿化体一致。在矿化体及其附近,Au、Ag 等异常指示元素含量明显增高,其中 Au 元素含量最高可达 38.80×10^{-9},远高于平均值 9.20×10^{-9},并且 Ag、Cu、Pb、Zn、W、Mo 等元素含量都有增高的趋势,反映了良好的成矿地球化学条件和成矿位置。同时 Au、Ag、Pb 等元素含量具有较高的标准差、变异系数,反映了后生地球化学富集特征,代表这些元素在矿区分布不均匀,高值点处可能是矿化富集或矿(化)点。

5 找矿意义

堂门沟金矿产于古火山机构附近的火山碎屑岩中,大致沿火山碎屑岩的层位产出,特别是在火山碎屑岩中岩性发生变化的界面上。从找矿标志方面来看,火山集块岩-火山角砾岩-凝灰岩岩石组合指示了古火山机构的存在,火山碎屑岩中的岩性变化界面是重要的容矿部位,硅化、黄(褐)铁矿化、绢云母化、绿泥石化等直接指示了矿化位置,沿火山碎屑岩层位发育的石英脉亦是明显的找矿标志。

熊耳山-外方山矿集区发育众多的古火山机构,仅在嵩县南部一带的小章沟-白土塬、西营-店房、纸房-旧县、木植街-北地、庙岭-上秋盘等5个火山喷发带内就有38个古火山机构[7]。这些古火山机构为金矿形成提供了良好的浅部构造空间,个别金矿(如店房)直接受火山角砾岩体控制,因此,建议加强在熊耳群马家河组内寻找火山碎屑岩型金矿的工作力度,进一步扩大矿集区的金矿找矿空间,争取获得找矿新突破。

参 考 文 献

[1] 梁涛,卢仁,白凤军,等.豫西熊耳山 Ag、Ag-Pb、Au、Mo 及 Pb 矿床(点)的空间分布特征及找矿启示[J].矿床地质,2012,31(3):590-600.

[2] 李国平.河南熊耳山矿集区破碎带蚀变岩型金矿床构造控矿规律研究[J].黄金,2013,34(7):22-26.

[3] HAN Y G, ZHANG S H, PIRAJNO F, et al. New ^{40}Ar-^{39}Ar age constraints on the deformation along the Machaoying fault zone: Implications for Early Cambrian tectonism in the North China Craton[J]. Gondwana research,2009,16(2):255-263.

[4] 张元厚,张世红,韩以贵,等.华熊地块马超营断裂走滑特征及演化[J].吉林大学学报(地球科学版),2006,36(2):169-176,193.

[5] WANG Z L, GONG Q J, SUN X, et al. LA-ICP-MS zircon U-Pb geochronology of quartz porphyry from the Niutougou gold deposit in Songxian County, Henan Province[J]. Acta geologica sinica(english edition),2012,86(2):370-382.

[6] 李永峰,毛景文,胡华斌,等.东秦岭钼矿类型、特征、成矿时代及其地球动力学背景[J].矿床地质,2005,24(3):292-304.

[7] 梅秀杰,耿怡智,庞绪成.嵩县南部古火山机构控矿作用及找矿方向[J].河南理工大学学报(自然科学版),2008,27(4):410-413.

卢旺达共和国矿产类型及成矿规律

杜保峰[1,2],何玉良[1,2],李开文[1,2],韩江伟[1,2],周佐民[3],李山坡[1]

(1. 河南省地质调查院,河南 郑州　450001;

2. 河南省金属矿产成矿地质过程与资源利用重点实验室,河南 郑州　450001;

3. 中国地质调查局天津地质调查中心,天津　300170)

摘　要: 卢旺达地处中非基巴拉成矿带东北部(卡拉圭-安科连带),是非洲乃至全球重要的铌-钽-钨-锡成矿区。卢旺达矿产主要有钨锡矿、铌钽矿和金矿,钨锡矿以石英脉型为主,铌钽矿以伟晶岩型为主,金矿以冲积型为主,总体表现为集群成带的分布特点。中元古界卢旺达超群为重要赋矿地层;G4 花岗岩对钨、锡、铌、钽等成矿起着重要作用,矿体主要赋存于其与地层的接触带外围 0~5 km 范围内;成矿明显受花岗岩侵位形成的背斜或穹隆控制,矿(化)体通常沿北北东向和近南北向的断裂带展布。总结卢旺达的成岩成矿过程为:G4 花岗岩上涌侵位→分异演化形成伟晶岩＋铌钽矿±锡矿成矿→石英脉的形成和钨锡矿的成矿。

关键词: 卢旺达;钨锡铌钽矿;石英脉型;伟晶岩型;成矿规律

卢旺达共和国位于非洲中部,处于中非金、铜、铁、钨、锡、铌、钽、金刚石成矿省的中部,中元古代基巴拉锡-铌-钽-镍多金属Ⅲ级成矿带北部,成矿地质条件优越[1-2]。该国已发现各类矿床(点)346 处,已探明各类中型及以上规模矿床 64 处[3],优势矿种为钨、锡、铌、钽等金属矿产。钨锡矿和铌钽矿是该国最重要的出口矿产,有非洲最大钨矿——尼亚卡班戈钨矿和非洲最大锡厂之一的卡吕吕马锡冶炼厂。

卢旺达的地质工作开展较早,资料也相对较为全面,近年来关于卢旺达地质矿产方面的研究也取得了一些新的认识[4-10],但长期以来缺乏系统性的梳理和总结,如区内构造与矿产关系、花岗岩与伟晶岩演化关系、锡铌钽矿与伟晶岩/石英脉的形成关系等,制约了该国成矿理论认识的提升和勘查方向的把控。本文结合最新的研究进展,总结了卢旺达在矿产类型、各类地质要素和成矿作用等方面所取得的成果和认识,以资业内同行交流。

1　地质概况

卢旺达共和国位于刚果克拉通中元古代基巴拉活动带(Kibaran belt)东北部(图 1)。该活动带以刚果克拉通的东南部沙巴、赞比亚、安哥拉为起点,沿北东-北北东向通过布隆迪、刚果(金)东部、卢旺达和坦桑尼亚最西部,延伸至乌干达西南部,该活动带东北部又称卡拉圭-安科连带(Karagwe-Ankolean belt),总体呈北东-北北东走向展布,总长约 1 500 km,宽约 400 km,是一条构造变形变质和岩浆活动带[5-13]。

区内地层从早到晚依次为:古元古代 Rusizian 期变质基底和杂岩、中元古界卢旺达超群和新

基金项目:援卢旺达地质矿产调查项目(编号:WKZB1811BJB301389)助。

作者简介:杜保峰,男,1985 年生。硕士,工程师,主要从事地质矿产调查及相关研究工作。

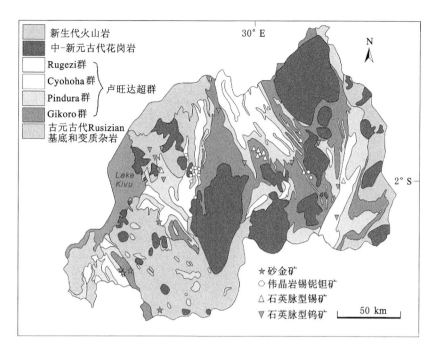

图 1 卢旺达地质矿产简图(据文献[11][12]修改)

近纪火山岩。古元古代变质基底主要为角闪岩相的片岩、片麻岩类,并穿插有各种花岗质脉体。卢旺达超群由 4 个不同硅质碎屑岩建造组成[11],从底至顶依次为:Gikoro 群、Pindura 群、Cyohoha 群和 Rugezi 群,地层总厚度为 2.5～5 km,主体为绿片岩相的变泥质岩、石英岩以及少量变火山岩[14]。新近纪火山岩分布于卢旺达西部、西北部(基伍湖),主要为橄榄质和玄武质熔岩流。

区内构造较发育,西部地层变形较弱,中东部地层变质、变形较为强烈;在中东部地区,卢旺达超群受构造挤压形成了走向近南北的大型褶皱,并形成了较大的指向北西的褶皱束。卢旺达断层亦较为发育,走向主要为南北向、北西向和北东向,这些断层普遍发育糜棱岩化、碎裂岩化和各种热液蚀变矿化。

卢旺达境内中酸性岩浆活动强烈,花岗岩主要划分为 4 期:G1 期花岗岩为似斑状黑云母花岗岩[(1 366±32)Ma];G2 期花岗岩为二云花岗岩[(1 289±31)Ma];G3 期花岗岩为偏碱性的花岗岩[(1 094±50)Ma];G4 期花岗岩称为锡石花岗岩[(976±10)Ma][4,15]。前两期花岗岩形成于同造山阶段,后两期花岗岩形成于后造山阶段[16]。G4 期锡石花岗岩顶部被富含 Sn、W、Nb、Ta 矿物的伟晶岩和石英脉侵入,其与区内钨-锡-铌-钽矿化有密切的关联。

2 主要矿产及其类型

卢旺达共和国已查明钨、锡、铌、钽、金、铜、铅、锌、独居石、锰等金属矿产 10 种,高岭土、磷灰石等非金属矿产 2 种,各类矿产分布总体表现为"集群成带"特点。表 1 罗列了卢旺达主要矿种和成矿类型,下面分别对钨锡矿、铌钽矿和金矿进行阐述。

2.1 钨锡矿

钨锡矿是卢旺达的主要矿种,与锡石花岗岩(G4)密切相关,主要包括 2 种类型:石英脉型钨锡矿和伟晶岩型锡矿,以石英脉型为主。

表 1　卢旺达主要矿种及其成矿类型

矿种类型	石英脉型	伟晶岩型	砂金型
Au	☆☆☆	—	☆
W-Sn	☆☆☆☆	☆☆(Sn)	—
Nb-Ta-Li-Be	—	☆☆☆☆	—

注:"☆"表示成矿的相对规模大小和重要程度,"—"表示无或者规模很小。

（1）石英脉型钨锡矿:主要分布于卢旺达中部和西部,东部和北部少量分布。矿(化)体主要表现为含锡钨石英脉,矿石通常表现为单脉和网状细脉。矿体围岩为卢旺达超群的石英岩和变质泥岩,花岗岩内极少发现钨矿体或锡矿体。矿化石英脉与伟晶岩通常有着明显的界线,且在石英脉中虽然可以同时富集钨锡矿体,但往往钨矿和锡矿是各自分开的[17]。

（2）伟晶岩型锡矿:主要位于卢旺达西部和中南部,常常以不规则脉状矿体形式产出。锡矿体赋存于地层或断层中的脉状伟晶岩内,矿体规模变化幅度较大,厚度从几厘米到数百厘米,长度从数十米到数百米,局部多条矿脉平行排列形成一个大的锡矿体。矿化伟晶岩主要由石英、长石(钾长石和钠长石)、白云母等组成,常含有黑色电气石或绿色电气石、黄玉等矿物,金属矿物主要为棕褐色锡石。含锡伟晶岩随着长石的减少,逐渐过渡至石英脉。

2.2　铌钽矿(锂、铍)

铌钽矿主要分布于卢旺达中部和西部,为伟晶岩型,部分伴生锂、铍,常与锡矿共生。含铌钽伟晶岩分布与 G4 花岗岩(小的花岗岩穿顶)有关。前人研究结果表明,伟晶岩矿化类型多为 LCT 型(锂-铯-钽组合)[18],常发育泥化、高岭土化。在地表露头上,G4 花岗岩外接触带发育分米级至米级的伟晶岩透镜体,宽数十米,延长达数百米,但深部花岗岩形态和伟晶岩发育情况却不清楚[5]。靠近花岗岩的小伟晶岩透镜体通常是不含矿的,而在远离花岗岩的接触带内,含铌钽伟晶岩透镜体更大且内部表现出分带性:石英核(石英晶体粒径可达米级)外围是极粗粒的长石、石英、锂磷铝石、锂辉石、绿柱石和一些白云母、锂云母或铁锂云母、电气石,副矿物有锡石、铌铁矿、钛铁矿、氟磷灰石、辉铋矿和黄铁矿。高品位富矿通常靠近或接近石英脉。

2.3　金矿

金矿主要分布于卢旺达西南部,北部少量分布,有石英脉型和砂金型两类。

石英脉型金矿:含金石英脉位于卢旺达超群变沉积岩系中,花岗岩穿顶和钨锡成矿带附近,规模较小。成矿物质来源于卢旺达超群和古元古代变质杂岩[19],同时受断裂构造控制。

砂金矿:主要是新近纪和第四纪的冲积砂金矿,数量较少,品位低,规模小。主要由古元古代变质杂岩基底底砾岩和石英岩衍化而成。

3　成矿规律

卢旺达共和国经历了漫长复杂的地质发展历史,遭受了多期次构造变形和变质作用,岩浆活动较强烈,成矿地质条件极为有利,尤其是钨、锡、铌、钽等成矿地质作用的理想场所。

3.1　控矿因素分析

（1）地层建造与成矿

中元古代浅变质沉积岩建造:已发现的大量矿床(点)产出于中元古代浅变质沉积岩系中。在卢旺达中部含矿建造为卢旺达超群 Gikoro 群绢云千枚岩和片岩,西部含矿建造为 Pindura 群的变粉砂岩和泥质板岩,东部含矿建造为 Pindura 群和 Cyohoha 群的变砂岩和石英岩层。此外,区内钨、锡、金等成矿元素作为高背景场,在后期构造事件中可能发生了活化改造致矿。

新生代火山沉积岩建造:主要为卢旺达西部发育的一套中基性火山岩和火山碎屑岩,具有较高的铜、钴、镍、铂、铬、钒和钛等元素背景值,为火山岩型镍、金多金属矿的赋矿层位。

（2）侵入岩与成矿关系

与中元古代裂解作用有关的基性-超基性侵入岩:在卢旺达,裂解作用形成的基性岩墙群与铜、镍、铂、钯、金等矿种关系密切。在西部的基贝霍地区,原岩为辉长-辉绿岩的基性岩呈近顺层或岩墙状侵入产出,个体规模变化较大,宽度几米～数百米不等;在南部的尼安扎地区,超镁铁质-镁铁质岩呈岩床群大量产出。虽然在卢旺达境内尚未发现大规模铜金镍矿床,但在相邻的布隆迪穆松盖蒂的基性-超基性岩附近形成了红土型镍矿田[20],在卡邦加高镁幔源岩浆贯入基巴拉地层后经熔离作用形成铜镍硫化物矿床[21]。结合周边国家铜镍矿产赋存情况,认为在卢旺达超基性岩出露的部位是铜镍硫化物矿产的成矿有利地段。

与中-新元古代挤压造山有关的中酸性侵入岩:该类侵入岩成矿意义重大,区内发育的石英脉型钨锡矿和伟晶岩型铌钽锡（锂）矿均与其有关。其中 G4 花岗岩是区域重要的含矿花岗岩,常侵入老的花岗岩与中元古代变沉积岩的接触带上或在变质基底与中元古代变沉积岩之间,该类花岗岩对钨、锡、铌、钽等成矿起着重要作用。锡石花岗岩可能是含矿热液在挥发组分 CO_2-CH_4-N_2 的作用下,在老的花岗岩与中元古代变沉积岩的接触带上沉淀、富集成矿[1]。

（3）构造与成矿关系

区域断裂构造控制着卢旺达钨锡多金属矿床的分布。卢旺达发育一系列北北东向和近南北向的断层,矿（化）体通常沿断裂展布,主要位于断层上盘附近,呈矿囊分布,品位变化较大,部分锡矿化沿构造蚀变带产出。区内锡矿和钨矿的重要矿床通常大部分由许多单脉和网状细脉组成,成矿明显受区域构造和次级断裂构造控制;此外,区内不同方向的断裂构造与褶皱交汇部位往往是成矿有利部位。

区内褶皱构造与矿产形成关系密切,钨锡铌钽矿主要赋存于褶皱转折端部位,成矿明显受背斜或穹隆控制。由于变形构造对花岗质岩浆有着明显控制作用,挤压机制促使区内变沉积岩系形成开阔直立褶皱和轴面劈理,G4 花岗岩侵位于该挤压构造系统,沿深大剪切断裂在穹隆构造处形成岩浆房（囊）,之后再分异演化出含矿热液流体,流体沿轴面劈理等各类脆性构造运移、沉淀与富集而成矿。

3.2 矿床空间展布规律

宏观上,区内各类矿产总体表现为集群成带分布特征,钨锡铌钽矿主要分布于卢旺达西部、中部和东南部,具有"近南北向成带"特点,矿产类型主要有石英脉型钨锡矿和伟晶岩型锡铌钽矿。其中,石英脉型钨锡矿主要产于 G4 花岗质侵入岩与地层的接触带外围中,明显受背斜或穹隆控制;伟晶岩型锡铌钽矿常位于地层或断层中的伟晶岩脉。总体上,区内钨、锡、铌、钽矿体基本产于花岗岩与地层接触带外围 0～5 km 范围内,尤其集中在 1～3 km 范围内。

金矿主要分布于卢旺达西南部,呈"北西向成带"特征,矿产类型为石英脉型金矿和砂金矿。石英脉型金矿产于卢旺达超群变质沉积岩中;砂金矿分布于新近纪和第四纪的冲积砂岩中。

3.3 成矿时间演化规律

区内岩浆活动强烈,结合大地构造演化,将区内划分为与钨、锡、铌、钽矿产有关的中-新元古代岩浆演化成矿期和与冲积型金矿有关的新生代成矿期。

中-新元古代岩浆演化成矿期(钨、锡、铌、钽):区内含矿伟晶岩与 G4 花岗岩有关,其侵位年龄约(969±8)Ma,布隆迪基巴拉带中铌铁矿和钽铁矿 U-Pb 年龄为 968~962 Ma[5],与伟晶岩的侵位年龄基本相当。Dewaele 等[7]根据获得的铌钽矿 U-Pb 年龄为 975~930 Ma,认为早期的 975~966 Ma 为铌钽矿的结晶年龄,与伟晶岩的侵位年龄近一致,而晚期的 951 Ma 和 936 Ma 为结晶作用后期出了不同程度交代作用重置导致的。钨锡矿大多位于石英脉中,与晚期的云英岩化蚀变有关,与钨锡矿成矿有关的白云母 Rb-Sr 等时线年龄为(951±18)Ma[10],代表钨锡矿成矿年龄,这也与石英脉普遍切割 G4 花岗岩和伟晶岩的地质现象一致(尽管少数石英脉与伟晶岩脉共生)。因此,总结区内成岩成矿过程为:G4 花岗岩上涌侵位→分异演化形成伟晶岩+铌钽矿±锡矿成矿→石英脉的形成和钨锡矿成矿。

新生代成矿期(冲积型金):在新生代新近纪和第四纪期间,河流携带岩石中含有金物质的冲积物沉积,即由早期 Rusizian 期基底底砾岩和石英岩衍化而成的冲积物沿河流冲洪积扇及河道迁移,并在部分地段发生富集沉淀形成砂金。

4 结论

(1)卢旺达共和国矿产主要有钨锡矿、铌钽矿和金矿,钨锡矿以石英脉型为主,铌钽矿以伟晶岩型为主,金矿以冲积型为主,总体表现为"集群成带"的分布特点。

(2)中元古界卢旺达超群浅变质沉积岩系为重要的赋矿地层;G4 花岗岩对钨、锡、铌、钽等成矿起着重要作用,钨、锡、铌、钽矿体主要赋存于其与地层的接触带外围 0~5 km 范围内。区域构造控制着区内钨锡多金属矿床的分布,成矿明显受花岗岩侵位形成的背斜或穹隆控制,矿(化)体通常沿北北东向和近南北向的断裂带展布。

(3)卢旺达的成岩成矿过程总结为:G4 花岗岩上涌侵位→分异演化形成伟晶岩+铌钽矿±锡矿成矿→石英脉的形成和钨锡矿成矿。

参 考 文 献

[1] 何胜飞,刘晓阳,王杰,等.非洲中部基巴拉造山带地质特征与资源潜力分析[J].地质调查与研究,2014,37(3):161-168,229.

[2] 刘晓阳,王杰,余金杰,等.中南部非洲的地质构造演化与矿产分布规律[J].地质找矿论丛,2015,30(增刊):1-12.

[3] 刘晓阳,王杰,骆庆君,等.中南部非洲重要成矿带成矿规律研究与资源潜力分析研究报告[R].天津:中国地质调查局天津地质调查中心,2013.

[4] JACKSON M P A. The geology of Africa:the geochronology and evolution of Africa[J]. Science,1984,226(4680):1309-1310.

[5] ROMER R L, LEHMANN B. U-Pb columbite age of Neoproterozoic Ta-Nb mineralization in Burundi[J]. Economic geology,1995,90(8):2303-2309.

[6] TACK L,WINGATE M T D,DE WAELE B,et al. The 1375Ma "Kibaran event" in Central Africa:prominent emplacement of bimodal magmatism under extensional regime[J]. Precambrian research,2010,180(1/2):63-84.

[7] DEWAELE S,HENJES-KUNST F,MELCHER F,et al. Late Neoproterozoic overprinting of the cassiterite and columbite-tantalite bearing pegmatites of the Gatumba area, Rwanda (Central Africa)[J]. Journal of African earth sciences,2011,61(1):10-26.

[8] HULSBOSCH N,BOIRON M C,DEWAELE S,et al. Fluid fractionation of tungsten during granite-pegmatite differentiation and the metal source of peribatholitic W quartz veins:evidence from the Karagwe-Ankole Belt (Rwanda)[J]. Geochimica et cosmochimica acta,2016,175:299-318.

[9] VAN DAELE J, HULSBOSCH N,DEWAELE S,et al. Mixing of magmatic-hydrothermal and metamorphic

fluids and the origin of peribatholitic Sn vein-type deposits in Rwanda[J]. Ore Geology Reviews,2018,101:481-501.

[10] BRINCKMANN J,LEHMANN B,TIMM F. Proterozoic gold mineralization in NW Burundi[J]. Ore geology reviews,1994,9(2):85-103.

[11] FERNANDEZ-ALONSO M,CUTTEN H,DE WAELE B,et al. The Mesoproterozoic Karagwe-Ankole belt (formerly the NE Kibara belt):the result of prolonged extensional intracratonic basin development punctuated by two short-lived far-field compressional events[J]. Precambrian research,2012,216/217/218/219:63-86.

[12] DEBRUYNE D, HULSBOSCH N, VAN WILDERODE J, et al. Regional geodynamic context for the Mesoproterozoic Kibara belt (KIB) and the Karagwe-Ankole belt:evidence from geochemistry and isotopes in the KIB[J]. Precambrian research,2015,264(264):82-97.

[13] BUCHWALDT R,TOULKERIDIS T,TODT W,et al. Crustal age domains in the Kibaran belt of SW-Uganda: combined zircon geochronology and Sm-Nd isotopic investigation[J]. Journal of African earth sciences,2008,51(1):4-20.

[14] PETTERS S W. Regional geology of Africa[M]. Berlin:Springer-Verlag,1991:220-253.

[15] GÉRARDS P J,LEDENT D. Grands traits de la géologie du Rwanda,différents types de roches granitiques et premières données sur les âges de ces roches[J]. Annales de la Société Géologique de Belgique,1970,93:477-489.

[16] KLERKX J,LIÉGEOIS J P,LAVREAU J,et al. Crustal evolution of the northern Kibaran belt,eastern and central Africa[J]. Geodynamics series,1987,17:217-233.

[17] KINNAIRD J A,BOWDEN P. African anorogenic alkaline magmatism and mineralization:a discussion with reference to the Niger-Nigerian Province[J]. Geological journal,1987,22:297-340.

[18] ĈERNÝ P. Fertile granites of Precambrian rare-element pegmatite fields:is geochemistry controlled by tectonic setting or source lithologies? [J]. Precambrian research,1991,51(1/2/3/4):429-468.

[19] POHL W. Metallogeny of the northeastern Kibara belt,Central Africa:recent perspectives[J]. Ore geology reviews,1994,9(2):105-130.

[20] DEBLOND A,TACK L. Main characteristics and review of mineral resources of the Kabanga-Musongati mafic-ultramafic alignment in Burundi[J]. Journal of African earth sciences,1999,29(2):313-328.

[21] MAIER W D,BARNES S J,SARKAR A,et al. The Kabanga Ni sulfide deposit,Tanzania:I. geology, petrography,silicate rock geochemistry,and sulfur and oxygen isotopes[J]. Mineralium deposita,2010,45(5):419-441.

栾川矿集区钼钨矿床成因研究

宋勤昌,郭　波,张荣臻,李开文,朱红运,张　伟,云　辉

(河南省金属矿产成矿地质过程与资源利用重点实验室/河南省地质调查院,河南 郑州　450001)

摘　要:本文在收集栾川矿集区钼钨矿床地质资料的基础上,系统总结了栾川矿集区小斑岩体和钼钨矿床的成岩成矿年龄,认为栾川矿集区小斑岩体与钼钨矿体是连接一体的,钼钨矿床成岩成矿年龄为147 Ma左右。综合对比区域成矿事件,提出栾川矿集区成岩成矿与秦岭造山带侏罗纪-白垩纪构造体制转换背景相一致,地幔物质底侵作用使得早期加厚下地壳部分熔融,形成的酸性岩浆沿着栾川断裂上升,并在浅地表侵位形成花岗斑岩和与之密切相关的斑岩型钼钨矿床。

关键词:栾川矿集区;钼钨矿床;成矿动力学背景

栾川矿集区位于华北陆块南缘,构造单元以栾川断裂带为界,北侧为华北陆块,南侧为北秦岭褶皱系。栾川矿集区在中生代以前为华北克拉通的组成部分,具有典型的克拉通边缘特征[1]。在中-新生代经历了秦岭造山带的陆内造山活动,成为秦岭造山带的北缘组成部分[2],区域地质演化涉及华北克拉通、南秦岭、北秦岭、扬子克拉通4个构造单元。华北陆块南缘盖层从沉积到构造变动直接受造山作用影响,其变质变形与岩浆活动向造山带方向逐渐增强,因而过去长期把这一带称为华北地台向秦岭地槽的过渡带,把南缘的栾川断裂称作台槽边界断裂[3]。东秦岭钼矿带[4]分布着数个超大型-大型钼矿床,且大多数钼矿床的形成时代在距今160~120 Ma之间[5-6]。

栾川矿集区分布多个超大型斑岩型钼(钨)矿床和大型铅锌矿床,其中,斑岩型钼(钨)矿床包括南泥湖、上房沟、三道庄等,铅锌矿床包括冷水北沟、骆驼山、百炉沟、赤土店等。由于该区钼(钨)矿床作为东秦岭钼矿带[4]的一部分,且规模较大,从而受到学者的广泛关注。迄今,不少学者对该区钼钨矿床地质特征[6-8]、成矿小岩体地质地球化学特征[9]、流体包裹体地球化学特征[10-13]等方面做了大量研究,并随着测试技术方法的发展,先后在该区获得多个大型钼(钨)矿床Re-Os和U-Pb年龄[7,8,14],并根据成岩成矿年龄及地球化学特征,探讨了岩体成因、成矿物质来源和成矿动力学背景[6,8,15]。本文在收集前人研究资料的基础上,结合以往在栾川矿集区深部勘查成果,探讨了栾川矿集区钼钨矿床成因。

1　地质背景

栾川矿集区位于栾川断裂北部(图1),北西西向和北东向断裂发育,其中北西西向断裂控制了区内地层的展布方向。岩浆岩在该区广泛分布,尤其与成矿有关的中生代花岗岩大面积出露。该区北西西向大断裂和北东向次级断裂的交汇部位控制了岩体的产出,并常形成较大的矿床。本区成矿条

基金项目:河南省自然资源厅2020年度省财政地质勘查项目"'中国钼都'栾川钼(钨)矿整装勘查"(任务书编号:豫自然资发〔2020〕18号)。

作者简介:宋勤昌,男,1982年生。硕士,研究方向为矿产勘查,从事矿产勘查和研究工作。

　　　　郭波,男,1983年生。博士,研究方向为区域成矿学,从事矿产勘查和研究工作。

件优越,这里不仅是河南省重要的金属矿产地,同时也是重要的钼、钨、金、银、铅、锌矿潜力地区。

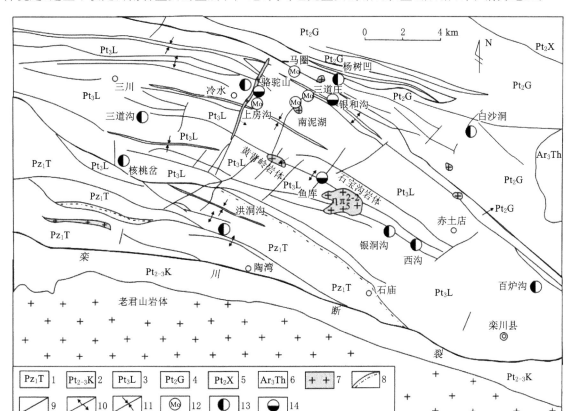

1—陶湾群;2—宽坪岩群;3—栾川群;4—官道口群;5—熊耳群;

6—太华岩群;7—晚侏罗世花岗斑岩;8—平行不整合;9—断层;10—背斜轴;11—向斜轴;

12—斑岩-夕卡岩型钼钨矿床;13—热液脉型铅锌银矿床;14—夕卡岩型多金属硫铁矿床。

图 1　栾川-赤土店地区南泥湖矿田地质简图[16]

　　栾川矿集区主要地层自北东向南西分别为熊耳群、官道口群、栾川群、宽坪岩群、陶湾群,呈狭长的北西向展布。太华岩群出露于矿集区东部,岩性为片麻岩、片岩等;熊耳群火山岩系不整合覆于太华岩群片麻岩之上,仅在矿集区北东部出露少许鸡蛋坪组火山岩;官道口群属滨海相碎屑岩-碳酸盐岩沉积建造,呈低角度不整合或假整合覆盖于熊耳群之上,自下而上划分为龙家园组、巡检司组、杜关组、冯家湾组、白术沟组;栾川群为一套浅海陆源碎屑岩-碳酸盐岩建造,由下而上包括三川组、南泥湖组、煤窑沟组、大红口组、鱼库组;宽坪岩群在本区出露不全,仅南部出露四岔口组含钙铝榴石石英片岩等;陶湾群主要为一套被动陆缘碳酸盐岩-碎屑岩建造,自下而上划分为三岔口组、风脉庙组和秋木沟组。

　　区内岩浆活动强烈而频繁,自元古代到中生代都有表现,具有多旋回、多期性特征,北部发育的中元古界熊耳群裂谷系火山岩,东部出露的中元古代末期龙王（疃）碱性花岗岩岩体,中部表现为新元古界栾川群大红口组碱性火山岩建造以及同期的辉长岩脉和正长斑岩脉侵入。中生代燕山期岩浆活动强烈而广泛,出露面积最大的为石宝沟岩体,另外形成多个花岗斑岩小岩株,如南泥湖、上房、鱼库、黄背岭岩体等。

　　区内构造极其发育,构造形迹以北西-北西西向为主,南部以栾川断裂为界,北部以马超营断裂为界,主体为卢氏-栾川台缘复式褶皱带。区内发育一系列产状相近、向南逆冲的推覆断层,断层之间为一系列轴面近北西西向、向北陡倾的倒转褶皱;北东向断裂较为发育,特别在三川-栾川陷褶断带构造由北西到北西西转折部位多成群、成带密集分布,两者交汇部位控制着岩体和钼(钨)矿体的空间分布。远离岩体,两组断裂均可见多金属硫化物矿化和硅化、碳酸盐化、黄铁矿化等蚀变,也是铅、锌、银等多金属矿产的主要控矿构造。

2 栾川矿集区钼钨成岩成矿年龄

栾川矿集区分布着一系列燕山期花岗岩,分别有南泥湖岩体、上房沟岩体、石宝沟岩体等。根据以往栾川矿集区钼钨矿床的成岩成矿同位素测年数据可以看出,燕山期花岗岩岩体的形成时代大都集中在距今150～140 Ma之间,钼矿床的形成时代集中在距今160～130 Ma之间[17-18]。根据近年来在栾川矿集区钻孔资料,发现隐伏花岗岩岩体(表1)中距今147 Ma左右的岩浆侵入与钼钨矿床成矿关系密切[18],且与地表小斑岩体和钼钨矿床成岩成矿年龄一致。

表 1 栾川矿集区主要钼钨矿床成岩成矿年龄

岩体与矿床		样品	数量	方法	年龄/Ma	资料来源
花岗岩岩体	南泥湖	锆石	1	SHRIMP U-Pb	158.2±3.1	文献[19]
		锆石	1	SHRIMP U-Pb	149.56±0.36	文献[20]
	上房沟	锆石	1	SHRIMP U-Pb	157.6±2.7	文献[19]
		锆石	1	SHRIMP U-Pb	140.6±1.7	文献[20]
	石宝沟	锆石	1	SHRIMP U-Pb	150.3±0.3	文献[21]
		锆石	2	LA-ICP-MS U-Pb	156±1.0	文献[22]
				LA-ICP-MS U-Pb	157±1.0	文献[22]
	隐伏花岗岩岩体	锆石	4	LA-ICP-MS U-Pb	153.1±1.2	文献[18]
				LA-ICP-MS U-Pb	147.1±1.3	文献[18]
				LA-ICP-MS U-Pb	148.0±1.6	文献[18]
				LA-ICP-MS U-Pb	130.0±1.3	文献[18]
矿床	南泥湖	辉钼矿	4	Re-Os 模式年龄	146±5.0	文献[23]
				Re-Os 模式年龄	146±6.0	文献[23]
				Re-Os 模式年龄	156±8.0	文献[23]
				Re-Os 模式年龄	148±10.0	文献[23]
		辉钼矿	1	Re-Os 模式年龄	141.8±2.0	文献[24]
		辉钼矿	5	Re-Os 等时线年龄	146.0±1.1	文献[24]
	三道庄	辉钼矿	2	Re-Os 模式年龄	147±6.0	文献[23]
				Re-Os 模式年龄	151±4.0	文献[23]
		辉钼矿	3	Re-Os 模式年龄	144.5±2.2	文献[24]
				Re-Os 模式年龄	145.4±2.0	文献[24]
				Re-Os 模式年龄	145.0±2.2	文献[24]
	上房沟	辉钼矿	2	Re-Os 模式年龄	143.8±2.0	文献[24]
				Re-Os 模式年龄	145.8±2.0	文献[24]
	鱼库	辉钼矿	10	Re-Os 等时线年龄	146.2±0.9	文献[25]

3 钼钨矿床成因讨论

3.1 钼钨矿体连接一体

通过新的钻探数据发现,栾川矿集区存在一个大的隐伏花岗岩岩基,且形成超大型鱼库隐伏钼钨矿床[18]。鱼库隐伏钼钨矿床的成矿年龄与地表小斑岩体的成岩年龄大体上一致,约为147 Ma。该期岩浆活动形成的花岗岩岩体比地表出露的石宝沟岩体、南泥湖岩体等具有更强烈的钾化和硅化,同时其与围岩接触带也发育更强烈的夕卡岩化和角岩化,并且该期花岗岩的侵入年龄与鱼库钼钨矿床辉钼矿 Re-Os 年龄(146.2±0.9)Ma[25]大体相当,也与南泥湖-三道庄钼钨矿床、上房沟钼铁矿床成矿年龄在误差范围内一致(表1)。此外,隐伏花岗岩岩体中与成矿关系密切的第二期侵入花岗岩[18],与地表小斑岩体具有一致的地球化学特征和 Hf、Sr、Nd 同位素地球化学特征[18];重力和磁法测量数据也证明深部隐伏花岗岩岩体和地表小斑岩体在 1.5 km 以浅是一体的[26],小斑岩体是从深部岩基沿薄弱带上侵的小岩株;钻探结果也验证了存在隐伏花岗岩岩基和与之密切相关的钼钨矿床[27]。由此推测该隐伏花岗岩岩基不仅与地表出露的小斑岩体连接在一起,而且各钼钨矿体在深部连接一体,钼钨矿床成矿时代一致[17]。由以上推测可知钼钨矿床形成于一个完整的斑岩-夕卡岩成矿系统中[18]。

3.2 钼钨矿床成因

栾川矿集区钼钨矿床成岩成矿时代与秦岭造山带在侏罗纪-白垩纪构造体制转换背景一致[18]。中生代以来,栾川矿集区华北南缘部分在强烈的南北挤压下,华北陆块发生自北向南的秦岭俯冲,其俯冲深度达 Moho 面以下[2],地表表现为一系列自南向北的陆内 A 型俯冲,以及伴随的大型逆冲推覆构造系、陆缘构造岩浆活动带和大型剪切带[9]。在侏罗纪-白垩纪之交秦岭造山带由挤压向伸展转换时期,早期的碰撞或逆冲推覆使得下地壳增厚[18],在向伸展机制转换的过程中,下地壳处于强烈的减压增温条件下,受到软流圈地幔局部上涌的影响,即在高热的地幔物质底侵作用下,使得下地壳部分熔融形成酸性岩浆。在此过程中,受到部分地幔物质加入的影响,岩浆热液富含钼钨等金属元素。含矿酸性岩浆沿构造薄弱带上升到浅地表,形成栾川矿集区南泥湖、上房沟等小斑岩体,伴随与之密切相关的斑岩型钼钨矿床。

4 结论

栾川矿集区分布数个大型钼钨矿床,常分布在北西西向断裂与北东向断裂的交汇部位。本文总结的栾川矿集区成岩成矿年龄为 147 Ma 左右,对应于秦岭造山带在侏罗纪-白垩纪发生由挤压向伸展的转变阶段,早期强烈的自南向北挤压使得华北陆块南缘地壳加厚,加厚的下地壳部分熔融形成花岗岩岩浆,沿栾川断裂上升侵位,形成酸性花岗岩岩体及与之关系密切的钼钨矿床。

参 考 文 献

[1] 赵振华,涂光炽,等.中国超大型矿床:Ⅱ[M].北京:科学出版社,2003.
[2] 张国伟,张本仁,袁学诚,等.秦岭造山带与大陆动力学[M].北京:科学出版社,2001.
[3] 张本仁,高山,张宏飞,等.秦岭造山带地球化学[M].北京:科学出版社,2002.
[4] 李诺,陈衍景,张辉,等.东秦岭斑岩钼矿带的地质特征和成矿构造背景[J].地学前缘,2007,14(5):186-198.
[5] 陈衍景,李超,张静,等.秦岭钼矿带斑岩体锶氧同位素特征与岩石成因机制和类型[J].中国科学(D辑),2000

(B12):64-72.

[6] MAO J W,XIE G Q,BIERLEIN F P,et al. Tectonic implications from Re-Os dating of Mesozoic molybdenum deposits in the East Qinling-Dabie orogenic belt[J]. Geochimica et cosmochimica acta,2008,72(18):4607-4626.

[7] 刘永春,付治国,高飞,等.河南栾川南泥湖特大型钼矿床成矿母岩地质特征研究[J].中国钼业,2006,30(3):13-17.

[8] 李永峰,毛景文,胡华斌,等.东秦岭钼矿类型、特征、成矿时代及其地球动力学背景[J].矿床地质,2005,24(3):292-304.

[9] 卢欣祥,于在平,冯有利,等.东秦岭深源浅成型花岗岩的成矿作用及地质构造背景[J].矿床地质,2002,21(2):168-178.

[10] 徐兆文,陆现彩.河南省栾川县上房斑岩钼矿床地质地球化学特征及成因[J].地质与勘探,2000,36(1):14-16.

[11] 石英霞,李诺,杨艳.河南省栾川县三道庄钼钨矿床地质和流体包裹体研究[J].岩石学报,2009,25(10):2575-2587.

[12] 杨艳,张静,杨永飞,等.栾川上房沟钼矿床流体包裹体特征及其地质意义[J].岩石学报,2009,25(10):2563-2574.

[13] 杨永飞,李诺,杨艳.河南省栾川南泥湖斑岩型钼钨矿床流体包裹体研究[J].岩石学报,2009,25(10):2550-2562.

[14] ZHANG Y H,ZHANG S T,XU M,et al. Geochronology,geochemistry,and Hf isotopes of the Jiudinggou molybdenum deposit,Central China,and their geological significance[J]. Geochemical journal,2015,49(4):321-342.

[15] CHEN Y J,LI C,ZHANG J,et al. Sr and O isotopic characteristics of porphyries in the Qinling molybdenum deposit belt and their implication to genetic mechanism and type[J]. Science in China(series D):earth sciences,2000,43(S1):82-94.

[16] 刘国印,燕长海,宋要武,等.河南栾川赤土店铅锌矿床特征及成因探讨[J].地质调查与研究,2007,30(4):263-270.

[17] GUO B,YAN C H,ZHANG S T,et al. Geochemical and geological characteristics of the granitic batholith and Yuku concealed Mo-W deposit at the southern margin of the North China Craton[J]. Geological journal,2020,55(1):95-116.

[18] 郭波.栾川矿集区鱼库钼钨矿床及隐伏岩体地质地球化学特征[D].北京:中国地质大学(北京),2018.

[19] 毛景文,谢桂青,张作衡,等.中国北方中生代大规模成矿作用的期次及其地球动力学背景[J].岩石学报,2005,21(1):169-188.

[20] 包志伟,曾乔松,赵太平,等.东秦岭钼矿带南泥湖-上房沟花岗斑岩成因及其对钼成矿作用的制约[J].岩石学报,2009,25(10):2523-2536.

[21] 燕长海,刘国印,彭冀,等.豫西南地区铅锌银成矿规律[M].北京:地质出版社,2009.

[22] 杨阳,王晓霞,柯昌辉,等.豫西南泥湖矿集区石宝沟花岗岩体的锆石 U-Pb 年龄、岩石地球化学及 Hf 同位素组成[J].中国地质,2012,39(6):1525-1542.

[23] 黄典豪,吴澄宇,杜安道,等.东秦岭地区钼矿床的铼-锇同位素年龄及其意义[J].矿床地质,1994,13(3):221-230.

[24] 李永峰,毛景文,白凤军,等.东秦岭南泥湖钼(钨)矿田 Re-Os 同位素年龄及其地质意义[J].地质论评,2003,49(6):652-659.

[25] LI D,HAN J W,ZHANG S T,et al. Temporal evolution of granitic magmas in the Luanchuan metallogenic belt,east Qinling orogen,central China:implications for Mo metallogenesis[J]. Journal of Asian earth sciences,2015,111:663-680.

[26] 燕长海,张寿庭,韩江伟,等.河南省栾川铅锌矿区深部资源勘查技术集成研究[R].河南省地质调查院,2016.

[27] 韩江伟,郭波,王宏卫,等.栾川西鱼库隐伏斑岩型 Mo-W 矿床地球化学及意义[J].岩石学报,2015,31(6):1789-1796.

小秦岭樊岔金矿成矿地质背景及成矿作用研究

张 宇

(河南省地质调查院,河南 郑州 450001)

摘 要:樊岔金矿作为小秦岭金矿田重要的脉状金矿,近年来一直是勘探和研究的重点。本次工作在前人勘探和研究的基础上,系统对矿区地质特征、矿产地质特征、成矿物理化学特征、成矿时代和矿床成因等方面进行总结,认为樊岔金矿是与早白垩世华北克拉通大规模伸展减薄有关的岩浆热液型金矿。

关键词:小秦岭;樊岔金矿;稳定同位素;放射性同位素;成矿时代

樊岔金矿位于河南省阳平镇的黑峪口、荆山峪至朱阳镇的樊家岔峪、松树峪、张家窑一带,行政区划隶属河南省灵宝市阳平镇和朱阳镇,北东距灵宝市区直线距离约 14 km。矿区包括原金源二矿、金源二矿外围的大部、金源三矿南部边缘及寺家峪金矿南部等 4 个核查区,归并后的矿区北起高窑,南至铁佛寺,南北宽约 8.2 km,西起雷家坡,东至荆山,东西长约 11 km,面积约 89.5 km²。矿区地理坐标:东经 110°35′52″~110°43′01″、北纬 34°22′46″~34°27′13″(矿区中心点坐标:东经 110°39′23″、北纬 34°25′15″)。截至 2018 年底,累计查明金金属量 11.98 t,平均金品位 6.24 g/t,属中型金矿。

1 区域地质背景

小秦岭金矿田位于秦岭造山带的最北缘,主要出露新太古界-古元古界太华超群黑云斜长角闪岩、黑云斜长片麻岩、长英质片麻岩、大理岩、混合岩等中-深变质岩系[1]。区域整体呈东西向展布的伸展穹隆[2],南北两侧被小河断裂与太要断裂围限,内部发育大量韧-脆性断裂带,明显控制了成矿作用。穹隆内部中生代燕山期岩浆活动强烈,形成了文峪和娘娘山两大岩体及大量中基性-中酸性岩脉,侵位时代为距今(138.4±2.5)~(141.7±2.5)Ma[3]。小秦岭地区出露大量石英脉型金矿,如文峪、小文峪岭-车铣沟、大湖-灵湖、涣池峪一藏马峪等金矿,均分布于文峪岩体和娘娘山岩体外围脆-韧性断裂带中,表明成矿作用与早白垩世的岩浆作用关系密切。

2 矿区地质特征

矿区位于河南省小秦岭金矿田的中段南侧、小秦岭古元古代片麻岩穹隆的南侧,北与大湖-灵湖金矿相邻,西与东闯-金渠金矿相接,南与樊家岔金矿相连,东与柏树岭金矿相连。

2.1 地层

矿区出露地层以古元古界太华群观音堂岩组(Pt_1g)为主,另有少量的太华群基性喷发表壳岩

基金项目:中国矿产地质志项目(编号:DD20160346,DD20190379);河南省自然资源厅 2019 年省财政地质勘查项目(序号 44)。

作者简介:张宇,男,1986 年出生。博士,工程师,主要从事区域成矿规律研究。

系（Pt_1B）出露,在矿区南部的山前凹陷和部分山谷中分布有第四系（Q）。

古元古界太华群观音堂岩组（Pt_1g）：在矿区的中西部大部分出露,岩性主要为黑云斜长片麻岩、石英岩,以及少量的含石墨石榴黑云长石片麻岩、夕线黑云（二云）长石片麻岩、夕线石榴片麻岩及变粒岩、浅粒岩等。原岩为一套滨海-浅海相碎屑-含炭泥质的沉积建造。

太华群基性喷发表壳岩系（Pt_1B）,主要在矿区的西部边缘零星出露,岩性以斜长角闪片麻岩、斜长角闪岩为主。原岩为基性火山喷发岩。

2.2 岩浆岩

矿区岩浆活动频繁,岩浆岩发育,主要有古元古代英云闪长质片麻岩、古元古代二长花岗质片麻岩、古元古代（黑云）角闪二长花岗岩、古元古代花岗伟晶岩等,以及零星出露的各类岩脉。出露的岩脉主要有辉绿（玢）岩脉、（含金）石英脉、闪长岩脉及花岗斑岩脉等。

古元古代花岗伟晶岩：岩石呈灰白色、浅肉红色,花岗变晶结构、伟晶结构（矿物粒径5～20 mm）,显微镜下可见交代结构,块状构造,主要矿物有微斜长石（15％～60％）、更长石（10％～45％）、石英（30％～40％）,次要矿物有绢云母、钠黝帘石、绿泥石等。更长石具强烈的钠黝帘石化和绢云母化。任志媛[4]对花岗岩株内锆石进行同位素定年,结果为（1 838±21）Ma。

花岗斑岩脉：中细粒、中粗粒花岗结构或斑状结构,块状构造,主要矿物为斜长石（30％～40％）、钾长石（25％～35％）、石英（25％～30％）和黑云母,副矿物有磁铁矿、榍石、磷灰石、锆石和石榴子石等,蚀变微弱。目前尚无关于这些岩株侵位时代的数据,但矿区东侧出露有中生代的娘娘山岩体,任志媛[4]推测这些岩株的年龄与娘娘山岩体相似。

基性脉岩：以岩脉和岩墙形式产出,侵位于太华群变质岩系或古元古代花岗岩株中。野外观察表明,大多数基性脉岩切穿含金石英脉,但部分含金石英脉被基性岩脉穿插或与基性岩脉相互穿插。基性脉岩主要呈北东向和北西向两组,倾向变化较大,倾角较陡,大多为60°～85°。基性脉岩岩性以云斜煌斑岩和辉绿岩为主,灰黑色或深灰绿色,块状构造,斑状结构,显微镜下可见煌斑结构和辉绿结构。斑晶以黑云母（20％～30％）和斜长石（20％～25％）为主,基质以斜长石（20％～25％）和石英（10％～15％）为主,含少量黑云母（～5％）,副矿物有锆石、磷灰石、磁铁矿等。基性脉岩发育强烈蚀变,黑云母发育强烈绿泥石化,黑云母斑晶边部多被蚀变为绿泥石,岩石基质部分发育碳酸盐化、绿帘石化等蚀变类型。

2.3 构造

矿区构造格架总体呈东西向展布,以小河断裂（F1）为界,南侧为山前凹陷,为第四纪浅覆盖区,局部可见元古代变质岩体或地层出露;北侧为小秦岭古元古代片麻岩穹隆的一部分。

小河断裂（F1）为小秦岭台穹南侧"边界断裂",区域西起唐家峪,向东经小河至周家山,以南为陈耳街-高家岭向斜。断裂区域长度大于75 km,矿区内出露长度大于5 km,宽数十至数百米。西段走向近东西,倾向南,倾角65°～85°;东段呈北东向,倾向南东,倾角45°～60°。

除边界断裂外,矿区内发育一系列韧-脆性断裂,断裂带内均有含金石英脉充填。断裂分为近东西向和北东向两组,其中近东西向断裂最发育。近东西向断裂走向270°～300°,倾向分为南倾与北倾两组。该组断裂为矿区主要储矿构造,断裂带沿走向和倾向延伸较大,断裂面沿走向和倾向均呈舒缓波状延伸,分支复合现象明显。断裂带内糜棱岩、角砾岩发育,后期被大量含金石英脉充填。另外,该组断裂内还充填有较多基性脉岩。根据断裂带运动力学特征,该组断裂多经历了压扭、张扭、张性等3次以上的多期构造活动。北东向断裂走向10°～15°,倾向北西西,倾角60°～80°。该组断裂多被基性脉岩充填,其次被含金石英脉充填。北东向断裂带以扭性断裂为主,至少经历了压扭性、张扭性等2次以上的构造运动。

3 矿床特征

3.1 矿体特征

矿区主要为薄石英脉型金矿床,构造蚀变岩型金矿次之,矿体严格受含矿构造蚀变破碎带(矿脉)控制,由含金石英脉或构造岩组成脉状地质体,在走向和倾向上均呈舒缓波状产出,在平面和空间上分布均呈脉状展布。区内共发现各种构造脉体约 80 余条,其中主要含金矿脉有 S1、S2、S8、V、I、VI、S11、F911、902B、S8918、S9634、S841、S842、S51、S311、F8、S903、904、S900、S132 等 20 条,共圈出 32 处金矿体。

矿区内含金石英脉均赋存于控矿构造蚀变破碎带中,受不同控矿构造蚀变破碎带的严格控制,产状基本和蚀变构造带一致。矿体沿走向尖灭再现、膨缩变化明显,在倾向上呈舒缓波状,但总体上往深部倾角变陡,其形态、产状与破碎带密切相关(图 1)。矿体主要以破碎带中心附近的石英脉产出,具较强黄铁矿化,局部具星点状黄铜矿化、方铅矿化等,与围岩界线较为清晰。矿体形态以似层状、透镜状为主,次为扁豆状、不规则状,单个矿体规模较小。矿体随石英脉的贯入而矿化增强,具有上贫下富、上薄下厚的特点。单个矿体规模一般为小型,仅 F8-1 达到中型矿体规模,矿体长一般为 95～290 m 不等,走向最长者为 S11-1 号金矿体,长 650 m,但其倾向延伸仅 63 m;矿体厚度一般为 0.78～1.03 m,以含金石英脉型为主。矿体平均金品位一般在 3.4×10^{-6}～8.65×10^{-6} 之间,最高平均金品位为 S11-1 矿体,达 18.52×10^{-6}。

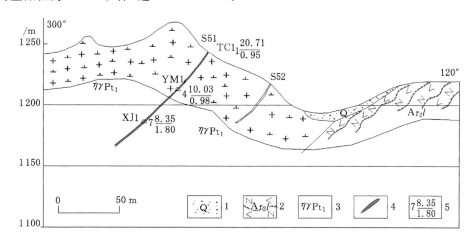

1—第四系:黄土、亚黏土;2—太华群:黑云斜长片麻岩、斜长角闪岩;

3—粗中粒角闪二长花岗岩;4—金矿体;5—样线号 $\dfrac{\text{金矿平均品位(g/t)}}{\text{平均厚度(m)}}$。

图 1 樊岔矿区香炉沟矿段 A-A' 线剖面图

(注:修改自河南省自然资源厅 2010 年储量库)

3.2 矿石特征

根据构成矿石的原岩性质、结构、构造、矿物共生组合等特征,矿石类型为石英脉型和蚀变岩型,以含金石英脉型矿石为主,蚀变岩型矿石次之。

矿区共查明矿物达 40 余种。其中金矿物以自然金为主,还有少量银金矿以及微量碲金矿、碲金银矿、辉银矿。矿石矿物以黄铁矿为主,方铅矿次之,黄铜矿、闪锌矿、磁黄铁矿、白钨矿、蓝辉铜矿、辉铜矿、铜蓝、碲铅矿、碲铋矿、毒砂、辉碲铋矿、辉钼矿微量,次生矿物为褐铁矿、斑铜矿、铅矾、白铅矿、孔雀石、铜蓝等。脉石矿物以石英为主,绢云母、钾长石、斜长石、方解石、白云石、黑云母次之,绿泥石、绿帘石、重晶石、锆石、磷灰石、萤石、电气石、金红石等微量。

金矿物分为可见金和次显微金,以次显微金为主,主要赋存于褐铁矿中,可见金是金的独立矿物。金矿物以自然金为主,次为银金矿,呈金黄-浅金黄色,形态为不规则的树枝状、薄片状、乳滴状、浑圆状。粒度以中、细粒金为主,占 84.46%,次为粗粒金,占 11.25%,微粒金最少,占 2.29%。自然金在矿石中呈裂隙金、粒间金和包体金三种嵌布形式。

金矿石结构主要为自形-半自形晶粒状结构、他形晶粒状结构、鳞片粒状变晶结构、似斑状结构、填隙结构、包含结构、乳滴状结构、交代残余和交代假象结构、侵蚀结构、压碎结构、糜棱结构等。矿石构造主要为块状构造、条带状构造、浸染状构造、细脉-网脉状构造、角砾状构造、土状-蜂窝状构造、定向构造、变胶状构造等。

金矿石主要化学成分为 SiO_2,含量为 $51.82\% \sim 79.12\%$,其次为 Al_2O_3、Fe_2O_3、FeO、K_2O、MgO、Na_2O、TiO_2、P_2O_5、MnO 等。矿石中成矿元素以 Au 为主,主要有益伴生组分为 S、Ag、Cu、Pb,除个别组合样中 Ag、Pb 伴生组分可达工业要求外,其他元素均达不到伴生组分的工业要求。有害元素 As、Sb 含量很低,As 为 0.0008%,Sb 为 0.0018%。

3.3 围岩蚀变

围岩蚀变分布于含金石英脉顶底板及其构造带中,主要蚀变类型有黄铁绢英岩化、绢云母化、硅化、碳酸盐化以及微斜长石黏土化(红化)等。围岩蚀变范围较小,宽度一般小于 10 cm,无明显分带性,直观表现为近脉则强,远离渐弱。

3.4 成矿阶段的划分及分布

根据野外观察和室内岩相学与矿物学研究,任志媛[4]将樊岔金矿的成矿作用划分为四个阶段,即石英-粗粒状黄铁矿阶段、石英-团块状黄铁矿阶段、金-多金属硫化物阶段与碳酸盐-石英阶段。其中金-多金属硫化物阶段为主要成矿阶段,大量碲化物形成于该阶段。

石英-粗粒状黄铁矿阶段:成矿热液沿断裂带充填,形成宽大石英脉。该阶段矿石类型为粗粒浸染状黄铁矿矿石,黄铁矿呈自形粗粒集合体状分布于纯净石英脉中或呈中细粒致密浸染状分布于矿脉两侧斜长角闪岩中。金矿化在该阶段非常微弱,主要呈不可见金形式包裹在黄铁矿中,未见自然金产出。

石英-团块状黄铁矿阶段:成矿热液沿早期石英脉裂隙灌入充填,并伴随有大量中粗粒黄铁矿和他形黄铜矿沉淀。团块状黄铁矿矿石为该阶段主要矿石类型,除大量黄铁矿、黄铜矿外,可见少量自然金包裹于黄铁矿或黄铜矿中。该阶段矿石蚀变类型主要有硅化、黄铁矿化及少量黄铁绢英岩化。

金多金属硫化物阶段:该阶段是樊岔金矿金沉淀最重要的成矿阶段,随着构造活动的继续进行,含矿热液沿裂开的石英脉再次灌入充填,沉淀于石英矿脉中部。该阶段典型矿石为细脉浸染状多金属硫化物矿石,其矿物组合主要为黄铁矿-黄铜矿-方铅矿-闪锌矿-碲化物-自然金,金矿化强烈。伴随着金矿化,黄铁绢英岩化广泛发育于该阶段矿石中。

碳酸盐-石英阶段:该阶段是热液成矿作用的最后阶段,以脉状碳酸盐岩(方解石、铁白云石)和石英脉充填、穿插早期石英脉为特征,在开放空间内碳酸盐矿物与石英呈晶簇状沉淀。该阶段发育有少量细粒半自形-他形黄铁矿,金矿化较微弱。

4 物理化学特征

4.1 流体包裹体

前人对樊岔金矿成矿流体的研究表明,成矿流体为中-高温、富 CO_2、中-低盐度的 H_2O-CO_2-$NaCl(\pm CH_4)$ 体系,金矿化与成矿期的流体不混溶作用和混合作用密切相关。

任志媛[4]研究发现,樊岔金矿含金石英脉中的流体包裹体相态类型分为富三相包裹体、富液两相包裹体和纯单相包裹体,显微测温数据显示:流体包裹体均一温度峰值集中于 $280\sim330$ ℃区间,盐度峰值集中于 $12.5\%\sim15.75\%$,因而认为樊岔金矿属于高温、高盐度 CO_2-H_2O-$NaCl(\pm CH_4)$ 成矿流体系统。均一温度盐度变化图显示,高温区间截然分为高盐度和低盐度两组,低温区间具有大跨度盐度范围,指示成矿流体在演化过程中发生过相分离。

李红蒙[5]研究认为,该矿床流体包裹体主要相态类型为富 CO_2 三相型、含 CO_2 三相型和气液两相型。显微测温数据显示:从石英粗粒黄铁矿阶段到碳酸盐阶段,均一温度峰值依次为 363.3 ℃、325.5 ℃、273 ℃、258.6 ℃,总体呈逐渐降低的趋势;盐度峰值依次为 14.53%、9.59%、11.61%、8.03%,略有起伏但变化不大,总体呈降低趋势。矿床成矿流体属于中低温、中低盐度 CO_2-H_2O-$NaCl(\pm CH_4)$ 成矿流体系统。

展恩鹏等[6]通过对包裹体的详细研究,认为热液石英发育纯 CO_2 包裹体(PC 型)、$CO_2\sim H_2O$ 包裹体(C 型)、水溶液包裹体(W 型)和含子晶多相包裹体(S 型)。早阶段流体包裹体主要为 C 型包裹体,次为 PC 型及少量的 W 型和 S 型包裹体,均一温度峰值为 $340\sim360$ ℃,盐度峰值为 $14.0\%\sim16.0\%$。与早阶段相比,中阶段 PC 型、C 型包裹体数量减少,W 型、S 型包裹体数量增多,均一温度峰值为 $320\sim340$ ℃,盐度峰值为 $12.0\%\sim14.0\%$。晚阶段只发育 W 型包裹体,均一温度峰值为 $180\sim200$ ℃,盐度峰值为 $2.0\%\sim4.0\%$。激光拉曼探针显示:早阶段流体包裹体富含 CO_2 和 CH_4,中阶段包裹体中仅富含 CO_2,而晚阶段包裹体中不含 CO_2 或 CH_4。结合氢、氧同位素研究,认为樊岔金矿床成矿流体由早阶段中温、中低盐度、富含 CO_2 和 CH_4 的变质热液逐渐向晚阶段低温、低盐度、贫 CO_2 的大气降水热液演化,沸腾作用和混合作用是其主要演化机制。根据沸腾包裹体计算得出早阶段和中阶段包裹体的捕获压力分别介于 $108\sim295$ MPa 和 $97\sim261$ MPa 之间,对应的成矿深度分别约为 10.8 km 和 9.7 km。

4.2 稳定同位素

李红蒙[5]和展恩鹏等[6]对樊岔金矿 H-O 同位素进行过相应的研究,结果表明成矿流体的 $\delta^{18}O$ 值为 $-2.6\text{‰}\sim6.3\text{‰}$,平均值为 $3.1\text{‰}(n=16)$,而 δD 值为 $-99.0\text{‰}\sim-53.1\text{‰}$,平均值为 $-74.3\text{‰}(n=16)$,总体上出现在岩浆水左侧,$\delta^{18}O$ 和 δD 值变化都比较大,且向雨水线偏移[图 2(a)],与大湖-灵湖金矿、文峪金矿、东闯-金渠金矿的狭长带状分布不同,可能代表成矿流体受天水-岩浆水二元混合作用影响较大。

任志媛[4]、盛涛[7]、展恩鹏等[6]和 Liu Junchen 等[8]对樊岔金矿矿石中黄铁矿、方铅矿、黄铜矿、闪锌矿、辉铋矿、辉碲铋矿等硫化物进行了大量的 $\delta^{34}S$ 分析,结果表明 $\delta^{34}S$ 值范围为 $-6.8\text{‰}\sim4.9\text{‰}$[图 2(b)],出现多个峰值,包括 $-5\text{‰}\sim-4\text{‰}$、$-2\text{‰}\sim-1\text{‰}$、$2\text{‰}\sim3\text{‰}$,算数平均值为 $-0.2\text{‰}(n=73)$。Liu Junchen 等[8]对樊岔金矿围岩内黄铁矿进行原位 S 同位素测试,精确获得太华群角闪斜长片麻岩围岩 $\delta^{34}S$ 值为 $-9.3\text{‰}\sim-7.8\text{‰}$,与成矿流体的 $\delta^{34}S$ 值有较大差异。因此,我们认为樊岔金矿成矿物质主要来自深源岩浆,而非太华群围岩。

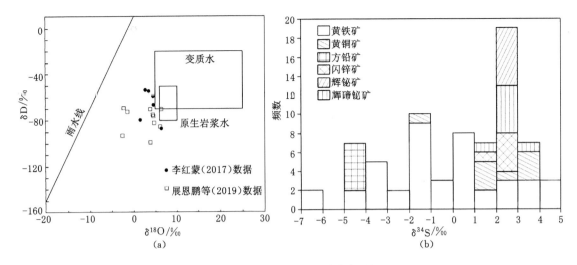

图 2 樊岔金矿 H-O-S 同位素图解

Liu Junchen 等[8]获得第 2 期黄铁矿(Py2)^{3}He/^{4}He 和 ^{40}Ar/^{36}Ar 值分别为 0.68~1.17 和 656.55~7 384.2,第 3 期黄铁矿(Py3)^{3}He/^{4}He 和 ^{40}Ar/^{36}Ar 值分别为 0.20~0.33 和 647.67 ~ 8 913.55,表明成矿流体以幔源为主,随着流体的演化壳源流体增加。

4.3 放射性同位素

盛涛[7]、展恩鹏等[6]和 Liu Junchen 等[8]对樊岔金矿硫化物 Pb 同位素的研究显示,^{206}Pb/^{204}Pb 值为 16.995~18.457,平均值为 17.627,^{207}Pb/^{204}Pb 值为 15.392~15.847,平均值为 15.413,^{208}Pb/^{204}Pb 值为 37.482~37.316,平均值为 38.294。数据主要落在地幔及其附近(图 3),表明樊岔金矿成矿物质以幔源为主。

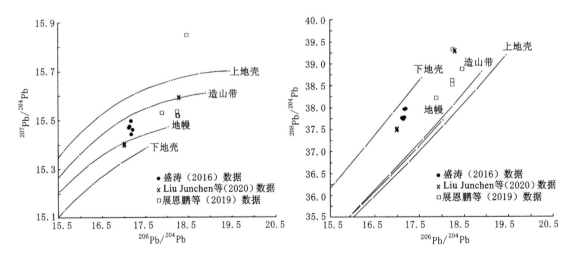

图 3 樊岔金矿硫化物 ^{207}Pb/^{204}Pb 对 ^{206}Pb/^{204}Pb、^{208}Pb/^{204}Pb 对 ^{206}Pb/^{204}Pb 图

5 成矿时代

任志媛[4]对樊岔金矿热液期绢云母进行 ^{40}Ar-^{39}Ar 定年,获得 ^{40}Ar/^{39}Ar 结果为(130.5±1.3)Ma

和(120.2±2.2)Ma。矿区内与含金石英脉共生的基性脉岩(云斜煌斑岩)锆石 LA-ICP-MS＋U-Pb
定年结果为 154～160 Ma 和 139～140 Ma,表明金矿成矿与早白垩世伸展构造环境有关。

Liu Junchen 等[8]对樊岔金矿含金黄铁矿进行超低本底 Re-Os 同位素测年,获得 Re-Os 等时
线年龄为(124.3±2.6)Ma,表明金矿成矿时代为早白垩世,结合同位素分析结果,说明樊岔金矿形
成于华北克拉通早白垩世岩石圈大规模伸展减薄背景下,金矿与幔源岩浆热液关系密切。

6 矿床成因及成矿模式

樊岔金矿的成因有一定的争议,主要在于属于造山型金矿还是岩浆热液型金矿。前人在流体
包裹体、稳定同位素、放射性同位素、成矿年代学等方面获取的数据并没有太大的差异,但是分歧在
于数据解释,所以造成了矿床成因的分歧。

李红蒙[5]和展恩鹏等[6]持造山型金矿观点,认为中-高温、富 CO_2、中-低盐度的 H_2O-CO_2-NaCl
(±CH_4)体系的成矿流体与典型造山型金矿一致,成矿流体来自华北克拉通和扬子克拉通强烈的
挤压造山,导致小秦岭地体深部的岩石(包括太华超群)发生变质变形,变质脱水、脱气和去硅、去碱
作用导致变质流体形成,变质流体沿构造薄弱带(断裂带)向低压的浅部运移,并在有利位置被圈
闭,形成脉状金矿。

但是任志媛[4]和 Liu Junchen 等[8]认为,岩浆热液流体经过不混溶、混合等复杂的演化,也可
以形成具有中-高温、富 CO_2、中-低盐度特征的成矿流体,这类流体特征并不是变质流体的专属特
征。樊岔金矿形成于早白垩世,这一时期华北南缘处于大规模伸展背景,并不存在造山作用,成矿
作用应该与伸展背景下来源于下地壳的幔源岩浆关系密切,而且任志媛等[9]对樊岔金矿碲化物的
研究结果也表明小秦岭金矿床碲-金系列矿物可能与区域大规模岩浆作用关系密切。

综上所述,我们认为樊岔金矿并非典型的造山型金矿,而应该是与早白垩世克拉通大规模伸展
减薄有关的岩浆热液型金矿。

参 考 文 献

[1] 第五春荣,刘祥,孙勇.华北克拉通南缘太华杂岩组成及演化[J].岩石学报,2018,34(4):999-1018.
[2] 林伟,许德如,侯泉林,等.中国大陆中东部早白垩世伸展穹隆构造与多金属成矿[J].大地构造与成矿学,2019,
43(3):409-430.
[3] 王义天,叶会寿,叶安旺,等.小秦岭文峪和娘娘山花岗岩体锆石 SHRIMP U-Pb 年龄及其意义[J].地质科学,
2010,45(1):167-180.
[4] 任志媛.小秦岭东部樊岔和义寺山金矿床地质矿化特征与矿床成因[D].武汉:中国地质大学,2012.
[5] 李红蒙.河南灵宝市樊岔金矿成矿流体研究[D].北京:中国地质大学(北京),2017.
[6] 展恩鹏,王玭,齐楠,等.河南灵宝樊岔金矿床成矿流体和同位素地球化学研究[J].矿床地质,2019,38(3):
459-478.
[7] 盛涛.豫西地区崔香洼和樊岔金矿黄铁矿成因矿物学研究[D].北京:中国地质大学(北京),2016.
[8] LIU J C,WANG Y T,HU Q Q,et al. Ore genesis of the Fancha gold deposit, Xiaoqinling goldfield, southern
margin of the North China Craton: constraints from pyrite Re-Os geochronology and He-Ar, in situ S-Pb
isotopes[J]. Ore geology reviews,2020,119:103373.
[9] 任志媛,李建威,唐克非.小秦岭樊岔金矿矿床地质特征及碲化物成因[J].矿物学报,2011,31(增刊1):89-90.

栾川矿集区鱼库钼钨矿床矿体地质特征与找矿模型

胡红雷[1],韩江伟[1,2],云　辉[1,2],郭　波[1,2],谭和勇[1],张荣臻[1,2]

(1. 河南省地质调查院,河南 郑州　450001;

2. 河南省金属矿产成矿地质过程与资源利用重点实验室,河南 郑州　450001)

摘　要:栾川矿集区鱼库钼钨矿床位于华北陆块南缘与北秦岭造山带结合部位,是近年来发现的超大型钼钨矿。本文根据对该矿床的区域成矿背景、矿床地质特征的深入研究,总结了鱼库矿区成矿规律,探讨了其成矿机理,进而建立了该地区同类型矿床找矿地质模型,对该区域下一步的矿产勘查具有指导意义。

关键词:鱼库钼钨矿床;矿床地质特征;找矿地质模型

引言

鱼库钼钨矿位于河南栾川矿集区南部,夹于伏牛山与熊耳山之间,行政区划上归属栾川县陶湾镇,距离栾川县城西北方向 15 km,交通便利。截至目前,鱼库钼钨矿床探获资源量 70 余万吨,达到超大型矿床规模。研究该矿床的区域成矿背景、矿体特征及成矿机理,进而建立找矿预测地质模型,对下一步的矿产勘查有重要意义。

1　区域成矿背景

鱼库钼钨矿床所处的栾川矿集区,位于栾川断裂带北侧,马超营断裂带南部,大地构造上处于华北陆块南缘,同时也是东秦岭-大别山钼成矿带的一部分。该矿集区内已知矿产 10 余种,主要为钼、钨、铅、锌、金、银等。鱼库钼钨矿床为近年来新发现的超大型矿床[1],见图1。

矿区出露地层主要为中元古界官道口群白术沟组三段,新元古界栾川群三川组和南泥湖组。其中白术沟组三段以含碳浅变质岩建造为主,主要岩性为黑色板状碳质千枚岩、碳质石英岩,局部夹含碳大理岩、含碳白云石大理岩等。三川组以浅变质碎屑岩-碳酸盐岩沉积建造为主,可分为两段,一段为变含砾中粒石英砂岩、白云钙质片岩,二段为黑云条带状大理岩、绢云大理岩。南泥湖组以浅变质碎屑岩-碳酸盐岩沉积建造为主,可分为三段,一段为细粒石英岩,二段为黑云(绢云)石英片岩、黑云斜长片岩和绢云钙质片岩,夹浅灰色(黑云母)大理岩透镜体,三段为黑云母大理岩,夹黑云(绢云)石英片岩。三川组和南泥湖组是矿区内最重要的赋矿地层。

矿区内的岩浆活动比较强烈,具有多期次特征。与成矿关系最密切的为燕山晚期中酸性花岗岩。浅部沿石宝沟-黄背岭背斜核部出露了石宝沟、黄背岭、鱼库 3 个大小不一的岩株,深部形成以鱼库为中心的巨大岩基。整体表现出花岗闪长岩—二长花岗岩—似斑状正长花岗岩的演化序列。

资助项目:河南省栾川县冷水-赤土店地区钼矿深部普查(任务书编号:豫国土资发[2015]70 号)和河南省自然资源厅 2020 年度省财政地质勘查项目"'中国钼都'栾川钼(钨)矿整装勘查"(任务书编号:豫自然资发〔2020〕18 号)。

作者简介:胡红雷,男,1987 年生。工程师,研究方向为矿产勘查与区域构造研究。

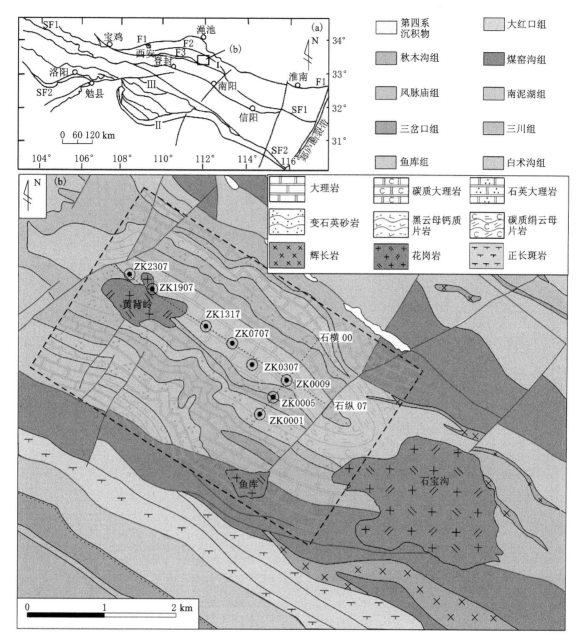

F1—三门峡-鲁山断裂;F2—马超营断裂;F3—栾川断裂;SF1—商丹古板块缝合带;

SF2—勉略古板块缝合带;Ⅰ—华北板块南缘;Ⅱ—华南板块北缘;Ⅲ—秦岭微板块。

图1 鱼库钼钨矿区地质图及大地构造位置图(据郭波2018年修改)

地球化学分析表明,岩体组分为:SiO_2 含量占比 69%～76%,K_2O+Na_2O 含量占比大于 5.8%～12.7%,K_2O 含量占比大于 3.0%,具有高硅、富碱、高钾的特征,属偏铝质-弱过铝质高钾钙碱性-钾玄质花岗岩类[2-3]。似斑状正长花岗岩与成矿关系极其密切,为鱼库钼钨矿床的成矿地质体。

成矿期前,该区域作为克拉通内部或者边缘总体上受南部造山作用影响较小,地层以稳定沉积为主。中生代初期,华北板块和扬子板块沿秦岭发生全面陆-陆碰撞造山,华北板块由北至南向秦岭微板块仰冲,发育一系列北西西向的复式褶皱与断裂,形成早期的洛南-栾川逆冲推覆构造系。矿区位于逆冲推覆构造系的中带,以石宝沟-黄背岭复式背斜为代表的北西西向构造奠定了该区的成矿构造背景。晚侏罗世中国东部地区发生地球动力学大调整,即由古特提斯构造域向滨太平洋构造域转变。在此过程中,形成一系列北北东向压(扭)性断裂带,连同活化的北西西向断裂共同形成了成矿期构造。同时,在地壳深部由于早期俯冲的扬子板块发生断离拆沉,诱发加厚下地壳部分熔融形成的含矿中酸性岩浆沿深大断裂上涌并在背斜核部等虚脱部位形成岩基,同时沿北北东向断层与北西西向断层交汇处上升并在较浅的构造层次形成中酸性小斑岩体,在岩体与地层的内外接触带上形成钼钨多金属矿床,如鱼库斑岩-夕卡岩型钼钨矿床。成矿期后,断裂活动对矿体的破坏造成矿体在走向和倾向上的位移和缺失,同时,后期强烈的挤压隆升以及风化剥蚀作用共同造就了如今复杂的矿体形态。

2 矿床地质特征

2.1 矿体特征

鱼库钼钨矿床位于栾川矿集区南部,属于石宝沟矿田,与西北部的南泥湖-三道庄矿田属于同一成矿系统。

鱼库钼钨矿床的矿体形态主要呈似层状、囊状、不规则状,边部为细脉状,赋存于岩体与围岩的内外接触带中,同时又受到褶皱、北西西向断裂和北东东向断裂的联合控制。整体上,鱼库钼钨矿体分布在石宝沟-黄背岭背斜的北翼,走向北西向,控制长度为2 870 m,倾向北东向,控制宽度为430～1 680 m。垂向上钼钨矿体形态与隐伏花岗岩岩基顶界面密切相关,随界面起伏变化。岩基顶界面在黄背岭岩体与石宝沟岩体间呈两头高、中间低的大"U"字形,而厚大的矿体也出现在岩体侵入形成的"凹斗"地带(见图2、图3)。

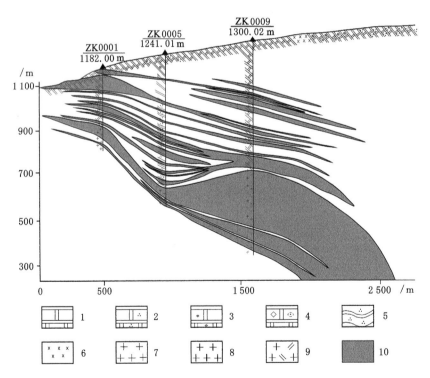

1—大理岩;2—石英大理岩;3—绿帘石大理岩;4—黄铁矿化硅化大理岩;5—石英岩;
6—变辉长岩;7—花岗岩;8—斑状花岗岩;9—斑状二长花岗岩;10—钼钨矿体。

图2 鱼库钼钨矿床石横00勘查线剖面示意图(据河南地质调查院修改)

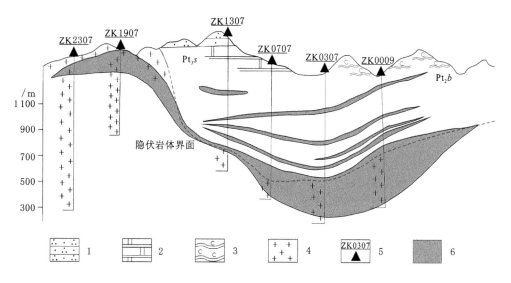

1—石英砂岩；2—大理岩；3—碳质千枚岩；4—斑状花岗岩；5—钻孔位置及编号；6—钼钨矿体。

图 3　鱼库隐伏钼钨矿床石纵 07 勘查线剖面示意图（据河南地质调查院修改）

岩石类型主要为花岗斑岩型矿石、夕卡岩型矿石和角岩型矿石。花岗斑岩型矿石主要产于斑岩体内接触带中，主要矿石矿物为辉钼矿、白钨矿、黄铜矿、黄铁矿等。夕卡岩型和角岩型矿石主要产于岩体与围岩的外接触带中。夕卡岩型矿石中辉钼矿呈细脉状、浸染状产出，白钨矿呈星点状产出，主要矿石矿物为辉钼矿、白钨矿、磁黄铁矿、黄铁矿、黄铜矿等。角岩型矿石分布不均，常产出在三川组一段石英砂岩与花岗岩接触部位，主要矿石矿物为辉钼矿、黄铁矿、黄铜矿等。

矿床围岩蚀变分带性较强，从岩体向外大体分为 4 个相带，接触带靠近花岗斑岩一侧发育钾化带、绿帘石化带，外接触带发育角岩化带、夕卡岩化带。钾化带以钾长石为主，也常伴生有网脉状硫化物-石英脉型硅化现象，该蚀变带是矿石的主要分布位置，沿花岗岩的界面起伏而产出；绿帘石化带常产出在花岗斑岩一侧，但也在外接触带的长英质地层中见到少量绿帘石化现象，该蚀变带也多有矿化产出，呈浸染状分布，多数分布在硫化物-石英脉中；角岩化带常产出在花岗岩与三川组石英砂岩的接触部位，不纯的石英砂岩发生蚀变生成角岩或发生角岩化，少数矿物有定向分布特征；夕卡岩化带是由于花岗岩侵入对三川组二段大理岩的交代作用产生的，夕卡岩化交代现象不均匀，常见有透闪透辉石化、透辉石榴石化条带，局部有少量夕卡岩产出，可能与原岩成分的纯度有关系[4-5]。

2.2　成矿构造及成矿结构面

鱼库钼钨矿床属于岩浆侵入成矿系统，叠加区域构造系统。褶皱、断裂和裂隙是成矿构造的三种类型。石宝沟-黄背岭复式背斜、北西西向和北东东向断裂联合控制了该区域岩浆侵入的形态。地球物理资料已经证实深部形成以鱼库为中心的巨大岩基[6]，浅部沿背斜核部在北西西向断裂与北东东向断裂的交汇部位出露了石宝沟、黄背岭、鱼库 3 个大小不一的岩株。

岩体与围岩的侵入接触带是矿体赋存的主要部位，包括侵入接触面及两侧岩体、围岩中的裂隙与断裂等。多期次的岩浆热液在斑岩体顶部聚集，使得接触带两侧应力持续集中，岩石中发生多次破裂，含矿热液发生交代蚀变和矿化富集，最终形成厚大矿体，即区域最重要的成矿结构面。北西西向断裂和北东东向断裂的交汇部位不仅控制着成矿斑岩体的侵位，也是含矿热液运移沉淀的场所，在浅部或远端形成大脉状矿体，尤以北东东向的同生断裂最为明显，形成区域次要的成矿结构面[7-8]。

2.3 矿床类型及成矿时代

鱼库钼钨矿床的主要成矿地质作用为岩浆侵入地质作用、接触变质地质作用,区域变质地质作用、变形构造地质作用对矿床后期具有一定的改造作用。鱼库钼钨矿属于岩浆侵入过程中形成的斑岩-夕卡岩型钼(钨)多金属矿床。

鱼库钼钨矿床含矿似斑状正长花岗岩的 LA-ICP-MS 锆石 U-Pb 加权平均年龄为(148.0±1.6)Ma～(147.1±1.3)Ma,与辉钼矿 Re-Os 年龄为(146.2±0.9)Ma 一致,成岩、成矿为同期或者成矿年龄略晚于成岩年龄,与秦岭造山带在中生代的构造体制发生转换时期相当[9-11]。

3 成矿规律及成矿机理探讨

3.1 成矿规律

在宏观上,矿体形态受接触带构造控制明显,呈似层状、透镜状及不规则状,与夕卡岩带、角岩带密切共生,与围岩呈渐变接触关系,矿物间交代现象明显。在空间上不同矿化类型形成明显的分带特征,由岩体向外依次为:斑岩型钼钨矿→接触交代型钼钨矿→热液脉型铅锌银矿。在微观上,详细的野外及镜下观察表明,辉钼矿在成矿结构面上多呈细脉浸染状产状,依据矿脉类型及穿切关系可以恢复其形成顺序为:无矿黑云母脉、长英质脉、石英脉→辉钼矿脉→辉钼矿石英脉→黄铁矿石英脉→辉钼矿沸石方解石石英脉→方解石脉。流体包裹体研究表明,成矿流体以岩浆热液为主,主成矿阶段为 CO_2-NaCl-H_2O 体系,晚期演变为 H_2O-NaCl 体系,温度为 250～550 ℃,峰值在 300 ℃左右[12]。

围岩蚀变与脉体发育特征表明成矿过程大体可分为四个阶段:① 围岩的夕卡岩化和角岩化阶段;② 石英钾长石阶段和退化蚀变作用阶段;③ 石英硫化物阶段;④ 沸石碳酸硫化物阶段。其中,石英硫化物阶段为主要成矿阶段,石英钾长石阶段和沸石碳酸硫化物阶段为次要成矿阶段[13]。

3.2 成矿机理探讨

秦岭造山带在侏罗纪-白垩纪构造体制发生了转换,表现为从印支期以近东西向构造为主的特提斯构造域,转变为以北北东-近北南向构造为主的滨太平洋构造域[14]。矿区受到栾川超壳断裂带的控制,发生大规模软流圈物质上涌,诱发强烈壳幔物质交换。早期的碰撞或逆冲推覆使得下地壳增厚,在向伸展机制转换的过程中,下地壳处于强烈的减压增温条件下,诱发其部分熔融形成酸性岩浆;随后在伸展环境下,岩浆沿构造薄弱带上升,在背斜核部等虚脱部位就位形成岩基,在北西西与北东东向断裂的交汇部位上升至浅层次,形成岩株、岩筒等小岩体。

岩浆侵位不仅是成矿物质从深部向浅部运移和富集的过程,而且必定形成一个高热的能量场[15]。在岩浆的多次脉动或涌动作用下,成矿物质持续获得迁移的能量,才能在栾川形成大规模的钼钨矿化。此外,岩浆房与围岩接触带是一个最有利的成矿结构面。矿床后期含矿岩浆侵位于碳酸盐岩,首先形成钙质夕卡岩(三川组二段,以灰岩或泥灰岩为围岩)或镁质夕卡岩(煤窑沟组二段,以白云岩或白云质岩石为围岩),侵位于长英质沉积岩则形成长英质角岩(三川组一段、南泥湖组一段),在夕卡岩(角岩)化过程中同时交代或沉淀出辉钼矿、白钨矿等金属矿物,在退化蚀变阶段形成闪石、绿泥石、绿帘石等含水矿物。此阶段主要的金属矿物不仅有辉钼矿和白钨矿沉淀,而且还有黄铁矿、黄铜矿、方铅矿、闪锌矿等金属矿物。成矿晚期多种流体活动,形成萤石脉、方解石脉、石英方解石脉、石英绢云母脉等,这些脉体特征对建立找矿预测地质模型具有很好的指示意义。

4 找矿预测地质模型

鱼库钼钨矿床为斑岩-夕卡岩型矿床,其成矿地质体为白垩纪似斑状二长花岗岩,成矿结构面为岩体与围岩的侵入接触带和北西西与北东东向断裂的交汇部位。华北板块与华南板块的陆陆碰撞形成了北西向的褶皱和断裂,后期受滨太平洋构造的远程效应形成北东向断裂,共同控制了岩体的侵位以及稍晚的矿体形态。两期构造行迹及侵入接触带作为明显的找矿标志,据此可以建立找矿预测地质模型[16],为后续找矿部署指明了方向(见图4)。

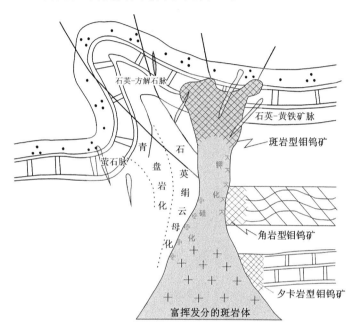

图4 鱼库钼钨矿找矿预测地质模型

5 结论

(1)鱼库钼钨矿床属于岩浆侵入过程中形成的斑岩-夕卡岩型钼(钨)多金属矿床,矿体受成矿构造和成矿地质体控制明显。

(2)根据成矿构造对成矿地质体、矿体的控制作用,结合相关研究成果,建立找矿地质模型,对该区域同类型矿床的矿产勘查具有指导意义。以寻找成矿构造和成矿地质体为主线,结合脉体发育特征,推测主矿体的位置与深度。

参 考 文 献

[1] 严海麒,云辉,程兴国,等.河南栾川东鱼库钼(钨)矿床地质特征及找矿标志[J].矿产与地质,2011,25(5):385-391.

[2] 韩江伟,郭波,王宏卫,等.栾川西鱼库隐伏斑岩型 Mo-W 矿床地球化学及其意义[J].岩石学报,2015,31(6):1789-1796.

[3] 田浩浩,张寿庭,曹华文,等.豫西栾川鱼库锌多金属矿床地质及 S、Pb 同位素地球化学特征[J].现代地质,2016,30(5):1051-1060.

[4] 黄永锋.东鱼库钼(钨)矿物化探异常特征及找矿模型[J].现代矿业,2013,29(3):59-62.

[5] 胡昕凯,张寿庭,曹华文,等.河南栾川中鱼库夕卡岩矿物学特征及地质意义[J].成都理工大学学报(自然科学版),2017,44(3):318-333.

[6] 马振波,燕长海,宋要武,等.CSAMT与SIP物探组合法在河南省栾川山区隐伏金属矿勘查中的应用[J].地质与勘探,2011,47(4):654-662.

[7] 李冬.栾川矿集区钼多金属矿构造:岩浆成矿作用及深部找矿预测[D].北京:中国地质大学(北京),2013.

[8] 郭波.栾川矿集区鱼库钼钨矿床及隐伏岩体地质地球化学特征[D].北京:中国地质大学(北京),2018.

[9] 张红亮.栾川矿集区东鱼库钼钨多金属矿床成矿地质特征与成矿模式[D].北京:中国地质大学(北京),2014.

[10] 姚清馨.栾川中鱼库钼多金属成矿地质特征及找矿预测[D].北京:中国地质大学(北京),2014.

[11] 曹华文,裴秋明,张寿庭,等.豫西栾川中鱼库锌(铅)矿床闪锌矿Rb-Sr年龄及其地质意义[J].成都理工大学学报(自然科学版),2016,43(5):528-538.

[12] 王赛,叶会寿,杨永强,等.豫西火神庙夕卡岩型钼矿床成矿流体研究[J].矿床地质,2014,33(6):1233-1250.

[13] 汪慧军,付恒一,闫冰,等.河南栾川东鱼库钼钨矿床矿石矿物特征及成矿阶段划分[J].中国钼业,2014,38(6):18-21.

[14] 张国伟,董云鹏,姚安平.秦岭造山带基本组成与结构及其构造演化[J].陕西地质,1997,15(2):1-14.

[15] 毛景文,叶会寿,王瑞廷,等.东秦岭中生代钼铅锌银多金属矿床模型及其找矿评价[J].地质通报,2009,28(1):72-79.

[16] 燕长海.东秦岭铅锌银成矿系统内部结构[M].北京:地质出版社,2004.

河南省西峡县太平镇稀土矿地质特征及前景分析

张同林,安建乐,王　俊

（河南省核工业地质局,河南 郑州　450044）

摘　要:通过分析稀土矿区的成矿背景、成矿地质特征、矿体特征及围岩蚀变等,找出区内的找矿标志,并进行了前景分析,为进一步开展地质勘查工作提供依据。

关键词:稀土矿;地质特征;前景分析

1　区域地质特征

矿区位于东秦岭造山带东段二郎坪地体,瓦穴子断裂南侧,区域上岩浆活动强烈,断裂构造发育(见图1)。

1.1　地层

区域内出露地层主要是古元古界秦岭群、中元古界宽坪群、下古生界二郎坪群、新生界第四系。

1.2　构造

区域自北向南发育一系列规模巨大的 NWW 向韧性剪切带,它们以瓦穴子-乔端韧性剪切带、朱阳关-夏馆韧性剪切带为代表。这些区域性韧性剪切带控制了区域金、银等有色金属矿产的空间分布。

1.3　岩浆岩

1.3.1　侵入岩

区域侵入岩种类多、分布广,在时空上表现为多期岩浆侵入活动。加里东期侵入岩主要分布在区域北部,有出露于石门处的石英闪长岩、两河口处的斜长花岗岩、南河店处的闪长岩等。海西期侵入岩主要分布在矿区东部,以五朵山花岗岩体规模最大,出露面积约 2 500 km²,岩体主要由等粒黑云母花岗岩和似斑状黑云母花岗岩组成。燕山期侵入岩以酸性侵入岩为主,岩体规模大小不等。

1.3.2　火山岩

早古生代海底火山喷发形成的以二郎坪群为代表的火山岩称为二郎坪蛇绿岩套,它是弧后盆地海相火山喷发的产物。火山岩岩石类型齐全,主要有火山集块岩、火山角砾岩、基性熔岩(细碧岩)、中性熔岩(角斑岩)、酸性熔岩(石英角斑岩)以及相应的凝灰岩和含凝灰质的沉积岩(含凝灰质的变质砂岩及含凝灰质大理岩)。以中基性-酸性火山岩建造为主,以含枕状构造的细碧角斑岩为特征。

基金项目:河南省 2011、2014 年度地质勘查基金项目(项目编号:2011-25);2015 年度河南省"两权价款"地质科研项目(项目编号:2015-1547-6)。

作者简介:张同林,男,1968 年生。高级工程师,从事地质矿产资源勘查工作。

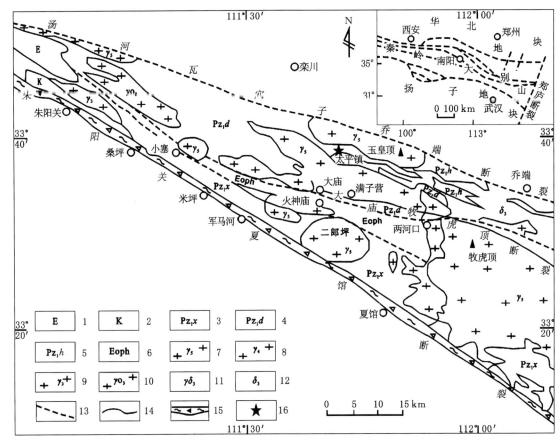

1—古近系;2—白垩系;3—小寨组;4—大庙组;5—火神庙组;
6—古元古界秦岭群;7—燕山期花岗岩;8—海西期花岗岩;9—加里东期花岗岩;
10—加里东期斜长花岗岩;11—加里东期花岗闪长岩;12—加里东期闪长岩;
13—断层;14—地质界线;15—韧性剪切带;16—太平镇稀土矿床。

图1 西峡县太平镇区域地质图[1]

2 矿区地质特征

2.1 地层

矿区出露地层为下古生界二郎坪群大庙组、火神庙组及新生界第四系。

2.1.1 大庙组(Pz_1d)

总体呈近东西向分布于南阴-西水泉沟一带,在矿区东南部有少量出露。大庙组主要为一套变质碎屑岩和碳酸盐岩沉积建造,岩性以黑云石英片岩、黑云斜长片岩、大理岩为主,夹碳硅质板岩、变细碧岩、变石英角斑岩、凝灰岩等。

2.1.2 火神庙组(Pz_1h)

呈近东西向分布于矿区南部,从东到西呈狭长带状分布,北从小十里沟到桦树盘,南自火神庙到南阴。该层位为主要赋矿地层,Ⅲ、Ⅵ号稀土矿脉即赋存于该层位中。火神庙组主体为一套变细碧-石英角斑岩建造,主要岩性以变细碧岩、变细碧玢岩、变石英角斑岩为主,夹中酸性凝灰岩、凝灰质熔岩及正常沉积碎屑岩。在矿区内的岩性主要为斜长角闪片岩、斜长角闪岩等。岩层呈单斜产出,产状为 210°～230°∠55°～75°,倾角变化较大,局部达到 80°,深部呈互层产出。[2]

2.1.3 第四系(Q)

在矿区内零星出露,沿河谷及山坡分布,为冲积物、洪积物、坡积物。主要分布在草沟、十里沟、唐寺沟及太平河周边地区。

2.2 构造

矿区内构造发育,大体分为三组:北西向、北西西向、北东向。以北西向构造最为发育,是矿区主要的控矿、容矿构造,稀土矿体严格受北西向构造控制。

受区域韧性剪切带的影响,北西向构造在矿区较发育,分布有 F1、F2、F3、F4、F5、F6 共 6 条构造,走向为 300°～310°,倾向为 204°～260°,倾角为 30°～81°,长度为 120～3 166 m,厚度为 0.47～6.35 m,平均厚度为 1.64～1.92 m。该组断裂构造为矿区的主要含矿构造,具有多期次活动的特点,构造内主要有构造蚀变岩、角砾岩、碎裂岩、石英脉等充填。结构面力学性质以张性为主,局部兼压扭性或压性特征。沿走向及倾向常见膨胀收缩、分枝复合等现象,石英脉及其上下盘围岩受后期构造的挤压发生破碎,其中充填有黄铁矿、褐铁矿、萤石等;含矿期的石英脉呈细脉状,局部地段石英呈角砾状。

2.3 侵入岩

矿区内侵入岩发育,主要为燕山期老君山复式岩体及海西期、加里东期岩体。矿区北部出露较多的是燕山期老君山复式岩体,岩性为中斑中粒二长花岗岩-小斑中细粒二长花岗岩-细粒二长花岗岩,形成于碰撞-造山晚期环境,属下白垩统。矿区南西部出露的是海西期中酸性侵入岩二长花岗岩,矿区中部为加里东期中酸性侵入岩斜长花岗岩,矿区东南部为加里东期(辉长)闪长岩。

加里东期斜长花岗岩是主要的赋矿岩体,Ⅰ、Ⅱ、Ⅲ、Ⅳ、Ⅴ、Ⅶ号稀土矿脉赋存在该岩体中。加里东期(辉长)闪长岩中分布有少量稀土矿点。

2.4 围岩蚀变

矿区内围岩蚀变,多为热液蚀变,具有蚀变范围广泛,蚀变种类多,多期、多次蚀变叠加的特征。主要蚀变有硅化、黄铁矿化、萤石化、重晶石化、碳酸岩化、绢云母化、绿泥石化、绿帘石化等。稀土矿化与硅化、萤石化、重晶石化、黄铁矿化关系最为密切。矿脉中硅化、黄铁矿化、萤石化、重晶石、绢云母化、褐铁矿化发育地段,稀土矿品位较高。

3 矿体地质特征

矿区发现 7 条稀土矿脉,受北西向构造破碎带控制,其矿化特征、矿化类型基本相同,呈平行延伸。其中Ⅰ、Ⅴ、Ⅵ、Ⅶ号矿脉规模小,Ⅱ、Ⅲ、Ⅳ号矿脉规模大,具有较好的找矿前景。经工程揭露,在Ⅰ、Ⅱ、Ⅲ、Ⅳ、Ⅴ、Ⅶ号矿脉中圈定稀土矿体 17 个,其中Ⅱ2、Ⅲ5 为主矿体,2 个薄脉型矿体;矿体主要受北西向构造碎裂带控制,围岩为斜长角闪片岩和斜长花岗岩(见图 2)。

矿区稀土矿体主要赋存于Ⅱ、Ⅲ、Ⅳ号稀土矿脉中。Ⅱ号矿脉位于王家庄-大西沟一带,受一条NW310°硅化破碎带控制,长约 2 430 m,一般厚度为 0.40～3.59 m,最大厚度为 4.42 m,平均厚度为 1.59 m,产状为 191°～246°∠42°～87°。Ⅲ号矿脉位于十里沟-李家庄一带,走向 300°～320°,长约 2 670 m,一般厚度为 0.27～4.44 m,最大厚度为 11.34 m,平均厚度为 1.61 m,产状为 206°～260°∠40°～80°。

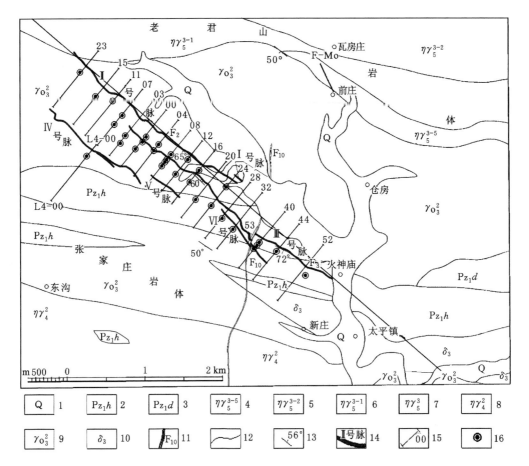

1—第四系;2—二郎坪群火神庙组;3—二郎坪群大庙组;4—燕山期细粒二长花岗岩;
5—燕山期小斑中细粒二长花岗岩;6—燕山期中斑中粒二长花岗岩;7—燕山期二长花岗岩;
8—海西期中粒花岗岩;9—加里东期斜长花岗岩;10—加里东期闪长岩;11—构造破碎带;
12—地质界线;13—产状;14—矿脉及编号;15—勘探线位置及编号;16—钻孔位置。

图2 西峡县太平镇稀土矿区矿脉及工程分布图

3.1 Ⅱ号矿脉

Ⅱ号矿脉圈定5个稀土矿体,即Ⅱ1、Ⅱ2、Ⅱ3、Ⅱ4、Ⅱ5,其中Ⅱ2为主矿体,Ⅱ4为薄脉型矿体。

Ⅱ2矿体位于07号线以西148 m、08号线以东112 m,控制长度为1 060 m,产状为191°~229°∠50°~76°,矿体控制标高为+605~+1 026 m,斜深为380 m。矿体厚度为0.49~4.42 m,平均厚度为2.26 m,均方差为1.06,厚度变化系数为46.99%;品位变化区间为0.943%~5.097%,平均品位为2.67%,均方差为0.98,品位变化系数为36.87%。

3.2 Ⅲ号矿脉

Ⅲ号矿脉圈定6个稀土矿体,即Ⅲ1、Ⅲ2、Ⅲ3、Ⅲ4、Ⅲ5、Ⅲ6,其中Ⅲ5为主矿体,Ⅲ6为薄脉型矿体。

Ⅲ5矿体位于32号线以西110 m、44号线以东46 m,控制长度为760 m,产状为210°~260°∠50°~84°,矿体控制标高为+518~+940 m,斜深为372 m。矿体厚度为0.89~11.34 m,平均厚度为3.28 m,均方差为2.72,厚度变化系数为82.95%;品位变化区间为1.170%~7.046%,平均品位为2.97%,均方差为1.75,品位变化系数为58.93%。

3.3 Ⅳ号矿脉

Ⅳ号矿脉圈定 3 个稀土矿体,即Ⅳ1、Ⅳ2、Ⅳ3。

Ⅳ2 矿体为主矿体,位于 07 号线以西 66 m、00 号线以东 166 m,控制长度为 630 m,产状为 $220°\sim235°\angle53°\sim81°$,矿体控制标高为$+790\sim+1\,080$ m,斜深为 254 m。矿体厚度为 $1.16\sim3.24$ m,平均厚度为 2.38 m,均方差为 0.78,厚度变化系数为 32.77%;品位变化区间为 $1.476\%\sim2.780\%$,平均品位为 2.10%,均方差为 0.47,品位变化系数为 22.47%。

4 矿床成因及找矿标志

4.1 矿床成因

稀土矿成矿于北秦岭造山带,是在加里东晚期北秦岭微板块与华北板块俯冲的背景下,秦岭群与二郎坪群变质变形、脱水引起地幔熔融在莫霍面附近形成岩浆房,在分离结晶作用下形成堆晶岩,在分异作用下形成闪长岩类侵入体。由于碳酸岩-硅酸岩不混溶,含矿的热液在碳酸岩中分离大离子亲石元素和高场强元素,随着成矿深度($2.1\sim10.8$ km)、温度($89\sim335$ ℃)、压力不断变化和热液卤水的混合,在拉伸环境下沿张性断裂充填和部分交代成矿。稀土矿成因类型属于以幔源物质为主、壳幔混源为辅的热液成因的石英-蚀变岩型。[3]

4.2 找矿标志

4.2.1 构造环境标志

从太平镇稀土矿构造环境来看,成矿为加里东晚期的拉张环境,秦岭造山带的北秦岭是稀土矿主要找矿标志,其中二郎坪岩浆岛弧是最重要的稀土矿找矿标志。

4.2.2 断裂构造标志

拉张环境下形成的张性断裂或加里东晚期的分异伟晶岩脉是稀土矿的直接标志。区域性深断裂带有利于岩浆的侵入,碱性、钙碱性岩体分布在次一级区域性深断裂带上或其附近,显示区域性深断裂对碱性岩的控制作用。断裂带附近区域是有利的找矿位置。

4.2.3 岩浆岩标志

早古生代以Ⅰ型为主的花岗岩是稀土矿成矿的岩浆岩前提条件。二郎坪岩浆岛弧是以钙碱性为主的一套火山岩,常产于裂谷、地堑、地幔上拱带的拉张环境,钙碱性、富碱性侵入体的源区应是壳、幔混源。

4.2.4 岩性标志

确定有利的成矿部位,注意寻找碱性岩体、钙碱性岩体和碱性杂岩(碳酸岩),特别是富含方解石、重晶石和萤石的断裂带。

4.2.5 围岩蚀变标志

岩体广泛发育硅化、黄铁矿化、碳酸岩化、重晶石化、萤石化,尤其是碳酸岩化和萤石化是一种很好的找矿标志。

4.2.6 放射性找矿标志

稀土矿放射性强度一般相对较高,在放射性强度中,主要是钍的放射性强度,而铀的放射性强度较低,由铀、稀土矿、铌引起的放射性物探异常在 $5\times10^{-6}\sim20\times10^{-6}$ 之间,而钍引起的放射性一

般在 $60 \times 10^{-6} \sim 410 \times 10^{-6}$ 之间。应该注意的是:稀土矿总量与放射性总量存在正相关关系,即放射性强度高,其稀土矿总量一般高,但放射性强度很高(如大于 500×10^{-6}),其稀土总量未必高。

4.2.7 采矿遗迹标志

前人开采萤石矿、金矿留下的采矿坑洞、矿渣堆等采矿遗迹无疑也是找矿的直接标志。

5 前景分析

矿区经勘查发现 7 条稀土矿脉,受北西向断裂构造控制,其矿化特征、矿化类型基本相同,平行延伸,成群分布,具有一定规模。除Ⅱ、Ⅲ号矿脉在走向上基本控制外,稀土矿脉在走向、倾向上均未有效控制,继续勘查有望扩大矿床规模。在矿区南部闪长岩内及接触带发现 6 个稀土矿化点,部分经探槽揭露,厚度为 3.68 m,品位为 3.507%,具有较大的找矿潜力,应用有效找矿手段(如放射性物探等)有望发现新型的稀土矿脉。

矿区位于北秦岭褶皱带东段,朱夏断裂带北侧,经大量野外调查和综合研究表明,区域主体褶皱构造是以太平镇-朱庄为主背斜,形成南北两翼大致对称、紧密线状复式倒转褶皱系。该背斜西起栾川道回沟,向东经太平镇北、淄源、将军帽、板山坪延伸至破上、银洞岭、桐柏朱庄,止于吴城盆地,断续长约 200 km。褶皱呈紧闭线状,轴面近直立,脊线走向 290°,其延伸方向与区域构造方向一致。太平镇-淄源主背斜对区内铁铜、铅锌、金银矿产具有明显的控制作用,特别是内乡淄源、老龙窝、嵩县油路沟、大青沟一带,沿背斜轴部及南北两翼有多个铁铜、铅锌、金银等矿带、矿点、矿化点分布,且以金、银、铜、铅、锌为主的化探综合异常,强度高、规模大,各元素之间套合得比较好,找矿意义重大。

结合太平镇稀土矿的成矿地质背景、控矿地质条件、矿体赋存围岩、成矿时代[加里东晚期,氟碳铈矿 U-Pb 年龄介于 $(412 \pm 18) \sim (425 \pm 21)$ Ma 之间]、找矿标志等地质特征,在太平镇-朱庄复式背斜核部附近加里东晚期张性断裂带中寻找太平镇(型)稀土矿具有较好前景。

参 考 文 献

[1] 王铭生,宋峰.河南毛集-二郎坪断陷带主体构造格架的确立及意义[J].中国区域地质,1999(1):23-27.

[2] 河南省核工业地质局.河南省西峡县太平镇稀土矿普查报告[R].郑州:河南省国土资源厅,2018.

[3] 河南省核工业地质局.河南省西峡县太平镇稀土矿成矿地质特征及床因研究报告[R].郑州:河南省国土资源厅,2018.

河南斑岩型钼矿床对比研究及成矿机理探讨

吕国芳,姬 祥,时永志

(河南省国土资源科学研究院,河南 郑州 450000)

摘 要:本文认为以往提出的夕卡岩型钼矿不准确,应统称为斑岩型钼矿;斑岩型钼矿对其赋存地层和围岩无选择性,对比研究围岩的岩性和破碎度,可将其归纳为易碎裂型和不易碎裂型两种成矿模式;斑岩型钼矿、构造蚀变岩脉型钼矿、钾长石-石英脉型钼矿以及萤石脉型钼矿可能形成于同一成矿系统;斑岩型钼矿成矿系统寄生于斑岩成岩系统中,斑岩钼矿、铜钼矿、钨钼矿的形成差异与斑岩体自身无关,而是由来自同源区的成矿流体差异造成的。

关键词:斑岩型;钼矿;围岩;成矿流体;成矿模式

河南钼矿的勘查开发及各类研究资料堆积如山,前人从不同角度做了大量的工作,笔者通过收集整理河南省主要成矿区带钼矿的勘查开发资料、资源潜力评价报告、资源利用现状调查成果及重要矿产找矿行动计划以及国内外相关最新研究成果、期刊资料等,对河南省钼矿的成矿地质条件、成矿规律、成矿系列和成矿模型等提出了一些新的认识。

1 以往界定的夕卡岩型钼矿应统称为斑岩型钼矿

1.1 矿体产出与夕卡岩带的分布关系

通过总结河南省钼矿床勘查报告了解到:夜长坪钼钨矿区龙家园组白云岩与隐伏夜长坪岩体接触带形成宽广的夕卡岩带;三道庄-南泥湖-上房沟钼钨矿体赋存于上房沟花岗斑岩岩体内外接触带的花岗斑岩、角岩、夕卡岩及蚀变白云石大理岩中,南泥湖地矿区段钼钨矿体最多(296 个),钨矿体主要分布于钼矿化范围内的夕卡岩和钙硅酸角岩中,其展布与夕卡岩带分布不一致;大银尖钼矿夕卡岩带分布距矿体较远;杨家庄铜钼矿体赋存于早白垩世花岗斑岩与新元古界宽坪岩群谢湾岩组内外接触带中(图1),钼钨矿化与钾化带关系密切,主要分布于岩体内接触带。

秋树湾铜钼矿中,铜矿化主要赋存于侵入角砾岩中(占77.8%),而钼矿化主要赋存于夕卡岩中(占52.3%)。由图2可见,夕卡岩和大理岩中有矿体产出,夕卡岩对矿体的产出并无直接控制作用。

总体来看,钼矿体的展布与夕卡岩带分布不一致,夕卡岩对矿体的产出并无直接控制作用。

作者简介:吕国芳,男,1967年生。学士,高级工程师,主要从事地质矿产领域科研工作。

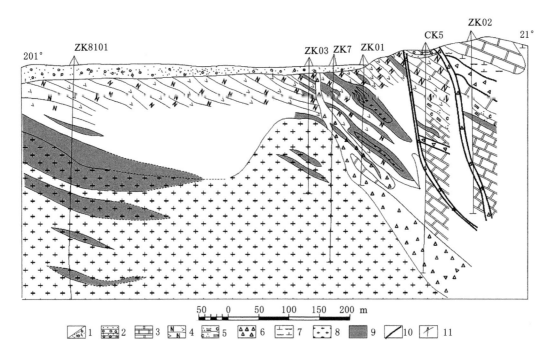

1—黏土、亚黏土;2—砂岩与砾岩互层;3—大理岩;4—斜长角闪片岩;5—碳质绢云片岩;

6—角砾岩;7—黑云母闪长岩;8—花岗斑岩;9—铜钼矿体;10—断层;11—钻孔。

图 1　杨家庄铜钼矿区 0 勘探线地质剖面图

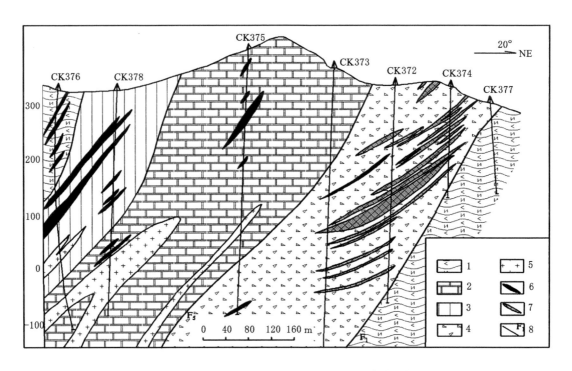

1—斜长角闪片岩;2—郭庄组大理岩;3—夕卡岩;4—含铜隐爆角砾岩;

5—晚侏罗世花岗岩、花岗斑岩;6—钼矿体;7—铜矿体;8—断裂。

图 2　秋树湾铜钼矿区 37 勘探线剖面图(据河南省有色地矿局三队资料简化)

1.2 矿石结构、构造特征

夜长坪钼钨矿床矿石以粒状结构为主,矿石构造主要有细脉状、浸染状、细脉浸染状、条带状、皱纹状,其中以浸染状、细脉浸染状、条带状较为重要。南泥湖-三道庄钼钨矿床矿石主要为片状、束状、放射状结构及自形-半自形粒状结构、镶嵌结构,次为包体结构、交代残余结构、充填结构;矿石构造主要为稀疏浸染状构造、细脉状构造,前者多分布于夕卡岩中,后者多分布于角岩中,角砾状构造仅在断层带附近产出。秋树湾铜钼矿床矿石主要为中粗粒粒状变晶结构、柱粒状结构,次为包体结构、充填结构等;矿石构造以细脉-网脉状和薄膜状为主,浸染状次之,夕卡岩型铜钼矿石还可见块状构造、变余层状构造、条纹和条带状构造、角砾状构造等,片岩型矿石可见片状构造、片块状构造、块状构造、揉皱状构造等。杨家庄铜钼矿床矿石构造主要为细脉状、网脉状、薄膜状及星点浸染状。见表1。

表 1　钼矿床矿石结构构造

矿区名	矿石结构	矿石构造
夜长坪钼钨矿	粒状结构为主	浸染状、细脉浸染状、条带状
南泥湖-三道庄钼钨矿	片状、束状、放射状结构	稀疏浸染状构造、细脉状构造
秋树湾铜钼矿	中粗粒粒状变晶结构、柱粒状结构	细脉-网脉状和薄膜状构造
杨家庄铜钼矿		细脉状、网脉状、薄膜状

总体来看,矿石以粒状结构、细脉-网脉状构造为主,是典型的斑岩型矿石结构、构造特征。

1.3 矿石自然类型

夜长坪钼钨矿矿石堆中发现有夕卡岩类、弱蚀变大理岩类、花岗斑岩类、弱蚀变大理岩-花岗斑岩类,并非全部如大量资料所总结的夕卡岩类矿石。三道庄-南泥湖-上房沟钼钨矿矿石可划分为长英质角岩类、透辉石斜长石角岩类、夕卡岩类、花岗岩类4种类型,其中,上房沟钼(铁)矿根据不同容矿围岩的特征可划分为夕卡岩(蚀变碳酸岩)型、花岗斑岩型、辉长岩型和角岩型;占南泥湖钼矿储量92%的一号钼矿体中,长英质角岩型矿石占66%,花岗岩型矿石占17%,夕卡岩型矿石占11%,透辉石角岩型矿石占6%。秋树湾铜钼矿矿石类型主要为夕卡岩型矿石,次为黑云石英片岩型矿石,少量为花岗斑岩型矿石、角砾岩型矿石;铜矿石类型主要为角砾岩型矿石,次为夕卡岩型矿石,少量为花岗斑岩型矿石及黑云石英片岩型矿石。

总体来看,钼矿体展布与夕卡岩带分布不一致,夕卡岩对矿体的产出并无直接控制作用;矿石自然类型较多,夕卡岩型矿石只是其中的少部分,夕卡岩仅仅是一种成矿围岩而已。狭义的夕卡岩型矿床一般指碳酸质岩石在夕卡岩化过程中,含矿流体与碳酸质岩石进行物质交换,由于物理化学条件的变化造成成矿物质的沉淀富集而形成夕卡岩型矿床,矿体的展布受夕卡岩的展布控制,矿石类型以浸染状为主,夕卡岩化在成矿作用中占据重要地位。因此,从狭义角度出发,以往界定的夕卡岩型钼矿应统称为斑岩型钼矿。

2　斑岩型钼矿的围岩性质与成矿关系探讨

2.1 斑岩型钼矿对地层和围岩的岩性没有选择性

东秦岭斑岩型钼矿赋矿地层有太华群、熊耳群、栾川群、官道口群、汝阳群、宽坪岩群、秦岭岩群、大别岩群、泥盆系南湾组等,几乎涵盖了东秦岭成矿区中生代及以前的所有地层,以及中生代复式岩体早期单元。东秦岭斑岩型钼矿围岩岩性有石英砂岩、大理岩、白云岩、安山岩、流纹岩、夕卡岩、片麻岩、角闪岩、变粒岩、石英片岩、花岗岩等,涵盖了各类沉积岩、火山岩、变质岩,可见对地层和围岩岩性没有选择性(见表2)。

表 2　东秦岭斑岩型钼矿赋矿地层和围岩岩性

矿床名	地层	围岩岩性
夜长坪钼钨矿	中元古界熊耳群及新元古界官道口群龙家园组、巡检司组	透闪石夕卡岩、透辉石夕卡岩等
石门沟钼钨矿	石门沟复式岩株岩体	灰白色细粒二长花岗岩
南泥湖-三道庄钼钨矿	古元古界蓟县系栾川群三川组、南泥湖组及煤窑沟组	三川组为浅海相碎屑岩及碳酸盐岩;南泥湖组为碎屑岩类火山碎屑岩及碳酸盐岩;煤窑沟组为富含生物礁及有机质海陆交互相的碎屑岩及碳酸盐岩
雷门沟钼矿	新太古界太华群	黑云斜长片麻岩、黑云角闪斜长片麻岩等
东沟钼矿	中元古界熊耳群鸡蛋坪组	杏仁状玄武安山岩、英安流纹岩、安山岩、英安岩及凝灰质粉砂岩等
杨家庄铜钼矿	新元古界宽坪岩群谢湾岩组	斜长角闪片岩、石榴二云石英片岩、黑云石英大理岩等
遂平县塔橛钼矿	中元古界云梦山组	石英砂岩、含砾石英砂岩为主
秋树湾铜钼矿	古元古界秦岭群雁岭沟组	黑云母石英片岩、云母石英片岩、长石石英片岩、矽线石片岩、斜长角闪片岩、大理岩及岩石与岩体接触交代形成的夕卡岩
母山钼矿	泥盆系南湾组	上部为黑云母变粒岩夹斜长角闪片岩或斜长角闪岩透镜体;下部为黑云母变粒岩夹浅粒岩
千鹅冲钼矿	泥盆系南湾组	斜长角闪片岩、石英斜长片岩、云母片岩及变粒岩等
汤家坪钼矿	新太古界-古元古界大别岩群	石英砂岩、黑云斜长片麻岩、斜长角闪片麻岩等

2.2 斑岩型钼矿规模与围岩裂隙发育密切相关

南泥湖钼钨矿体主要分布于岩体内、外接触带中,其中外接触带矿体占83%,内接触带矿体占17%,主矿位于层顶(外接触带),底板(内接触带)赋存有小矿体,主矿体形态呈层状或似层状产出,形成原因主要受褶皱、断裂影响。

东沟钼矿外接触带中的矿体位于斑岩体顶面以上0~360 m安山岩中,占总资源量的98%,其余资源量在内接触带中的矿体位于斑岩体顶面以下0~70 m花岗斑岩。据各种细脉统计,斑岩体顶界面以上25~250 m处,裂隙最发育,最大密度达65条/m,平均25条/m,此范围亦是矿体的分布范围,说明多期次构造活动所形成的次级裂隙是控矿的主要因素之一。

千鹅冲钼矿体主要赋存于隐伏花岗斑岩体的外接触带中(见图3),目前控制矿体的最大深度在1 000 m左右,钼矿化属典型的外接触带细网脉浸染状矿化,泥盆系南湾组变质碎屑岩为容矿围岩。据勘探结果显示,矿化强度与泥盆系南湾组变质碎屑岩内次级断裂形成的裂隙密集程度呈密切相关关系,次级断裂越发育,裂隙越密集,矿化越强。

天目山钼矿体赋存于天目山岩体晚期第五单元与第二单元南侧接触处约300 m的范围,主要在第五单元顶部内接触带一侧或断裂裂隙密集带内。

汤家坪钼矿体赋存于早白垩世汤家坪花岗斑岩体内及外接触带中,90%以上赋存于斑岩体内,外接触带片麻岩中局部节理裂隙密集处富集成矿,但很不均匀。

由此可见,矿化强度与围岩内次级断裂形成的裂隙密集程度呈密切相关关系,次级断裂越发育,裂隙越密集,矿化越强。多数钼矿以外接触带矿体为主,其原因为斑岩体侵位碳酸盐岩-碎屑岩建造、火山岩建造时易碎裂,引起层间裂隙和破碎等,裂隙密集程度较高,形成开放空间,从而形成

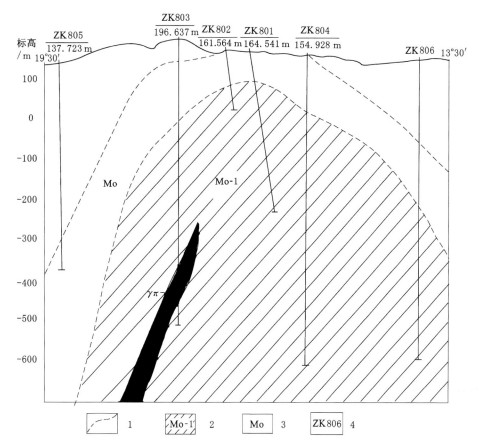

γπ—似斑状花岗岩、花岗斑岩；1—推断矿（化）体边界；2—主要钼矿体；3—钼矿化体；4—钻孔及其编号。

图3 千鹅冲钼矿区8勘探线剖面图

了以外接触带矿体为主的钼矿；而汤家坪钼矿因大别岩群变质深成岩在被斑岩体侵位时不易碎裂，裂隙密集程度较低，形成相对密闭的空间，但斑岩体顶部裂隙密集发育，从而形成以内接触带矿体为主的矿体。

3 斑岩型钼矿与石英脉型钼矿、脉状蚀变岩型钼矿关系探讨

钾长石石英脉型钼矿：产于新太古界太华群变质岩、中元古界熊耳群火山岩及一些花岗岩体中，矿体厚度一般为10～20 m，较厚的矿体达50多米，平均钼金属品位为0.15%左右，最高富集带钼金属品位达2%以上；个别产于花岗岩中矿脉为1 m多厚的纯辉钼矿极富矿脉或极富纯辉钼矿透镜体。

东沟钼矿：矿体赋存特征，一是呈鳞片状集合体沿微细裂隙充填构成充填细脉状；二是叶片状、弯曲叶片状辉钼矿呈星散侵染状、集合体呈瘤状分布在白钨矿-黄铁矿-磁铁矿-石英脉、磁铁矿-黄铁矿-黄铜矿-钾长石-石英脉中；三是极少量叶片状辉钼矿分布在黄铁矿-萤石-钾长石-石英脉中。

罗圈洼钼矿：矿体位于东沟钼矿矿体的东侧上部，赋存在东西向压扭性F2含矿破碎蚀变带中，呈脉状体，多种脉状体相互交叉穿切，其形成次序为：辉钼矿细脉→含辉钼矿的萤石-钾长石-石英脉→不含辉钼矿的萤石-方解石-石英细脉、白色石英脉→方解石细脉。

大银尖钼矿：岩体内、外接触带附近发育斑岩型细脉侵染状钼矿，远离接触带的次级裂隙中发育石英脉型钼矿，辉钼矿一般呈浸染状分布于硅化-钾长石化线性蚀变带中或呈线状集中于石英脉

壁处。热液矿化大致可以分为云英岩化阶段、硅化-钾长石化阶段、辉钼矿-石英脉阶段、夕卡岩化阶段、石英-方解石-萤石阶段。辉钼矿集中沉淀发生在辉钼矿-石英脉阶段和夕卡岩化阶段[1]。

夜长坪钼矿:矿体内各种矿脉生成顺序为:辉钼矿、白钨矿、石英脉→辉钼矿、黄铜矿、黄铁矿、萤石石英脉→辉钼矿石英脉→辉钼矿、黄铁矿、透闪石脉→辉钼矿、萤石金云母脉→辉钼矿脉(或黄铁矿、辉钼矿脉)[2]。

南泥湖钼矿:成矿阶段分为早夕卡岩化阶段、晚夕卡岩化阶段和热液期,包括辉钼矿-钾长石-石英阶段(Ⅰ)、辉钼矿-黄铁矿-石英阶段(Ⅱ)、沸石-辉钼矿-石英阶段(Ⅲ),形成大量的黄铁矿、辉钼矿及少量磁黄矿、黄铜矿、闪锌矿、方铅矿等硫化物,并与石英、钾长石、方解石、萤石、沸石等组成各种细脉,充填于夕卡岩、角岩及斑岩裂隙中[3]。

由此可以提出:燕山期高硅、富碱、高钾,成矿分异度高,富含钼及挥发分的酸性岩浆上升侵位,形成斑状花岗岩岩体,含矿流体在构造作用下发生脉动上升,在岩体顶端及外接触带附近形成斑岩型钼矿体。远离岩体的断裂带中形成构造蚀变岩脉型和钾长石-石英脉型钼矿。初步认为斑岩型钼矿、构造蚀变岩脉型钼矿、钾长石-石英脉型钼矿以及萤石脉型钼矿可能形成于同一成矿系统。

4 斑岩型钼矿赋存斑岩是否为钼矿的母岩

多数学者认为斑岩型钼矿赋存花岗斑岩是钼矿成矿的母岩,花岗斑岩岩浆演化晚期所产生的含矿流体形成了钼矿。但同时也有许多学者认为燕山期化学成分高硅、富碱、高钾、富含钼的酸性岩体(花岗斑岩、二长花岗斑岩、斑状花岗岩、斑状二长花岗岩)是比较干燥的岩浆,黏稠度较高,由此分异出含矿流体是不可能的。

以东沟斑岩钼矿为例:东沟花岗斑岩小岩株深部工程控制总面积为 1.08 km²,即使面积扩大 2 倍,岩体延伸 5 km,岩株的体积只有 10 km³,岩浆演化晚期所产生的含矿流体形成 71 万 t 金属钼,那么意味着 1 m³ 花岗斑岩岩浆需要至少分异出 71 g 金属钼,但 1 m³ 花岗斑岩岩浆分异出巨量金属是不可能的。计算如下:

$$10 \text{ km}^3 = 10 \times 1\ 000 \text{ m} \times 1\ 000 \text{ m} \times 1\ 000 \text{ m} = 10\ 000\ 000\ 000 \text{ m}^3$$

$$71 \text{ 万 t 钼} = 710\ 000 \times 1\ 000 \times 1\ 000 \text{ g 钼} = 710\ 000\ 000\ 000 \text{ g 钼}$$

$$71 \text{ 万 t 钼}/10 \text{ km}^3 = 71 \text{ g 钼}/\text{m}^3$$

由此认为斑岩型钼矿赋存花岗斑岩不是钼矿的成矿母岩,成矿流体的形成和来源与花岗斑岩并无母子一类的直接关系。

5 斑岩型钼矿、钼钨矿、钼铜矿成矿斑岩岩石地球化学对比研究

(1)雷门沟钼矿。雷门沟花岗斑岩岩石化学成分特征属高硅、富钾、低铁钠、贫钙镁、铝过饱和系列,里特曼指数(σ)为 2.64,K/(Na+K)为 0.67。岩体分异指数(DI)为 90.31,分异程度好[4]。岩体富含成矿元素及挥发分有利于成矿,Mo 元素平均含量为 57.9×10^{-6},高于地壳丰度值数十倍。斑状花岗岩的 $\sum REE$ 为 329.66×10^{-6},其中 $\sum REE$ 为 294.26×10^{-6},$\sum HREE$ 为 35.40×10^{-6},二者比值为 8.31。与中国主要斑岩铜(钼)成矿岩体的稀土总量接近,稀土配分模式属右倾型,呈铕轻度亏损的平滑曲线。矿区硫同位素的组成较为集中,6 个样品的 $\delta^{34}S$ 平均值为 2.05‰,与南泥湖岩体、江西德兴岩体相似,都是接近于陨石型硫同位素的组成,表明雷门沟岩体经历了较强烈的同化混染作用,使矿区内地壳硫趋于均一化。

(2)东沟钼矿。下铺花岗斑岩岩石化学成分:SiO_2 平均含量为 75.84%,高于中国和世界同类岩石的平均含量,具富钾特点;氧化指数 $Fe_2O_3/(Fe_2O_3+FeO)=0.60 \sim 0.67$,反映出浅成的特点;

属钙碱性系列,为铝过饱和类型,岩体分异程度高;成矿岩浆来自地壳。

(3)夜长坪钨钼矿。夜长坪钾长花岗斑岩岩石化学成分:SiO_2含量为73.05%,K_2O+Na_2O含量为10.16%,$\omega(K_2O)/\omega(Na_2O)$为2.76;具高硅、富碱、高钾特征,里特曼指数($\sigma$)为3.44,属碱性系列;分异指数($DI$)为93.99,分异度高,有利于成矿;Mo元素平均含量为50×10^{-6},W元素平均含量为78.72×10^{-6},分别为地壳钼、钨元素含量的数十倍。

(4)南泥湖钨钼矿。南泥湖岩体系晚侏罗世斑状钾长花岗岩与斑状黑云母花岗闪长岩组成的复式岩体。与成矿作用有关的主要为斑状钾长花岗岩,岩石化学成分:SiO_2含量为73.55%,K_2O+Na_2O含量为8.79%,$\omega(K_2O)/\omega(Na_2O)$为2.30;具高硅、富碱、高钾特征,里特曼指数($\sigma$)为2.53,属钙碱性系列;分异指数($DI$)为90.50,分异度高,有利于成矿;Mo元素平均含量为54×10^{-6},W元素平均含量为54×10^{-6},分别为地壳钼、钨元素含量的数十倍。岩体富含成矿元素及挥发分有利于成矿,F平均含量为$831\sim1\,020\times10^{-6}$[4]。与中国主要斑岩铜(钼)成矿岩体的稀土总量接近,稀土配分模式属右倾型,稀土元素分布曲线呈铕轻度亏损的平滑曲线,为同熔型(Ⅰ型)花岗岩。王晓霞等[5]对处于同一成矿带中含矿斑岩体内的深源暗色包体的温度、压力条件计算证明,这种花岗斑岩岩浆形成深度大于30 km。据Zheng等[6]估算中生代华北陆块南缘地壳厚度大于48 km(应为加厚的地壳),所以岩浆形成部位应位于下地壳。

(5)杨家庄铜钼矿。杨家庄花岗斑岩岩石化学成分:SiO_2含量为74.18%~77.15%,K_2O+Na_2O含量为5.59%~8.24%,$\omega(K_2O)/\omega(Na_2O)$为6.25~68.88;具高硅、富碱、高钾特征,里特曼指数(σ)为1.15,远低于中国花岗岩类的里特曼指数。

(6)天目山钼矿。天目山岩体第四、五单元赋矿岩石化学成分接近,均具高硅、富碱、高钾特征,贫Al_2O_3、CaO、MgO,具A型花岗岩特征;里特曼指数(σ)为2.08~2.14,属于钙碱性系列。稀土元素总含量($\sum REE$)为$77.53\times10^{-6}\sim148.62\times10^{-6}$,$\sum LREE/\sum HREE$为4.87~12.71;铕异常系数($\delta Eu$)为0.24~0.59,轻、重稀土分馏程度较低和具明显的负铕异常;稀土元素分布模式为右倾的似烟斗状U字形,具A型花岗岩特征。

(7)秋树湾铜钼矿。秋树湾斑黑云母花岗(闪长)斑岩岩石的酸度偏低,钾大于钠。岩石的氧化系数从0.39增至0.65,反映岩浆最终定位时的浅成环境。与Ⅰ型花岗岩的主要岩石化学参数一致,里特曼指数(σ)为2.39,属钙碱性岩浆系列。3种岩石的稀土元素均表现为明显的轻稀土富集型,表现为同源性;微量元素以高W、Mo、Cu、Pb、Zn为特征,$^{87}Sr/^{86}Sr$初始比为0.794 95,$\delta^{18}O$值为9.52‰~9.66‰,表明物质来源为下地壳。

(8)母山钼矿床。母山岩体具高硅、富碱、高钾特征,里特曼指数(σ)为1.84~2.41,属钙碱性系列;微量元素Mo平均含量为129.3×10^{-6},为地壳钼维氏值的上百倍。母山岩体稀土元素总含量($\sum REE$)为$169.83\times10^{-6}\sim186.07\times10^{-6}$;$\omega(Ce)/\omega(Y)$为8.55~9.01,属轻稀土富集型,与幔源特征相差甚远;重稀土元素亏损。铕异常系数(δEu)为0.713~0.889,亏损不明显,稀土元素分布曲线为左高右低,向右倾斜,由高而低,逐渐递减,轻、重稀土分馏明显。

(9)千鹅冲钼矿。千鹅冲隐伏花岗斑岩岩石化学成分:SiO_2含量为74.93%,K_2O+Na_2O含量为8.44%,$\omega(K_2O)/\omega(Na_2O)$为1.44;具高硅、富碱、高钾特征,$Al_2O_3$含量为14.02%,$K_2O+Na_2O+CaO$含量为9.06%,属铝过饱和系列;里特曼指数($\sigma$)为2.23,属钙碱性系列。稀土配分模式属右倾型,稀土元素分布曲线呈铕轻度亏损的平滑曲线。岩体具有低Sr、低Yb、中等程度Eu负异常($\delta Eu>0.5$),轻、重稀土元素强烈分异等特征,其Sr-Nd同位素显示较高的$[N(^{87}Sr)/N(^{86}Sr)]_i$(0.706 69~0.724 22,变化较大)和极低的$\varepsilon(Nd)(t)$(−18.01~−21.37),表明与成矿有关的隐伏花岗斑岩是加厚陆壳部分熔融作用的产物[7]。

(10)汤家坪斑岩型钼矿。汤家坪斑岩岩石化学成分:SiO_2含量为76.33%,K_2O+Na_2O含量为9.11%,$\omega(K_2O)/\omega(Na_2O)$为1.81;具高硅、富碱、高钾特征,里特曼指数($\sigma$)为2.15,属钙碱性系列;分异指数($DI$)为 93.9,分异度高,有利于成矿;铝指数($ANLK$)为 0.98,属铝不饱和类型岩石;Mo 元素平均含量为 354.59×10⁻⁶,是地壳钼维氏值的数百倍[8]。岩石稀土元素总含量($\sum REF+Y$)为 292.44×10⁻⁶~214.16×10⁻⁶;轻稀土元素含量为 261.05×10⁻⁶~190.16×10⁻⁶,明显富集;重稀土元素亏损。铕异常系数(δEu)为 0.46~0.52,具中等负铕异常特征,稀土元素分布曲线为左高右平的倾斜 U 字形。为下地壳及上地幔物质重熔形成的 I 型花岗岩类,具深源浅成型特点。

可见,斑岩型钼矿、钼钨矿、钼铜矿成矿斑岩均具高硅、富碱、高钾特征,里特曼指数(σ)为 2.53,属钙碱性系列、铝过饱和系列,分异度高,是加厚陆壳部分熔融作用的产物,同时是下地壳及上地幔物质重熔形成的 I 型花岗岩类,具深源浅成型特点。

从前述斑岩型钼矿、钼钨矿、钼铜矿成矿斑岩岩石地球化学对比研究可见,斑岩型钼矿、钼钨矿、钼铜矿成矿斑岩具相同的特征,没有大的差异,因此有理由认为其形成不是由斑岩的差异造成的。

6 斑岩型钼矿成矿流体地球化学对比研究

6.1 流体包裹体

6.1.1 流体包裹体基本特征

小秦岭地区的钼矿包裹体可划分为 3 种类型,即气体包裹体、CO_2-H_2O 包裹体(气-液相)和液体包裹体。

南泥湖矿田的流体包裹体主要为原生包裹体,次生包裹体较少。流体包裹体类型主要为含 CO_2、CH_4、N_2、H_2S 的富气相流体包裹体、液相包裹体、熔融包裹体及玻璃质包裹体。

6.1.2 流体包裹体温度、盐度和压力

南泥湖矿田岩体石英包裹体爆裂温度:斑状黑云母花岗闪长岩为 940~960 ℃,斑状黑云钾长花岗岩为 860~950 ℃[9];斑岩-夕卡岩型钼钨矿床成矿温度由早期的 400 ℃变化到晚期的沸石碳酸盐阶段的 250 ℃,总体属于高温范畴[3]。

南泥湖矿田斑岩-夕卡岩型钼钨矿成矿流体的盐度:辉钼矿-钾长石-石英(I)阶段为 3.2%~10.3%,辉钼矿-黄铁矿-石英(II)阶段为 8.41%~9.6%,沸石-辉钼矿-石英(III)阶段为 3.0%~40%,高盐度的产生是成矿流体减压沸腾的结果,总体上成矿流体为中低盐度。计算所得的成矿压力为 600×10⁵ Pa[3]。

罗铭玖等[10]测试了雷门沟钼矿化 3 次矿化阶段的成矿温度,分别为:① 钾长石-石英阶段,形成温度为 380~420 ℃(石英包裹体);② 硫化物-石英阶段,形成温度为 350~410 ℃(石英和黄铁矿);③ 萤石-硫化物和钾化-硅化阶段,形成温度为 290~385 ℃(钾长石和萤石)。

罗铭玖等[10]测得秋树湾铜钼矿中石英包裹体的温度为 133~422 ℃,温度峰值为 275~350 ℃;对黄铁矿-黄铜矿计算出的平衡温度区间为 242~356 ℃。朱华平等[11]对秋树湾铜钼矿流体包裹体测温,成矿温度为 350 ℃左右,并计算得出成矿压力为 535 MPa。

6.1.3 流体包裹体成分

南泥湖矿田斑岩型钼矿成矿流体为贫还原性气体的 H_2O-CO_2-NaCl 体系,气相成分主要为 H_2O、CO_2,次要为 CH_4、H_2、CO 和 N_2 等还原性气体;液相成分主要为 Na^+、Cl^-、K^+、Mg^{2+}、Ca^{2+}、F^-、SO_4^{2-},次要为 Li^+、NH_4^+、Br^- 等离子[12]。

朱华平等[11]对秋树湾铜钼矿角砾岩中含有极少量浸染状黄铜矿的石英脉及少量含矿夕卡岩

脉中硅化带的金属硫化物进行了包裹体成分测试,结果表明成矿流体富含 Ca^{2+}、F^-、Cl^-、CO_2 和 H_2O。

6.2 同位素

6.2.1 氢氧同位素

叶会寿等[3]认为上房沟花岗斑岩体顶部的强硅化石英投点落在岩浆水范围,表明成矿流体为岩浆水;辉钼矿化的成矿流体投点由热液期的 Ⅰ 阶段→Ⅱ 阶段→Ⅲ 阶段,逐渐偏离岩浆水,向着雨水线方向移动,表明成矿流体从早阶段到晚阶段大气水的成分逐渐增加。

卢欣祥[13]测得秋树湾矿区花岗岩体中黑云母的 $\delta^{18}O$ 值为 $6.6‰\sim7.1‰$,表明成矿物质来源较深及成矿中以岩浆水为主;同时,秋树湾铜钼矿矿石和岩体具有相同的来源,与典型的 Ⅰ 型花岗岩及同熔型花岗岩表现完全一致。

从氢氧同位素特征来看,不同地区钼矿流体相似,成矿热液表现为岩浆-大气混合热液,从早阶段岩浆热液,经中阶段岩浆-大气混合热液,向晚阶段大气降水热液演化。

6.2.2 硫同位素

大湖金钼矿金属硫化物 $\delta^{34}S$ 与围岩太华群不同,后者变化介于 $1.3‰\sim4.57‰$,表明太华群不可能是金属硫化物的硫源。

南泥湖钼矿床中辉钼矿的 $\delta^{34}S$ 的算术平均值为 $2.93‰$,黄铁矿的平均值为 $2.91‰$,磁黄铁矿的平均值为 $2.84‰$,闪锌矿的平均值为 $5.13‰$,各种硫化物的平均值为 $2.99‰$。可见,南泥湖钼矿床的硫同位素绝对值小,变化范围窄,比陨石型硫同位素值稍大。利用矿床中黄铁矿-辉钼矿矿物时的 $\delta^{34}S$ 值,采用高温平衡外推法求得成矿热液的 $\delta^{34}S_{\Sigma s}$ 值为 $2.75‰$,与硫化物的平均值十分接近。同时,矿床中有较多的磁黄铁矿出现,说明成矿时氧逸度 f_{O_2} 和 pH 值较低。结合成矿特征,岩体成因属壳幔质重熔型花岗岩,推断成矿物质硫应主要来自地壳的基底太华群中幔源物质,混有壳源硫[4]。

严正富等[14]对雷门沟钼矿化岩体中的硫同位素进行了研究,发现其硫同位素 $\delta^{34}S$ 值为 $2.18‰\sim3.72‰$,平均值为 $2.05‰$,与南泥湖岩体、江西德兴岩体相似,都是接近陨石型硫同位素的组成,表明雷门沟岩体经历了强烈的同化混染作用,使矿区地壳趋于均一化。

朱华平等[11]认为秋树湾铜矿硫同位素 $\delta^{34}S$ 值为 $0.97‰\sim7.73‰$,平均为 $3.66‰$,黄铜矿的 $\delta^{34}S$ 值为 $0.97‰\sim1.77‰$,平均值为 $1.44‰$,表明赋存于角砾岩中的铜矿化硫源以深源硫为主。

总体来看,不同地区钼矿硫同位素特征近似,不同学者的解释有所不同,但总体上基本认为矿石硫源以深源硫为主,主要来自深成岩浆流体系统。

6.2.3 铅同位素

大湖金钼矿金属硫化物铅同位素 $^{206}Pb/^{204}Pb$ 平均值为 17.162,$^{207}Pb/^{204}Pb$ 平均值为 15.405,$^{208}Pb/^{204}Pb$ 平均值为 37.440;太华群铅同位素 $^{206}Pb/^{204}Pb$ 平均值为 17.542,$^{207}Pb/^{204}Pb$ 平均值为 15.470,$^{208}Pb/^{204}Pb$ 平均值为 37.616;小秦岭地区燕山期花岗岩铅同位素 $^{206}Pb/^{204}Pb$ 平均值为 $17.417\sim17.866$,$^{207}Pb/^{204}Pb$ 平均值为 $15.425\sim15.481$,$^{208}Pb/^{204}Pb$ 平均值为 $37.704\sim38.144$。三者投点在铅构造模式图上(见图4),可以发现三者的投点范围具有较大的一致性,说明三者的铅源具有很大相似性,这从侧面证明了造山带环境下太古界太华群俯冲形成重熔花岗岩,同时在此环境下形成对应钼矿。

南泥湖的方铅矿、钾长石、黄铁矿的 $^{206}Pb/^{204}Pb$ 值为 $17.189\sim17.605$,$^{207}Pb/^{204}Pb$ 值为 $15.381\sim15.54$,$^{208}Pb/^{204}Pb$ 值为 $37.71\sim39.01$。从图5中可以看出,铅同位素投点从下地壳到造山带都有分布,变化范围较大,主要分布在幔源铅演化曲线附近,表明矿床铅具有以深源铅为主的壳幔混合源特征。铅同位素组成变化大,表明有异常铅的存在[4]。

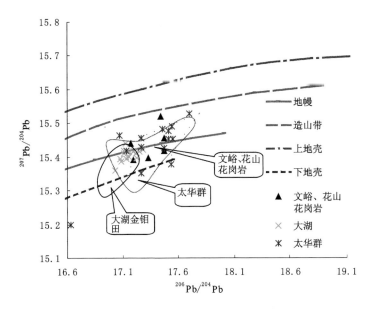

图4 大湖金钼矿铅构造模式图

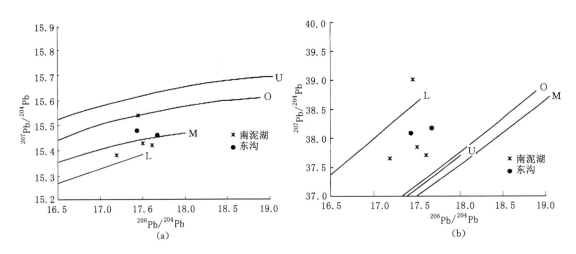

图5 南泥湖斑岩-夕卡岩型钼钨矿铅构造模式图

东沟钼矿床的矿石铅同位素值较少,只分析太山庙岩体和东沟花岗斑岩的铅同位素组成。太山庙岩体的$^{206}Pb/^{204}Pb$值为17.43,$^{207}Pb/^{204}Pb$值为15.4795,$^{208}Pb/^{204}Pb$值为38.084;与之对应的成矿母岩东沟花岗斑岩的$^{206}Pb/^{204}Pb$值为17.672,$^{207}Pb/^{204}Pb$值为15.461,$^{208}Pb/^{204}Pb$值为38.172。东沟花岗斑岩和太山庙岩体的铅同位素值非常相近,推测两者的铅可能为同一来源。因此初步判定,东沟钼矿的铅源可能来自太山庙岩体,具有壳幔混合源特征。

秋树湾铜钼矿的矿石铅同位素值见表3,矿石的$^{206}Pb/^{204}Pb$值为17.473~18.383,$^{207}Pb/^{204}Pb$值为15.413~15.478,$^{208}Pb/^{204}Pb$值为37.528~37.740;花岗斑岩的$^{206}Pb/^{204}Pb$值为17.641,$^{207}Pb/^{204}Pb$值为15.474,$^{208}Pb/^{204}Pb$值为38.078。从铅同位素演化曲线(见图6)可见,由于样品量较少,只能初步判断矿石和花岗斑岩的铅源投在地幔线附近,表明两者铅源为深源铅或岩浆源铅,且具有相似的铅源。

表 3   秋树湾铜钼矿铅同位素值表[10]

矿床	岩性	矿物	$^{206}Pb/^{204}Pb$	$^{207}Pb/^{204}Pb$	$^{208}Pb/^{204}Pb$
秋树湾铜钼矿	角砾岩矿石	黄铁矿	18.383	15.462	37.657
	夕卡岩脉矿石	黄铁矿	17.473	15.478	37.740
	夕卡岩脉矿石	黄铁矿	17.489	15.413	37.528
	花岗斑岩	钾长石	17.641	15.474	38.078

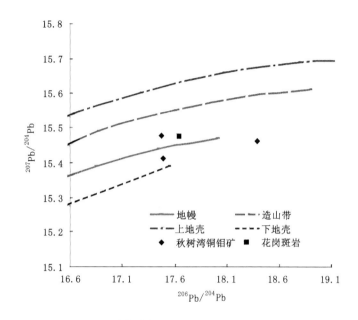

图 6   秋树湾铜钼矿铅同位素演化趋势图

总体来看,不同地区钼矿铅同位素特征近似,不同学者的解释有所不同,但总体上基本认为矿石铅源以深源铅为主,反映了矿石中铅的原始来源主要为壳幔边界或上地幔。

从前述斑岩型钼矿、钼钨矿、钼铜矿成矿流体对比研究可见,斑岩型钼矿、钼钨矿、钼铜矿成矿流体具相同的特征,没有大的差异,因此有理由认为其形成可能是由成矿流体源区的地体成分差异造成的。

7   斑岩型钼矿成矿模式

7.1   易碎裂型围岩斑岩型钼矿-脉型钼矿成矿模式

当斑岩型钼矿的围岩为碳酸盐岩-碎屑岩建造、火山岩建造等易碎裂岩石,围岩内裂隙密集程度较高时,燕山期化学成分高硅、富碱、高钾及成矿分异度高的酸性岩浆上升侵位,形成斑状花岗岩岩体,富含 Mo、Cu 及挥发分或富含 Mo、W 及挥发分的含矿流体在构造作用下发生脉动上升,在岩体顶端及外接触带附近形成钼铜矿体或钼钨矿体。远离岩体的断裂带中形成构造蚀变岩脉型和钾长石-石英脉型钼矿(见图 7)。

成群密集分布、规模较小的石英脉、钾长花岗斑岩脉是易碎裂型围岩或围岩内次级断裂、裂隙密集程度较高的标志,是隐伏花岗斑岩岩株的标志,是隐伏斑岩钼矿的找矿标志。

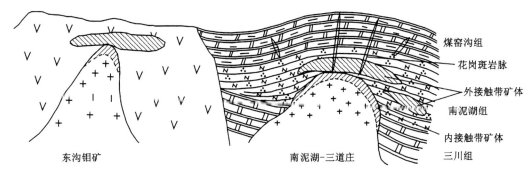

图7 易碎裂型围岩斑岩型钼矿-脉型钼矿成矿模式示意图

7.2 不易碎裂型围岩斑岩型钼矿成矿模式

当斑岩型钼矿的围岩为不易碎裂围岩或围岩内裂隙密集程度较低时,燕山期化学成分高硅、富碱、高钾且富含 Mo 的酸性岩体(花岗斑岩、二长花岗斑岩、斑状花岗岩、斑状二长花岗岩)上升侵位,富含 Mo、Cu 及挥发分或富含 Mo、W 及挥发分的含矿流体在构造作用下发生脉动上升,含矿流体主要在岩体顶端内部发生水热交代作用,形成钼铜矿体或钼钨矿体(见图8)。

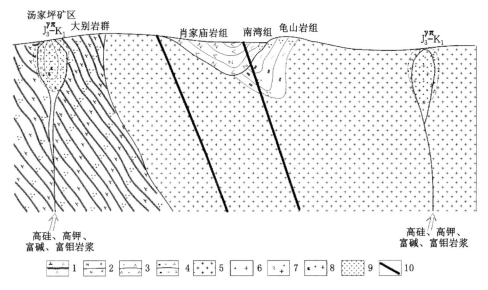

1—石英闪长岩;2—斜长角闪片岩;3—黑云母石英片岩;4—二云石英片岩;5—燕山期花岗岩基;
6—花岗斑岩;7—二长花岗斑岩;8—钾长花岗斑岩;9—浸染状辉钼矿化(体);10—区域性大断裂。

图8 不易碎裂型围岩斑岩型钼矿成矿模式图

岩体向围岩大体可分为:岩体强蚀变带(硅化-钾长石化带)、岩体弱蚀变带(硅化、绢云母化带)、围岩硅化-青盘岩化带(硅化、绿泥石化、绢云母化、钾长石化带)。前两种蚀变带分布在岩体内,后者分布于岩体外接触带 $50\sim100$ m 范围内,围绕岩体具明显的面形蚀变特征。围岩硅化-青盘岩化、围岩中没有密集分布石英脉、钾长花岗斑岩脉是不易碎裂型围岩或围岩内次级断裂、裂隙密集程度较低的标志。

8 认识

(1)通过分析对比钼矿床的矿石结构、构造、自然类型以及其与周边夕卡岩带分布的相关关系,认为以往将钼矿定为夕卡岩型矿床是不准确的,应统称为斑岩型钼矿;斑岩型钼矿对其赋存地层和围岩岩性无选择性,且裂隙越发育,矿化越强;斑岩型钼矿、构造蚀变岩脉型钼矿、钾长石-石英脉型钼矿以及萤石脉型钼矿可能形成于同一成矿系统;对比研究斑岩型钼矿围岩的岩性和破碎度,可将其归纳为易碎裂型和不易碎裂型两种成矿模式。

(2)不同地区的斑岩型钼矿可细分为斑岩型钼矿、铜钼矿、钨钼矿等。斑岩钼矿、铜钼矿、钨钼矿的形成差异与斑岩体自身无关,而是由来自同源区的成矿流体的差异造成的。不同地区下地壳及上地幔之间塑形地体在长期演化过程中,其自身所含金属元素的含量有所差异,相同金属元素亲和聚集,形成了不同的成矿流体。

(3)斑岩型钼矿成矿系统寄生于斑岩成岩系统中,近年来的许多研究表明,除了 Sudbury(萨德伯里)矿床这个特殊的实例之外,国内外所有具有经济意义的钼铜矿床都寄生于小岩体中并自成一个成矿系统。

综上所述,本文认为钼矿成矿系统和斑岩成岩系统是既有关联又相对独立的,钼矿成矿系统寄生于斑岩成岩系统中。燕山期化学成分高硅、富碱、高钾且富含 Mo 的酸性岩体(花岗斑岩、二长花岗斑岩、斑状花岗岩、斑状二长花岗岩)是比较干燥的岩浆,黏稠度较高,其在构造作用下上升侵位,先期形成斑岩体。斑岩体的上升侵位及斑岩体的冷凝固结在上地壳和下地壳、上地幔之间建立了通道,来自下地壳、上地幔的富含 Mo、Cu 及挥发分或富含 Mo、W 及挥发分的含矿流体在构造作用下借助通道发生脉动上升,含矿流体主要在岩体顶部及围岩中形成矿体。

参 考 文 献

[1] 杨梅珍,曾键年,李法岭,等.河南新县大银尖钼矿床成岩成矿作用地球化学及地质意义[J].地球学报,2011,32(3):279-292.

[2] 晏国龙,任继刚,肖光富,等.豫西夜长坪钼矿区岩体地球化学特征及其与成矿关系的探讨[J].矿产勘查,2013,4(2):154-166.

[3] 叶会寿,毛景文,李永峰,等.豫西南泥湖矿田钼钨及铅锌银矿床地质特征及其成矿机理探讨[J].现代地质,2006,20(1):165-174.

[4] 罗铭玖,黎世美,卢欣祥,等.河南省主要矿产的成矿作用及矿床成矿系列[M].北京:地质出版社,2000.

[5] 王晓霞,姜常义,安三元.中酸性小斑岩体中二辉麻粒岩包体的特征及地质意义[J].长安大学学报(地球科学版),1986(2):20-26.

[6] ZHENG J P, SUN M, LU F X, et al. Garnet-bearing granulite facies rock xenoliths from late mesozoic volcaniclastic breccia, Xinyang, Henan Province[J]. Acta Geologica Sinica-english Edition, 2010, 75(4):445-451.

[7] 杨梅珍,曾键年,覃永军,等.大别山北缘千鹅冲斑岩型钼矿床锆石 U-Pb 和辉钼矿 Re-Os 年代学及其地质意义[J].地质科技情报,2010,29(5):35-45.

[8] 杨泽强.河南省商城县汤家坪钼矿成矿模式研究[D].北京:中国地质大学(北京),2007.

[9] 王长明,邓军,张寿庭,等.河南南泥湖 Mo-W-Cu-Pb-Zn-Ag-Au 成矿区内生成矿系统[J].地质科技情报,2006,25(6):47-52.

[10] 罗铭玖,张辅民,董群英,等.中国钼矿床[M].郑州:河南科学技术出版社,1991:108-131.

[11] 朱华平,祁思敬,李英,等.河南秋树湾角砾岩型铜矿特征及成矿作用[J].西安工程学院学报,1998,20(1):14-18.

[12] 周作侠,李秉伦,郭抗衡,等.华北地台南缘金(钼)矿床成因[M].北京:地震出版社,1993:114-238.

[13] 卢欣祥.一个典型的同熔花岗岩型矿床:秋树湾斑岩铜(钼)矿床基本特征[J].矿物岩石,1984(4):33-42.

[14] 严正富,杨正光,程海,等.雷门沟钼矿化花岗斑岩成因浅析[J].南京大学学报(自然科学版),1986,22(3):525-535,591.

吉尔吉斯斯坦金矿资源分布及投资环境分析

赵轶楠,张 泉

(河南省地质矿产勘查开发局第五地质勘查院,河南 郑州 450001)

摘 要:吉尔吉斯斯坦位于中亚中部,与我国西部紧密相连,面积 19.85×10^4 km²,经济结构单一,以农牧业为主,工业以矿山开采为主。吉尔吉斯斯坦矿产资源丰富,尤其是金矿资源丰富,金矿以岩金矿为主,岩金矿在北、中、南天山均有分布。本文从地理位置、资源潜力、国情政策及中吉两国未来发展战略等方面分析,认为吉尔吉斯斯坦是境外金矿投资合作的优选之地。

关键词:吉尔吉斯斯坦;金矿资源;投资环境

吉尔吉斯斯坦与我国西部紧密相连,是中国通往中亚的门户和中国新丝绸之路经济带的重要节点,是中国向西拓展、实现中亚整体战略的关键节点。对于中国"走出去"发展而言,吉尔吉斯斯坦战略意义重大。

吉尔吉斯斯坦位于天山山脉的中心部分以及帕米尔-阿赖山脉的北侧部分,横跨"哈萨克斯坦-准噶尔板块"和"卡拉库姆-塔里木板块",以古生代小型陆块与缝合带相嵌、中新生代盆山耦合构成独特的地质构造格局[1],区内复杂的发展历史和不同阶段的地质构造活动为成矿提供了有利条件。该区地质成矿条件好,矿产资源丰富,金属矿产种类比较齐全,已经发现矿产地 2×10^4 多处,矿种多达 150 多个,尤其是金、锑、汞、锡、钨等资源极为丰富。

吉尔吉斯斯坦自加入了世界贸易组织以来,政府鼓励外国投资者开发其矿产资源,既允许外国投资者与吉方合资合作勘探和开采,也允许外国投资者独资勘探开采,宽松的市场环境吸引了较多的外来投资。目前,有加拿大、俄罗斯和中国等国家矿业公司相继在吉尔吉斯斯坦投资开发矿产资源,如中国紫金公司、中国黄金公司、灵宝黄金公司等多家企业在吉尔吉斯斯坦投资矿业开发(主要是金),取得了不错的业绩。

1 金矿资源概况

吉尔吉斯斯坦的金矿资源主要分布在北天山、中天山、南天山 3 个金矿成矿带上[2],目前共发现 2 700 处岩金矿,170 处砂金矿,还有 1 500 多处金矿异常。岩金矿包括 1 处超大型金矿,即库姆托尔金矿,4 处大型金矿和 10 多处中型金矿,70 多处小型金矿,约 600 处矿化矿点。此外还有砂金矿 50 多处,砂金总储量约为 26 t[3-4]。据不完全统计,吉尔吉斯斯坦金矿探明储量有 700 余吨,金矿总资源量为 2 500～3 000 t,年产黄金 30 余吨。

2 金矿资源分布特征

吉尔吉斯斯坦金矿以岩金矿为主,砂金矿分布十分有限且规模小。岩金矿在北、中、南天山均

赵轶楠,男,1989 年生,河南省平舆县人。工程师,主要从事境外资源勘查与开发工作。

有分布,岩金矿的形成与产出与所处地质构造背景密切相关,目前已查明 24 处具有经济价值的大、中型金矿床,30 多处可工业开发的中、小型金矿床和数千处金矿点和矿化点。金矿床类型多样,主要类型有:① 碳质浅变质岩型(黑色岩系型),代表矿床为库姆托尔超大型金矿床;② 构造蚀变岩型,代表矿床为塔尔德布拉克-左岸大型金矿床;③ 热液型,代表矿床为捷鲁依大型金矿床;④ 夕卡岩型,代表性矿床为库鲁-捷格列克大型铜金矿床等;⑤ 斑岩型,代表矿床为塔尔德布拉克大型铜金矿床。

根据天山构造特征及岩金矿资源分布情况将吉尔吉斯斯坦岩金矿划分为 3 个成矿省、7 个成矿带[3-4](见图 1),现分述如下。

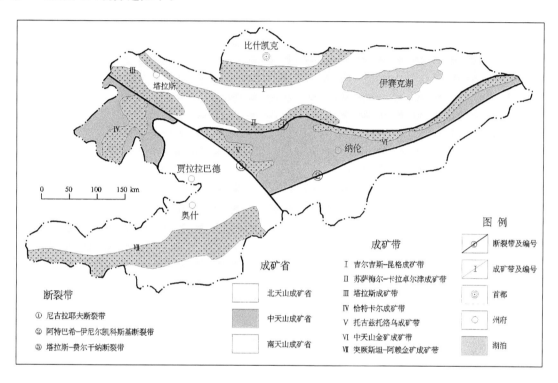

图 1　吉尔吉斯斯坦金矿成矿带示意图

2.1　北天山成矿省

北天山成矿省与北天山褶皱区重合。北天山成矿省包括吉尔吉斯-昆格成矿带、苏萨梅尔-卡拉卓尔津成矿带、塔拉斯成矿带。

2.1.1　吉尔吉斯-昆格成矿带

沿吉尔吉斯山、外伊犁山、昆格山由西向东呈纬向延伸,向南凸起。该成矿带长约 145 km,宽 10~50 km。金矿床多分布在早奥陶世碰撞型花岗岩岩基侵入体的上接触带。该成矿带潜在的黄金资源量约 300 t,主要矿床有塔尔迪布拉克左岸(平均品位 5.8 g/t)、安达什(平均品位 2.8 g/t)、阿克塔什(平均品位 3.9 g/t)等矿床。

2.1.2　苏萨梅尔-卡拉卓尔津成矿带

沿塔拉斯山、苏萨梅尔山、巴雷克特山、卡普卡塔斯山由西北向东,从塔拉斯河下游向苏尔组萨雷河流域延伸,长约 500 km,宽 5~20 km。成矿带的边缘不太明显,东翼的边界比较清楚,北部边界同花岗岩岩基的南缘一致,南部边界同尼古拉耶夫线一致,但分布方位同尼古拉耶夫断裂带展布方向完全不一致,且东翼被它切断。该成矿带黄金储量和预测资源量约 200 t,主要矿床有杰鲁伊

(平均品位 5.2 g/t)、乌尊布拉克(平均品位 3.6 g/t)、卡拉基切-舒尔坦萨雷(平均品位 3.8 g/t)等矿床。

2.1.3 塔拉斯成矿带

沿塔拉斯山和苏萨梅尔山,从北西西方位向南东方位、从库尔库列乌苏河流域向乌尊阿赫马特河流域延伸,长约 180 km,宽 20～30 km。该成矿带与断裂及一系列密集的北西向逆掩构造有关,南边界受塔拉斯-费尔干纳断裂带控制,北边界受别什塔什断裂系控制。该成矿带黄金储量和预测资源量约 100 t,主要矿床有什拉利津(平均品位 3.6 g/t)、柯伊布拉克(平均品位 2.7 g/t)、别什塔什(平均品位 3.3 g/t)等矿床。

2.2 中天山成矿省

中天山成矿省与中天山褶皱区重合,包括恰特卡尔成矿带、托古兹托洛乌成矿带和中天山金矿成矿带。

2.2.1 恰特卡尔成矿带

位于中天山成矿省的西翼,地跨普斯科姆山、恰特尔山和部分阿托伊纳克山,从西南向东北方向延伸,长 120～130 km,宽 60～80 km。该区域的地质构造呈北东向,横断天山近纬向构造,构造比较复杂,表现为区段构造。矿化作用表现为单金属金矿化、锑-金矿化和铜-金矿化。该成矿带黄金储量和预测资源量约 600 t,主要矿床有桑达什(平均品位 4.7 g/t)、恰特卡尔(平均品位 2.2 g/t)、捷列克卡桑(平均品位 5.34 g/t)等矿床。其中捷列克卡桑矿区预测金资源量超过 250 t,是吉尔吉斯斯坦很有开发潜力的金矿区之一。

2.2.2 托古兹托洛乌成矿带

位于费尔干纳山东北坡、托古兹托洛乌盆地的两侧、塔拉斯-费尔干纳断层和尼古拉耶夫线之间的古生代岩石构造楔中,沿着塔拉斯-费尔干纳断层从西北向东南延伸,长约 130 km,宽 15～40 km。金矿化呈多样性,有金-铜、金-锑、金-多金属、金-铋、单金属金等类型。该成矿带黄金资源量约 45 t,且主要集中在马克马尔矿区(平均品位 7.25 g/t),其资源储量约 40 t;其他矿区金矿品位较低(一般品位 0.1～6 g/t,平均品位 1.3 g/t),开发利用前景不大。马克马尔矿区浅部已开采完毕,在其深部有一定开发前景。

2.2.3 中天山金矿成矿带

沿着纳伦河谷从西向东延伸,长约 470 km,宽 10～20 km,呈纬向长条状。该成矿带北边界与区域断层尼古拉耶夫线一致,南边界受古变质岩控制,西部被纳伦河谷疏松的沉积层覆盖,东部伸向哈萨克斯坦和中国境内。该成矿带分属两个亚带:松克尔成矿亚带和库姆托尔-肯苏成矿亚带。

松克尔亚带位于中天山金矿成矿带的西部,长约 125 km,宽 3～25 km,呈纬向延伸。矿带内有库姆别利矿床和小纳伦矿床。黄金预测资源量约 21 t,其中,库姆别利矿床有 13.8 t,小纳伦矿床有 6.9 t。

库姆托尔-肯苏亚带位于中天山金矿成矿带的东部,长约 185 km,宽 5～15 km,呈北东向延伸,包括 4 处矿床:库姆托尔、莫洛沙尔克拉特马、肯苏、阿德尔托尔阿舒托尔。吉尔吉斯斯坦最大的金矿床库姆托尔矿床位于该亚带的西南翼。

该成矿带黄金预测资源量约 1 000 t,且主要集中在库姆托尔矿区,其资源量约 800 t,平均品位 4.9 g/t。目前库姆托尔金矿由加拿大公司开发,每年开采黄金约 20 t。

2.3 南天山成矿省

南天山成矿省与南天山褶皱区重合。目前,南天山成矿省内只在塔拉斯-费尔干纳断裂带西侧发现有突厥斯坦-阿赖金矿成矿带,沿着突厥斯坦-阿赖山系的轴部和两侧高坡从西向东延伸约425 km,宽30～50 km。

该成矿带黄金储量和预测资源量约800 t,主要矿床有安德根(平均品位3.7 g/t)、吉尔加(平均品位4.56 g/t)、索赫矿区(平均品位3.2 g/t)、基奇克阿赖矿区(平均品位4.34 g/t)等矿床。其中基奇克阿赖矿区黄金预测资源量约350 t,是吉尔吉斯斯坦值得优先开发的金矿区之一。

以上对3个成矿省、7条成矿带的概述,表明并不是所有的成矿带都拥有有效的可采黄金储量,这里只是列出了目前已经划分出的金矿化聚集区,展现了金矿资源在吉尔吉斯斯坦境内的广泛分布程度。

3 吉尔吉斯斯坦金矿开发现状

金矿是吉尔吉斯斯坦的优势矿产资源之一,黄金开采业产值占吉尔吉斯斯坦矿产开采业产值的90%,约占工业生产总值的1/2[5]。结合目前吉尔吉斯斯坦金矿开发市场情况,总结其开发特点为:① 金矿床资源潜力较大,浅部工作程度普遍较高,但深部基本没有开展工作;② 大型、超大型、易选冶金矿开发很热,而小型、难选冶金矿开发市场不佳,大多数矿权有人占有,但进行勘查工作极少;③ 吉尔吉斯斯坦经济水平较低,金矿开采主要依靠吸引国外资金进行投资,形成了金矿实际控制权多由国外矿业公司控制的状况。

4 金矿投资环境及前景分析

4.1 投资环境分析

(1)吉尔吉斯斯坦是世界贸易组织成员方,2015年加入欧亚经济联盟,贸易制度高度自由化。1992年吉尔吉斯斯坦与中国建立外交关系,与中国始终保持睦邻友好合作关系。2016年以来,中国成为吉尔吉斯斯坦第一大贸易合作伙伴国。吉尔吉斯斯坦是“一带一路”沿线的重要国家,2019年6月14日在上海合作组织比什凯克峰会上,中吉双方以高质量共建“一带一路”为主线,加强“一带一路”倡议同吉尔吉斯斯坦《2018至2040年国家发展战略》深度对接。

(2)20世纪90年代,吉尔吉斯斯坦国内经济实力降低,地质工作投入量锐减,勘查和找矿工作依靠民间资本的注入,主要是依靠外国资金投入。吉尔吉斯斯坦对华关系一直良好,2012年12月初,国土资源部部长和吉尔吉斯斯坦地矿署署长签订两国地质矿产领域合作备忘录,为推动两国地质矿产领域合作带来新的契机。

(3)目前吉尔吉斯斯坦金矿的勘查、开发工作主要围绕在建金矿矿山开展,其他矿产包括未开发的金矿基本未开展,金矿业投资空间较大。

(4)吉尔吉斯斯坦立法保护外国投资,投资环境相对宽松,现行政策鼓励外国投资者参与其矿产资源勘探开发,既允许外国投资者与吉尔吉斯斯坦方面合资合作勘探和开采,也允许外国公司独资从事矿产资源的研究、勘探和开采。外国投资者无须与吉尔吉斯斯坦政府对开采所得的矿产品进行分成,产品完税后即可依法向境外输出[6-7]。

(5)据《对外投资合作(吉尔吉斯)指南》(2017版)资料,吉尔吉斯斯坦的水价格,民用0.1美元/m³、工业0.17美元/m³;电价格,民用0.01美元/度、工业0.03美元/度;92号汽油价格为

0.53 美元/L,95 号汽油价格为 0.57 美元/L。

（6）吉尔吉斯斯坦是内陆国家,平均海拔在 2 000 m 以上,1/3 地区的海拔高达 3 000~4 000 m。金矿资源所在区域多为海拔较高山区[8],工作周期较短,工作条件相对艰苦。

4.2 投资前景

中国正处于工业化发展中期,需消耗大量矿产资源支持经济、产业发展;吉尔吉斯斯坦经济发展依赖矿产品出口和畜牧业,与矿产资源相关的金属及其制品和矿产品出口约占全部出口份额的 70%。中吉两国在金矿勘查及矿产品加工等领域互补性强,市场合作前景广阔。

综合考虑吉尔吉斯斯坦金矿成矿环境、金矿资源潜力、国情政策、国家需求、中吉两国未来发展战略,认为吉尔吉斯斯坦是境外金矿投资合作的优选之地。因此,希望我国地勘企(事)业单位、矿业企业能在"一带一路"大好形势下,抓住投资建设机遇,实现合作共赢。

参 考 文 献

[1] 王斌,陈博,计文化,等.吉尔吉斯南天山 Djanydjer 蛇绿混杂岩地质特征及辉长岩年代学研究[J].地学前缘, 2016,23(3):198-209.

[2] 尼古诺罗夫·卡拉耶夫.吉尔吉斯斯坦金矿资源[R].比什凯克:吉尔吉斯斯坦地质经济方法大队,2009.

[3] 聂书岭.吉尔吉斯斯坦的金矿[M].武汉:中国地质大学出版社,2014.

[4] 孟广路,王斌,范堡程,等.中国-吉尔吉斯天山成矿单元划分及其特征[J].地质通报.2015(4):696-710.

[5] 陈超,陈正,金玺.吉尔吉斯斯坦共和国主要矿产资源及矿业投资环境分析[J].资源与产业,2012,14(1): 37-42.

[6] 王志刚.吉尔吉斯斯坦矿产资源及投资政策[J].西部资源,2005(6):43-45.

[7] 李恒海,邱瑞照.中亚五国矿产资源勘查开发指南[M].武汉:中国地质大学出版社,2010.

[8] 曹新,李宝强,洪俊,等.吉尔吉斯斯坦金属矿产资源现状及投资建议[J].西北地质,2013,46(1):162-167.

广西大厂矿田构造变形特征及应力场解析

张渐渐[1],陈爱兵[2]

(1. 河南省有色金属地质矿产局第五地质大队,河南 郑州 450018;

2. 昆明理工大学国土资源工程学院,云南 昆明 650093)

摘 要:广西大厂矿田是国内外少见的超大型锡多金属矿田之一。通过对大厂矿田内地表及巷道露头构造形迹的详细调查,以矿田构造理论为依据,运用构造解析及古应力状态反演软件对泥盆纪各沉积地层内的褶皱、断层及共轭节理进行解析,揭示出大厂矿田演化过程中所受最大主应力方向有 NE 向、NNW 向、NNE 向及 SN 向,并将其构造应力场筛分为两期:印支期北东向挤压和燕山期近南北向挤压。经统计分析发现,大厂矿田内的构造形迹主要为印支期产生的北东向、北西向褶皱和断层,而燕山期产生的近南北向、北北西和北北东向断裂及近东西向小褶皱发育均较少,多分布于南北向应力集中的局部区域。

关键词:构造变形;构造解析;应力场;大厂矿田

1 前言

大厂矿田构造控矿条件成果相当丰富。何海洲[1]指出,有利的成矿部位均受构造异常控制,如平缓翼和背斜的轴部有助于矿液的停滞和保存。尹意求[2]从大厂矿区隐伏花岗岩体的稀土元素和同位素特征、地质特征、岩石化学特征、岩石组构特征及岩石学特征 5 个切入点印证了丹池断裂控制着矿田隐伏岩体的形成。邵兆典[3]阐述了南丹深断裂对成矿的控制作用。蔡明海等[4]提出大厂矿田分别于印支期和燕山晚期受到挤压力和区域拉张力,最终呈现出不同的构造组合及特征明显不同的变形样式;同时,矿区的分布受各个方向的构造叠加控制。范森葵等[5]对大厂矿区的闪长玢岩岩墙、花岗斑岩进行了岩相学、主微量元素的地球化学特征分析,指出矿液运移的通道主要为断裂构造,且现已被脉岩充填。邓金灿等[6]采用 MAPGIS 软件的 DTM 功能对大厂矿区进行矿化强度建模,最后圈定的成矿远景区均位于大厂断裂及东西岩墙附近。此外,范森葵[7]、余阳先等[8]认为地层和构造对矿床的形成起着双重控制作用。李春平等[9]对位于大厂断裂下盘的逆冲叠瓦状构造对铜坑-长坡矿床的控矿规律进行了深入探讨。韩风彬等[10]研究认为,大厂锡矿的矿体形态在垂直方向上的分带特征受成矿期的构造性质及发育程度的控制。秦来勇等[11]研究了构造对大厂矿区细脉带矿质富集规律的控制作用,指出其北东向的节理构造控制着矿体的形成。汪劲草等[12]认为丹池成矿带存在海西期喷流沉积成矿系列、印支期层滑剪切成矿系列及燕山期岩浆岩成矿系列,讨论了大厂矿田成矿构造系列与成矿系列的时空联系。

然而,目前针对大厂矿区构造要素方面的动力学、运动学解析成果很少,仅有倪春中等[13]在研究铜坑矿区内节理产状对成矿的影响时,将该矿区的节理作为研究对象,分析其含矿节理产状。

作者简介:张渐渐,男,1988 年生。硕士,助理工程师,主要从事矿产勘查工作。

2 区域地质背景

大厂矿田位于南丹褶皱带的中央隆起区,而南丹褶皱带位于右江再生地槽的北东侧、江南古陆的南缘,该区在构造运动中主要受加里东运动、印支运动和燕山运动的影响。加里东运动发生的时间介于志留纪与泥盆纪之间,具体体现在泥盆系呈角度不整合超覆于下古生界及其他老地层的不同层位上。此后自早泥盆世晚期至二叠纪,地幔上隆,地壳发生微型扩张,产生一系列北西向和部分北东向张性破裂带,中、基性岩浆顺张裂带或扩张带侵入或喷发,促使准地台逐步解体,经印支运动转化为再生地槽。至白垩纪末,中酸性岩浆侵入活动较为强烈。

3 矿田地质特征

大厂矿田分布有3个矿带,其中东矿带分布有亢马、大福楼等矿区,中矿带主要分布着拉么、茶山等矿区,西矿带则有长坡、铜坑、龙头山及巴里等矿区。

矿田出露地层有泥盆系、石炭系、二叠系及三叠系。其中泥盆系为主要的容矿地层,发育良好,分布广泛,分为上、中、下3统。上泥盆统包括同车江组、五指山组和榴江组地层,中泥盆统分为罗富组和纳标组,下泥盆统分为塘丁组、益兰组、那高岭组及莲花山组。

矿田基本构造格局为北北西向的逆冲断层与紧密褶皱构成的复式褶皱-断裂带和北东向横断裂,另有后期南北向断裂、东西向褶皱叠加。矿田内自东向西分布着笼箱盖倒转背斜、罗马店-八面山向斜、大厂背斜等主要褶皱。大厂背斜是倒转背斜,西翼地层较陡,局部直立,甚至倒转,东翼地层较为平缓。大厂断裂平行出露于大厂背斜西南侧,长8 km,断层面倾向北东,总体上具有上陡下缓的犁状特点。在该断层的两侧有数量、规模不等的次级北西向断层发育,或与大厂主断层走向相同,或与主断层走向呈"入"字形相交产出。此外,在矿田内分布有南北向的燕山期花岗斑岩、闪长玢岩岩墙及笼箱盖黑云花岗岩脉,如图1所示。

4 构造变形解析

大厂矿田发育的构造样式丰富,包括褶皱、节理、断裂、擦痕、劈理等。本次研究将这些构造形迹作为重点,进行野外调查,对褶皱、断裂等相关构造点的构造要素进行统计测量,并结合构造解析的方法,厘清了大厂矿田内的构造变形特征。为真实反映应力场特征,观察点的搜集工作分别围绕大厂矿田内地表和铜坑矿区的采矿坑道展开,并确保矿区内的地层分组均有构造观察点。

4.1 褶皱解析

在对褶皱形态观察和数据采集过程中,考虑到保证数据的代表性和可靠性,依次对泥盆系同车江组、五指山组、榴江组和罗富组进行踏勘编录,共采集数据13组。

罗富组:在大厂镇高峰路与车河路交叉口附近,以该交叉口为起点,沿车河路的边坡向东对罗富组的地层剖面进行编录。出露的LF-1、LF-2、LF-3、LF-4褶皱转折端形态均为圆弧状,且因泥岩中的硅质含量较高,在LF-1褶皱观测点见有挠曲发育。运用构造解析软件对此地层中的4处褶皱进行分析,得出其枢纽产状依次为342°∠1°、326°∠3°、348°∠8°、328°∠1°,从而得出其在形成过程中受到北东-南西向挤压。

榴江组:在铜坑矿305中段202号勘探线的巷道内进行了穿脉地质编录,对该条勘探线中出露的3处褶皱构造点进行了记录和分析。卷入褶皱的地层主要为灰黑色硅质岩,其中,LJ-1转折端

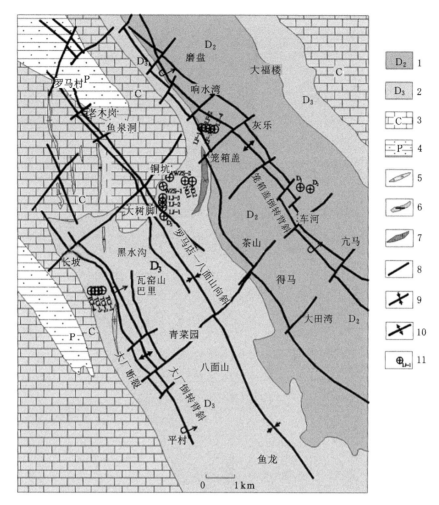

1—中泥盆世灰岩、泥灰岩、粉砂岩、页岩；2—晚泥盆世灰岩、硅质页岩；3—石炭纪灰岩；
4—二叠纪砂岩、灰岩；5—闪长玢岩脉；6—花岗斑岩脉；7—黑云花岗岩脉；
8—断层；9—背斜；10—向斜；11—构造观察点平面投影位置。

图1 大厂矿田构造地质图

为圆弧状；LJ-2 转折端上部为尖棱状，核部为圆弧状；LJ-3 褶皱为倒转背形褶皱。根据其两翼产状特征可推测出 LJ-1 和 LJ-2 枢纽产状均为 332°∠16°，LJ-3 枢纽产状为 25°∠48°，即三者均是在北东-南西向的挤压作用下产生的。

五指山组：在铜坑矿 305 中段 202 号勘探线及 355 中段 210 号勘探线的坑道中，分别对五指山组内具有代表性且露头特征显著的 WZS-1、WZS-2 褶皱构造点进行观察分析，其中，WZS-1 褶皱的地层为深灰色薄层状灰岩和灰白色薄层状灰岩互层，两翼产状特征为：南翼 170°∠45°，北翼 10°∠25°，可分析出枢纽产状为 86°∠6°，即其在近南北向或北北西-南南东向的挤压作用下产生的。WZS-2 褶皱地层为灰白色薄-中层状灰岩，岩层中夹有黄褐色的黄铁矿和灰黑色的闪锌矿，两翼产状特征为：南翼 220°∠55°，北翼 50°∠45°，可分析出枢纽产状为 134°∠5°，从而推测出其在北东-南西向的挤压作用下产生的。

同车江组：在大厂镇巴里沟与环城路交叉口尾矿库旁侧，对大厂背斜西翼的同车江组的地层剖面进行了绘制，自东向西依次分析了 4 处褶皱构造点（图2），其中 TCJ-1 褶皱北东翼产状为 70°∠26°，南西翼为 250°∠62°；TCJ-2 褶皱北东翼产状为 250°∠75°，南西翼为 55°∠15°；TCJ-3 褶皱北东翼产状为 234°∠72°，南西翼为 65°∠30°；TCJ-4 褶皱北东翼产状为 40°∠82°，南西翼为

215°∠78°。据此解析出其枢纽产状依次为 340°∠0°,339°∠4°,146°∠5°,120°∠13°,亦即该套地层中的褶皱变形主应力方向为北东向。

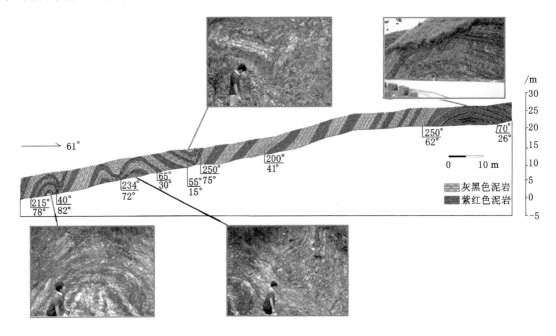

图 2   同车江组地层剖面及观察点位置图

4.2   断裂解析

断裂面上往往保存着应力作用和断盘位移的各种痕迹,研究这些痕迹,可以确定断盘位移方向和断裂的力学性质。本次研究搜集了矿田内地表和坑道内揭露的断层及共轭节理,运用古应力状态反演软件对其进行了分析。

4.2.1   断层解析

(1) D1 断层

该断层位于拉闸村车河新路边坡处,根据现场观测,其为一小型的逆断层,断层面产状为 40°∠70°。组成断盘的地层岩性主要为碳质页岩,夹有浅灰色薄层状泥灰岩和紫红色的泥岩。断层的下盘岩层较为平缓,岩层产状为 45°∠25°,且在页岩中见牵引构造;上盘的岩层变陡,产状为 90°∠60°。运用古应力状态反演软件解析得出该断层是在北东-南西向的挤压作用下形成的。

(2) D2 断层

该断层位于 D1 断层向东 12 m 处,根据现场观测,其为一小型的逆断层,断层面产状为 70°∠35°,断层面处岩石破碎程度非常高。组成断盘的地层岩性主要有碳质页岩、浅灰色薄层状泥灰岩和紫红色的泥岩,在构造点位置可观察到地层中厚度为 20 cm 左右的泥灰岩有明显错断现象,断距约为 3 m。断层的下盘岩层较为平缓,岩层产状为 75°∠40°;上盘的岩层产状为 90°∠35°。运用古应力状态反演软件解析得出该断层是在北东-南西向的挤压作用下形成的。

(3) D3 断层

该断层位于铜坑矿 305 中段 201 号勘探线西南端向北 60 m 处,根据现场观测,其为正断层。断层面产状为 275°∠75°,可见到明显的擦痕,断层破碎带宽度为 20~100 cm 不等,其中充填物主要为方解石,亦有石英、黄铁矿分布其中。组成断盘的地层岩性主要为灰黑色薄-中层状硅质岩,因其质地较硬,性脆,可见到断层两盘发育大量节理,将岩层切割成大小不等的块状。断层上盘岩层产状为 110°∠20°,下盘的岩层产状为 290°∠30°。运用古应力状态反演软件分析得出该断层是在北东-南西向的挤压作用下形成的。

4.2.2 节理解析

（1）No.1 构造点

该构造点位于铜坑矿 305 中段 204 号勘探线巷道顶板处。点上节理发育,将构造点岩石切割成大小不等的块状。现场观测可见有 2 组节理,产状稳定:第一组节理产状为 $140°\angle70°$,节理面平直光滑,闭合,无充填物,节理间隔为 20～30 cm;第二组节理产状为 $110°\angle70°$,宽约 0.5 cm,节理面平直光滑,节理间隔为 20～30 cm。这两组节理构成共轭节理。运用古应力状态反演软件进行分析可知,该共轭节理形成时所受的最大主应力 δ_1 为北东向,最小主应力 δ_3 为南西向,亦即该共轭节理是在北东-南西向的挤压作用下形成的。

（2）No.2 构造点

该构造点位于铜坑矿 305 中段 202 号勘探线巷道顶板处,所处地层为榴江组,地层岩性主要为深灰色硅质岩。点上节理非常发育,将构造点岩石切割成大小不等的块状。现场观测可见有 2 组节理:第一组节理产状为 $355°\angle70°$,节理被方解石脉充填,宽为 0.5 cm,节理面平直光滑,节理间隔 10 cm 左右;第二组节理产状 $72°\angle70°$,节理被方解石脉充填,节理宽约 0.5 cm,节理面平直光滑,节理间隔 10 cm 左右。这两组节理构成共轭节理。运用古应力状态反演软件进行分析可知,该共轭节理形成时所受的最大主应力 δ_1 为近南北向,最小主应力 δ_3 为近东西向,亦即该共轭节理是在近南北向的挤压作用下形成的。

通过以上对大厂矿田罗富组、榴江组、五指山组和同车江组内构造变形特征的分析,结合褶皱和断裂解析成果(图 3),得出研究区的地层在地质历史上受到了北东向、近南北向或北北西向的挤压。

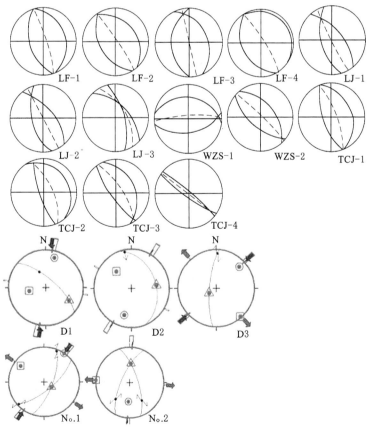

图 3　构造解析成果图

此外,在对巴里变电站南侧的大厂背斜北东翼出露的节理和铜坑矿355中段202号勘探线上的节理进行观察分析时,发现前者北北东向节理[图4(a)中深色线条]切割北东东和北东向的共轭节理,后者近南北向节理[图4(b)中深色线条]切割北北东和北东东向共轭剪节理。据此对该观察点的应力场进行分析,可知图4(a)中被切割共轭节理的最大主应力方向为近北东向,切割节理为北北西向;图4(h)中被切割共轭剪节理的最大主应力方向为近北东向。这说明近南北向的挤压应力场叠加于北东向挤压应力场之上。

　　(a)巴里变电站南侧观察点(镜向105°)　　(b)铜坑矿355中段202号勘探线顶板观察点

图4　节理交切关系图

对大厂矿田的构造演化过程进行整理[14],结合大厂矿田内北西向褶皱的组成地层为泥盆系至中三叠统,根据卷入褶皱的最新地层年代可判定北西向褶皱为印支期产物。与之伴生的北东向张性断裂和次级小褶皱亦与之同期。而对于近东西向小褶皱和近南北向张性断裂,根据充填成因的岩墙成岩年代学数据[15],可知该类张性构造为燕山晚期活动产物。

5　结论

大厂矿田在地质历史上受到过北东向、北北西向、近南北向、北西西向及北北东向的挤压,可将大厂矿田的构造应力场分为两期:印支期北东向挤压,燕山期近南北向挤压。经统计分析发现,大厂矿田内褶皱转折端多为圆弧状,亦有尖棱状产出;断层类型多样,有正断层、逆断层和平移断层;节理分布密集,多为剪节理。而且出露的构造形迹主要为印支期产生的北东向、北西向褶皱和断层,而燕山期产生的近南北向断裂、东西向小褶皱均发育较少,多分布于南北向应力集中的局部区域。

参 考 文 献

[1] 何海洲.广西大厂超大型锡矿的形成条件与成矿模式[J].地质找矿论丛,2008,23(3):187-190.

[2] 尹意求.广西大厂隐伏花岗岩体的成因[J].桂林冶金地质学院学报,1990,10(4):381-388.

[3] 郜兆典.大厂锡多金属矿床成矿模式及找矿远景[J].广西地质,2002,15(3):25-32.

[4] 蔡明海,梁婷,吴德成,等.广西丹池成矿带构造特征及其控矿作用[J].地质与勘探,2004,40(6):5-10.

[5] 范森葵,黎修旦,成永生,等.广西大厂矿区脉岩的地球化学特征及其构造和成矿意义[J].地质与勘探,2010,46(5):828-835.

[6] 邓金灿,甘文志.基于Surpac平台设计的广西高峰锡矿数字化信息系统三维空间分析及找矿预测[J].矿产与地质,2009,23(3):287-291.

[7] 范森葵.长坡区锡多金属矿床地质特征与成矿条件分析[J].矿产与地质,2006,20(4):418-422.

[8] 余阳先,秦德先,秦来勇.大厂长坡-铜坑锡多金属矿床地质特征及其层控性[J].矿产与地质,2004,18(5):455-459.

[9] 李春平,吴德成,蔡明海.大厂矿田长坡矿床深部区叠瓦状构造控矿特征及找矿前景分析[J].矿产与地质,2006,20(6):623-627.

[10] 韩凤彬,张诗启,蔡明海.广西大厂锡多金属矿床研究进展[J].华南地质与矿产,2007,23(4):20-26.

[11] 秦来勇,秦德先,余阳先.广西大厂细脉带锡矿体富集规律及隐伏矿体预测[J].华南地质与矿产,2005,21(1):24-30.

[12] 汪劲草,余何,江楠,等.广西大厂矿田成矿构造系列与成矿系列的时-空联系[J].桂林理工大学学报,2016,36(4):633-643.

[13] 倪春中,秦德先,范柱国,等.广西大厂92号矿体节理裂隙与矿化及岩体稳定性关系[J].昆明理工大学学报(理工版),2005,30(4):5-8.

[14] 章程.广西河池五圩矿田构造应力场划分及力源探讨[J].广西地质,2000,13(2):7-10.

[15] 蔡明海,赵广春,郑阳,等.桂西北丹池成矿带控矿构造样式[J].地质与勘探,2012,48(1):68-75.

汝阳曹家村剖面"蟒川组"轮藻化石的发现及其意义

朱红卫[1]，徐　莉[2]，崔炜霞[1]，贾松海[2]，曾光艳[1]，潘泽成[2]，南科为[1]

(1. 中国石油化工股份有限公司河南油田分公司勘探开发研究院,河南 南阳　473132;

2. 河南省地质博物馆,河南 郑州　450016)

摘　要: 本文记述了笔者在汝阳盆地首次发现的早白垩世轮藻化石组合,即 *Clypeator-Flabellochara-Mesochara-Aclistochara* 组合,该化石组合产于汝阳三屯曹家村剖面"蟒川组"中,共计6属13种2未定种,其时代为早白垩世 Barremian 期至 Aptain 期。该化石组合的发现为该区中、新生代地层重新划分对比、盆地沉积环境、构造演化以及恐龙化石的研究提供了地质时代依据。

关键词: 汝阳;曹家村剖面;蟒川组;轮藻;早白垩世

1 背景介绍

对分布于汝阳盆地的一套紫红色为主夹少量灰绿色的砂质泥岩和粉砂岩地层,1/20万、1/5万区域地质调查报告将其划分为古近系陈宅沟组和蟒川组(河南区测队,1964;河南省地矿厅,1993)。2006年,河南省地质博物馆在汝阳三屯-刘店一带(图1)的原蟒川组内发现了密集分布的恐龙化石,相继发现了 *Huanghetitan ruyangensis*(汝阳黄河巨龙)[1] 和 *Zhongyuansaurus luoyangensis*(洛阳中原龙)[2] 等大量具有科研价值的恐龙化石,并根据恐龙化石和下伏九店组的同位素测年资料,将该区陈宅沟组和蟒川组归为早白垩世晚期或晚白垩世早期的沉积[3]。为厘定地层时代和重

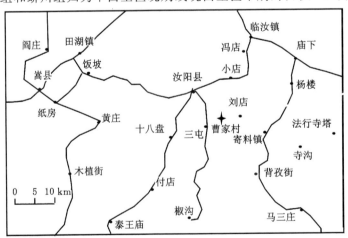

图1　研究区交通位置图

(注:星形处为曹家村实测剖面位置)

作者简介:朱红卫,男,1976年生。高级工程师,主要从事地层学、微体古生物学、石油勘探地质方向研究。

新建组,河南省地质博物馆开展了大量地层古生物研究工作,并委托河南油田勘探开发研究院对这套地层进行轮藻、介形类和孢粉三个门类的微体古生物研究。经实验分析,笔者在三屯曹家村剖面发现大量早白垩世的轮藻和介形类化石。

2 样品采集剖面及产出化石

汝阳三屯曹家村剖面(图2)共采集微体古生物样品12块。样品岩性及化石产出情况自下而上简述如下。

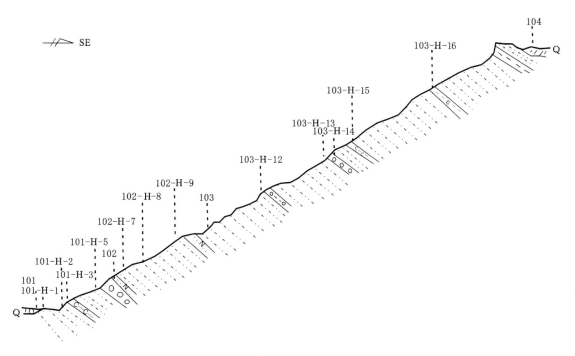

图 2 曹家村剖面"蟒川组"示意图
(注:潘泽成、徐莉等实测)

(1) 101-H-1:灰绿色黏土质粉砂岩。
(2) 101-H-2:紫灰色黏土质粉砂岩。
(3) 101-H-3:灰绿色黏土质粉砂岩。
(4) 101-H-5:紫红色黏土质粉砂岩。
(5) 102-H-7:紫红色黏土质粉砂岩。产轮藻化石:*Clypeator zongjiangensis* Z. Wang et Lu, *Flabellochara* sp., *Mesochara stipitata*(S. Wang)Z. Wang, *Mesochara symmetrica*(Peck)L. Grambast, *Mesochara xuanziensis* Yang, *Mesochara voluta*(Peck)L. Grambast, *Mesochara latiovata* Zou, *Aclistochara wangi* Yang, *Aclistochara poculiformis* Yang, *Sphaerochara verticillata*(Peck)等,以及丰富的介形类化石。
(6) 102-H-8:灰绿黏土质粉砂岩。产轮藻化石:*Flabellochara* sp., *Mesochara voluta*(Peck)L. Grambast, *Aclistochara bransoni*(Peck), *Aclistochara caii* S. Wang, *Obtusochara* sp. 等,还见有丰富的孢粉化石。
(7) 102-H-9:橘红色黏土质粉砂岩。
(8) 103-H-12:橘红色含细砾岩屑长石砂岩。
(9) 103-H-13:棕红色黏土质粉砂岩。

（10）103-H-14：灰绿色黏土质粉砂岩。产轮藻化石：*Clypeator jiuquanensis* Z. Wang et Lu，*Mesochara stipitata*（S. Wang）Z. wang，*Mesochara voluta*（Peck）L. Grambast，*Aclistochara wangi* Yang，*Aclistochara longiconica* Hao，*Aclistochara caii* S. Wang 等，以及少量介形类化石。

（11）103-H-15：黄褐色钙质结核层。

（12）103-H-16：灰绿色凝灰岩（钙质结核层底部）。产出丰富的介形类化石。

3　轮藻化石组合及时代

曹家村剖面"蟒川组"3 个样品中所发现的轮藻化石丰度大，属种分异度较低，共计 6 属 13 种 2 未定种（表 1），可建立一个轮藻化石组合。笔者根据其优势分子和重要分子的出现情况，将其命名为 *Clypeator-Flabellochara-Mesochara-Aclistochara* 组合。

表 1　曹家村剖面轮"蟒川组"藻化石分布表

轮藻化石	样品号		
	102-H-7	102-H-8	103-H-14
Clypeator zongjiangensis	4		
Clypeator jiuquanensis			1
Flabellochara sp.	4	4	
Mesochara stipitata	2		3
Mesochara symmetrica	1		
Mesochara xuanziensis	7		
Mesochara voluta	4	5	4
Mesochara latiovata	3		
Aclistochara wangi	3		17
Aclistochara poculiformis	1		
Aclistochara bransoni		4	
Aclistochara caii		3	3
Aclistochara longiconica			1
Obtusochara sp.		1	
Sphaerochara verticillata	2		

组合中轮藻科的开口轮藻属 *Aclistochara* 和中生轮藻属 *Mesochara* 占绝对优势，钝头轮藻属 *Obtusochara* 和球状轮藻属 *Sphaerochara* 零星出现，棒轮藻科的扇轮藻属 *Flabellochara* 和盾轮藻属 *Clypeator* 有一定含量。主要化石属种有 *Clypeator zongjiangensis*（中江盾轮藻）、*Clypeator jiuquanensis*（酒泉盾轮藻）、*Flabellochara* sp.（扇轮藻未定种）、*Mesochara stipitata*（具柄中生轮藻）、*Mesochara symmetrica*（对称中生轮藻）、*Mesochara xuanziensis*（旋子中生轮藻）、*Mesochara voluta*（旋卷中生轮藻）、*Mesochara latiovata*（宽卵形中生轮藻）、*Aclistochara wangi*（王氏开口轮藻）、*Aclistochara poculiformis*（杯形开口轮藻）、*Aclistochara bransoni*（布朗逊开口轮藻）、*Aclistochara caii*（蔡氏开口轮藻）、*Aclistochara longiconica*（长锥形开口轮藻）、*Obtusochara* sp.（钝头轮藻未定种）、*Sphaerochara verticillata*（轮生球状轮藻）。

棒轮藻科是左旋轮藻目中一个十分特别的类群，它的藏卵器外面包裹着一种由营养性细胞组成的精致而复杂的外壳，这些外壳为研究其快速演化提供了可靠的依据。*Flabellochara* →

Clypeator 的演化是一个典型的棒轮藻科演化系列,时限为早白垩世 Berriasian-Albian 期,主要通过底细胞的退缩、中间细胞的出现和伸长,实现由 *Flabellochara* 外壳上的侧扇结构向 *Clypeator* 环侧孔的放射状结构的转变。

Flabellochara sp. 和 *Clypeator zongjiangensis*、*Clypeator jiuquanensis* 尽管在组合中只是少量出现,但因其分布范围广、延限短,具有重要的时代意义。*Flabellochara* 是全球性分布的属,其时代始于早白垩世 Berriasian 早期,繁盛于 Barremian 期至 Aptain 中期,绝灭于 Aptain 晚期。*Clypeator* 分布范围很广,见于亚洲、欧洲及北美洲,但其地质历程很短,仅限于早白垩世。*Clypeator zongjiangensis* 是我国早白垩世早、中期的重要化石,分布较广,在国外见报道于德国西北部、法国东南部及瑞士的白垩系下 Berriasian,葡萄牙和西班牙 Berriasian,乌克兰 Hauterivian-Barremian,以及我国新疆塔里木盆地库车坳陷卡普沙良群舒善河组[4]、准噶尔盆地吐谷鲁群呼图壁河组[4]和四川盆地中、北部城墙岩群白龙组和古店组[5];*Clypeator jiuquanensis* 是 Barremian 期的重要化石分子,也可延续至早 Aptain 期,在国外见报道于法国北部、西班牙北部、罗马尼亚、葡萄牙 Barremian,在国内曾见于新疆准噶尔盆地吐谷鲁群胜金口组至连木沁组[6]、陕西商县盆地凤家山组[7]、内蒙古武川盆地固阳组和固阳盆地李三沟组、江西信江盆地周家店组[8]、甘肃徽成盆地东河群田家坝组、周家湾组和化垭组[9]、甘肃酒泉盆地赤金堡组、下沟组和中沟组[8]。

轮藻科的 *Mesochara stipitata* 在我国早白垩世地层中常见,如准噶尔盆地吐谷鲁群[6]、甘肃酒泉盆地下沟组和赤金堡组[10]、安徽歙县岩塘组[11]、内蒙古固阳组[12]、河南西谭楼组[13]、河北丘城组、甘肃兰州河口组[14]、河北丰宁九佛堂组[6]、湖南衡阳东井组[15]等;*Mesochara symmetrica* 曾报道于美国 Aptain、我国江苏葛村组[16]、青海民和河口组、甘肃兰州河口组[14]、准噶尔盆地吐谷鲁群[6]和松辽盆地泉头组[11]等早白垩世中、晚期地层;*Mesochara xuanziensis*、*Mesochara latiovata* 曾见于青海民和河口组[14];*Mesochara voluta* 和 *Aclistochara bransoni* 广泛分布于中国、蒙古、俄罗斯、西班牙、美国等的上侏罗统-下白垩统;*Aclistochara caii* 最早发现于甘肃酒泉盆地下沟组[10],后广泛发现于北方的下白垩统,如山西左云组和河南周口商水组、永丰组[17]等;*Aclistochara wangi* 和 *Aclistochara longiconica* 是甘肃河口组的分子[14],前者还曾见于河南商水组[10];*Sphaerochara verticillata* 见于美国中西部上侏罗统莫里逊组和下白垩统 Aptian、西班牙 Berriasian、德国 Barremian 以及我国青海民和、乐都和甘肃兰州河口组[14],河南确山西谭楼组[13]、内蒙古新安镇下白垩统[12]、新疆准噶尔盆地吐谷鲁群[6]等。

可见,*Clypeator-Flabellochara-Mesochara-Aclistochara* 组合中的优势分子均为常见于国内外下白垩统的化石,少数化石的分布延限为晚侏罗世-早白垩世,未出现晚白垩世的分子,其时代应为早白垩世无疑。由于组合中出现了始现于 Berriasian 期、绝灭于 Aptian 期的 *Flabellochara*,分布延限为 Barremian 期至 Aptain 早期的 *Clypeator jiuquanensis*,可以确定当前组合的时代为 Barremian 期至 Aptain 期。尽管当前组合中还出现了早白垩世早、中期的重要化石 *Clypeator zongjiangensis*,但组合中占绝对优势的 *Mesochara* 和 *Aclistochara* 化石分子均是下白垩统 Aptain 河口组的重要分子,其时代仍应定为 Barremian 期至 Aptain 期。

就轮藻植物群组合面貌而言,当前轮藻植物群中含量占优势的是轮藻科的 *Mesochara* 和 *Aclistochara*,伴生有少量棒轮藻科的分子,与产于甘肃兰州河口组、江苏葛村组、河南确山西谭楼组和周口永丰组的轮藻组合面貌较相似,其时代应大致相当,为 Barremian 期至 Aptain 期。当前组合与永丰组上覆商水组所产轮藻组合区别明显,商水组中没有出现棒轮藻科的分子,其优势分子 *Aclistochara mundula*(整洁开口轮藻)在当前组合中没有出现。

Clypeator-Flabellochara-Mesochara-Aclistochara 组合与以松辽盆地泉头组为代表的早白垩世 Albian 期的轮藻化石组合区别十分明显,二者的共有分子仅有 *Mesochara symmetrica*。泉头组轮藻组合中的优势分子 *Atopochara restricta*(缚紧奇异轮藻)、*Amblyochara quantou*(泉头迟钝轮

藻）、*Aclistochara mundula* 在当前组合中均没有出现。

 Clypeator-Flabellochara-Mesochara-Aclistochara 组合与以松辽盆地青山口组为代表的晚白垩世早期的轮藻化石组合区别更加明显。青山口组轮藻组合中的优势分子是 *Maedlerisphara*（梅球轮藻属）、*Obtusochara niaoheensis*（鸟河钝头轮藻）、*Songliaochara*（松辽轮藻属）以及 *Aclistochara songliaoensis*（松辽开口轮藻），重要分子是 *Atopochara restricta*，这些化石在当前组合中均没有出现。

4 讨论

 目前，国际上对于下白垩统的划分未达成统一的认识，下白垩统各阶之间和白垩系的底界均未形成 GSSP（金钉子）。自 20 世纪 80 年代以来，不同的机构和学者对下白垩统各阶底界年龄值给出了多种意见（表2），对白垩系底界的建议年龄值有 130 Ma[NDS（数值测年地层学），1982]、135 Ma[CGR（地质年代学记录），1985]、140 Ma[COSUNA（北美地层单元对比），1985]、142 Ma[AGSO（澳大利亚地质调查所），1996]、145 Ma[ICS（国际地层委员会），2008]等意见，但 145 Ma 或 135 Ma 的年龄值长期以来一直成为白垩系底界同位素年龄的主流意见[18]。2008 年出版的《国际地层表》中推荐白垩系底界年龄和其他下白垩统各阶底界年龄均非实测值，而是用内插法求出的理论推算值[18]，将来这些数值一定会被 GSSP（金钉子）处的实测值取代。

表 2 上白垩统和下白垩统各阶推荐底界年龄值对比表

阶名	ICS(2008)	CGR(1985)	COSUNA(1985)	NDS(1982)
Cenomanian	99.6±0.9 Ma	95 Ma	100±5Ma	95±1 Ma
Albian	112.0±1.0 Ma	107 Ma	106±5 Ma	107±1 Ma
Aptain	125.0±1.0 Ma	114 Ma	115±5 Ma	112±1 Ma
Barremian	130.0±1.5 Ma	116 Ma	125±5 Ma	114±1 Ma
Hauterivian	~133.9 Ma	120 Ma	130±5 Ma	119±1 Ma
Valanginian	140.2±3.0 Ma	128 Ma	135±5 Ma	126±1 Ma
Berriasian	145.5±4.0 Ma	135 Ma	140±5 Ma	130±3 Ma

 尽管白垩系底界年龄还未确定，专家、学者们众说纷纭[18]，但是上白垩统的底界层型（GSSP）在 2002 年已经确定，其绝对年龄值为 99.6±0.9 Ma。20 世纪八九十年代，我国学者对 1985 的 CGR 年表比较推崇，引用的年龄值大都以该表为基准，而且 20 年来其界线生物事件无变化，对上白垩统和下白垩统界限的划分应是基本可靠的。

 前人研究轮藻化石的地史分布时，多数是基于白垩系底界年龄为 135 Ma 或 130 Ma 的白垩系划分标准，下白垩统各阶的时间延限与现今国际地层表所推荐的不一致，但由于下白垩统顶界的时间延续与现今基本相同，而且前辈学者指出下白垩统的标志化石 *Flabellochara* 和 *Clypeator* 无出现在上白垩统的可能，因而 *Clypeator-Flabellochara-Mesochara-Aclistochara* 组合的时代应为早白垩世中、晚期无疑，其地质年龄应不晚于 107 Ma。另外，对曹家村剖面"蟒川组"所产介形类和孢粉化石的研究也得出了时代为早白垩世中、晚期的结论。笔者认为，尽管目前下白垩统各阶的划分方案还未最终确定，但依据微体化石的研究结果，将曹家村剖面"蟒川组"的时代暂定为早白垩世 Barremian 期至 Aptain 期是合适的。

5　地层意义

　　汝阳三屯-刘店一带的"蟒川组"内因发现密集分布的恐龙化石,引起了国内外众多专家学者的关注,含恐龙化石地层时代的确定还需要其他门类的古生物化石、同位素测年资料及区域对比才能准确厘定时代。

　　通过对曹家村含恐龙化石的"蟒川组"中发现的轮藻化石组合的分析研究,认为汝阳三屯-刘店一带的原"蟒川组"地质时代应为早白垩世 Barremian 期至 Aptain 期。轮藻化石为汝阳盆地中、新生代地层重新划分对比、盆地沉积环境、构造演化以及恐龙化石的研究提供了地质时代依据。

参 考 文 献

[1] LU J C,XU L,ZHANG XL,et al. A new gigantic sauropod dinosaur with the deepest known body cavity from the Cretaceous of Asia[J]. Acta geologica sinica(english edition),2007,81(2):167-176.

[2] 徐莉,吕君昌,张兴辽,等. 河南汝阳白垩纪一新的结节龙类恐龙化石[J].地质学报,2007,81(4):433-438.

[3] 吕君昌,徐莉,贾松海,等.河南汝阳地区一巨型蜥脚类恐龙股骨化石的发现及其地层学意义[J].地质通报,2006,25(11):1299-1302.

[4] 卢辉楠,罗其鑫.塔里木盆地轮藻化石[M].北京:科学技术文献出版社,1990.

[5] 黄仁金.四川白垩纪-早第三纪轮藻[J].微体古生物学报,1985,2(1):77-91.

[6] 杨景林,王启飞,卢辉楠.准噶尔盆地白垩纪轮藻化石组合序列[J].微体古生物学报,2008,25(4):345-363.

[7] 李祖望.陇南东河群轮藻化石[C]//中国微体古生物学会.中国微体古生物学会第一次学术会议论文选集.北京:科学出版社,1981:159-164.

[8] 王振,卢辉楠.棒轮藻科(Clavatoraceae)的分类、演化及其在中国的分布[J].中国科学院南京地质古生物研究所丛刊(第4号),1982:77-104.

[9] 袁凤钿,张泽润,马莉霞.陕南、豫西早白垩世轮藻化石[J].Palaeoworld:中国科学院南京地质古生物研究所现代古生物学和地层学开放研究实验室年报(1991—1992),1993,2:100-105.

[10] 王水.甘肃酒泉盆地中、新生代轮藻化石[J].古生物学报,1965,13(3):463-499.

[11] 王振,卢辉楠,赵传本.松辽盆地及其邻区白垩纪轮藻类[M].哈尔滨:黑龙江科学技术出版社,1985.

[12] 舒志清,张泽润.内蒙古河套地区早白垩世轮藻化石[C]//第一届全国化石藻类学术会议论文选集.北京:地质出版社,1985:63-72.

[13] 姜瑗,张泽润,孟宪松.河南南部早白垩世轮藻植物群及其地层意义[J].微体古生物学报,1985,2(2):161-168.

[14] 郝诒纯,阮培华,周修高,等.西宁、民和盆地中侏罗世-第三纪地层及介形虫、轮藻化石[J].地球科学:武汉地质学院学报,1983,23(增刊):1-210.

[15] 胡济民,曾德敏.轮藻化石[M]//湖南古生物图册.北京:地质出版社,1982.

[16] 王水,黄仁金,王振,等.江苏地区白垩纪-第四纪轮藻化石[M].北京,地质出版社,1982.

[17] 赵厚宏,郭书元.河南周口和南阳地区地层古生物[M].北京:地质出版社,1995.

[18] 章森桂,张允白,严惠君."国际地层表"(2008)简介[J].地层学杂志,2009,33(1):1-10.

河南省嵩县玉黄坡萤石矿矿床地质特征和资源潜力分析

刘立强[1],朱厚广[2],朱展翅[3]

(1. 河南省地质学会,河南 郑州 450000;

2. 河南省地质矿产勘查开发局第四地质矿产调查院,河南 郑州 450000;

3. 河南新首钢地质矿产勘查有限公司,河南 郑州 450016)

摘　要:河南省嵩县玉皇坡萤石矿位于华北地台南缘与秦岭褶皱系接合部位,断裂构造发育,岩浆活动频繁,成矿地质条件十分有利。通过开展地质勘查工作,发现了多条具有经济价值的萤石矿体,但因勘查资金投入不足及受矿区范围限制,对萤石矿体在走向和倾向上均未完全控制,仍有较大的找矿空间。本文通过矿床地质特征和区域成矿地质条件对比分析,说明玉黄坡矿区萤石矿具有较好成矿潜力。

关键词:萤石矿;地质特征;资源潜力

引言

萤石具有广泛的工业用途,长期以来一直是我国重要的战略储备资源。嵩县车村-栾川县合峪一带是河南省最重要的萤石资源成矿带,占河南省保有资源储量的80%以上。河南省嵩县玉黄坡萤石矿于2018年8月查明萤石矿矿石量为116.14万t,其中氟化钙(CaF_2)含量为38.63万t,平均品位33.26%,矿床规模达到中型。本文总结了玉黄坡矿区的矿床地质特征,并对资源潜力进行了分析,认为该矿区具有较好成矿地质条件和较大资源潜力,具备成为大型萤石矿矿产地的条件。

1　区域地质背景

玉黄坡矿区位于华北地台南缘与秦岭褶皱系接合部位,马超营断裂东段与栾川-薄山陷褶断束的中段。区域内出露地层主要为中元古界熊耳群偏基性中性-酸性火山岩系及新生代断凹盆地内堆积陆相碎屑岩。区域内岩浆活动频繁,其中以燕山期酸性岩最发育,该期岩浆岩与区内金属及非金属矿产形成关系极为密切。

2　矿床地质特征

2.1　地层

矿区出露地层简单,仅在工作区东北角出露约中元古界熊耳群鸡蛋坪组(Pt_2^1xj)及少量的第四

作者简介:刘立强,男,1977年生,湖南湘乡市人。本科,助理工程师,从事地质找矿与资源勘查工作。

系（Q）。

2.2 构造

矿区构造简单，主要为分布于岩体内部的断裂与裂隙构造。

矿区内断裂分3组，主要为NE向断裂，其次为NW向及近SN向断裂，自西向东依次分布F6、F7、F5、F3、F1和F2断裂。NE向断裂（F1、F2、F3、F5）主要分布于矿区中部及南部，NW向断裂（F6）和SN向断裂（F7）出露在矿区中部。其特征分述如下：

F1断裂位于矿区南部，为矿区内控矿构造。矿区内含矿构造带地表出露长度为510 m左右，构造带走向北东近40°，倾向130°，倾角16°～35°。构造带宽度为0.3～15.0 m，构造面呈舒缓波状，局部呈锯齿状，在走向上和倾向上都有分枝复合现象，构造带内充填碎裂岩和萤石脉。

F2断裂位于矿区南部，为矿区内控矿构造。矿区内含矿构造带地表出露长度为240 m，构造带走向北东70°，倾向160°，倾角14°～31°，平均23°。构造带宽度为0.5～8.0 m，构造面呈舒缓波状，局部充填萤石和石英脉。

F3断裂位于矿区中部，为矿区内控矿构造。矿区内含矿构造带地表出露长度为450 m，走向北东，倾向137°，倾角47°～60°，局部变化较大，平均约50°。构造带宽度为0.5～14.0 m，由地表至深部变宽，延深在300 m以上，构造带内充填有碎裂岩和萤石矿。

F5断裂位于矿区中部，断裂规模小。矿区内含矿构造带地表延伸250 m左右，走向近北东，倾向325°～343°，倾角72°～85°。构造带宽度为0.2～1.0 m不等，岩石蚀变、风化强烈，断裂中石英脉发育，伴生少量的萤石矿化。

F6断裂位于矿区中部。矿区内含矿构造带地表出露长度为420 m，向北西延伸出矿区，构造带走向北北西328°，倾向南东，倾角60°～85°，构造带宽度为0.4～2.3 m，平均宽度为1.43 m，构造面呈陡立板状，构造力学性质为压扭性。

F7断裂位于矿区中部。矿区内含矿构造带地表出露长度为410 m，近南北走向，向北北东延伸出矿区，倾向南东东，倾角49°～65°。构造带宽度为0.20～11.61 m，平均宽度为3.46 m，构造面呈陡立板状，构造力学性质为压扭性。

2.3 岩浆岩

矿区大面积分布燕山晚期似斑状黑云母二长花岗岩。

似斑状黑云母二长花岗岩：呈灰白-浅肉红色，似斑状结构，基质具中粗粒花岗结构，块状构造。斑晶含量为10%～30%不等，一般为15%左右；斑晶成分：主要矿物为微斜长石（40%～50%）、斜长石（5%～20%）、石英（25%），次要矿物为黑云母（5%），副矿物有榍石、磁铁矿、锆石、磷灰石等。

2.4 变质作用

矿体围岩为浅肉红色中粒似斑状二长花岗岩，常见的近矿围岩蚀变有硅化、黄铁矿化、绢云母化、绿泥石化、高岭土化、黑云母化等，多沿裂隙发育。近矿围岩蚀变范围小，蚀变特征一般不超出含矿构造破碎带，如硅化和黄铁矿化等，较强的硅化沿矿带呈线状分布，向两侧逐渐变弱。近矿围岩蚀变的分带性不明显，但有绿泥石化、高岭土化等浅色蚀变靠近顶底，黄铁矿化、硅化等偏于中间。

2.5 矿体特征

矿区内共圈定萤石矿体8个，编号为K1、K2、K2-1、K3、K6、K7、K7-1、K7-2，均赋存于似斑状二长花岗岩体的断裂裂隙内，呈脉状、细脉状、豆荚状、网脉状、透镜状产出，属石英-萤石矿类型，与围岩界线清楚,其主要特征见表1。由表可以看出,已勘查的8个矿体赋存标高在867~1 280 m之间,最大埋藏深度为233 m(K6),走向长度为60~440 m,倾向延伸为25~245 m。矿体平均厚度为1.10~6.33 m,厚度变化系数为4.83%~74.07%,属稳定型;矿体平均品位为31.37%~50.58%,品位变化系数为7.58%~37.67%,属均匀型。K1、K3、K6矿体特征如下:

表1 矿体特征一览表

矿体编号	赋矿标高/m	埋深/m	规模/m		矿体厚度/m			CaF_2 品位/%		
			走向	倾向	厚度	平均	变化系数/%	品位	平均	变化系数/%
K1	1 118~1 280	0~162	255	245	1.00~7.07	2.29	61.22	17.59~49.98	31.47	28.75
K2	1 120~1 180	0~60	140	115	1.00~4.75	2.24	61.19	16.86~55.33	32.52	35.00
K2-1	1 165~1 183	0~18	62	40	0.60~3.99	3.99	42.40	17.42~34.25	34.25	13.27
K3	926~1 147	0~221	320	215	1.00~13.95	6.33	74.07	15.98~60.57	31.37	37.67
K6	867~1 100	0~233	360	190	1.00~2.28	1.44	43.74	21.82~62.37	41.63	34.59
K7	977~1 094	0~117	83	86	1.01~2.97	1.60	37.59	29.54~62.76	38.78	23.35
K7-1	1 075~1 177	0~102	185	25	1.01~1.29	1.10	4.83	32.34~80.75	50.58	19.42
K7-2	935~1 042	0~107	162	50	1.02~3.61	1.58	22.46	25.53~43.76	34.16	7.58

(1) K1矿体

矿体位于矿区南偏中部,赋存于F1构造带中,呈脉状产出。矿体产状与构造带一致,走向40°,倾向130°,倾角16°~35°,平均25°。矿体赋存标高为1 118~1 280 m;矿体控制的走向长度为255 m,倾向深度为245 m;矿体厚度为1.00~7.07 m,平均为2.29 m,厚度变化均匀。

矿体在地表沿北东向和南西向均有工程控制,呈透镜状,表现为中间厚大、两侧尖灭。矿体在空间上与K2矿体呈尖灭再现现象,深部沿100线和南西方向均有延伸。

矿体中 CaF_2 含量为17.59%~49.98%,平均为31.47%,品位变化均匀。除TC104、ZK1001工程表现为厚度小、品位高之外,矿体其余见矿工程总体表现为厚度由大到小、品位由高到低,厚度与品位为正相关关系。围岩均为花岗岩。

(2) K3矿体

矿体分布于矿区中偏东部,赋存于F3构造带中,呈脉状产出,顶底板围岩均为燕山期花岗岩,从地表到深部呈由薄变厚再变薄并趋于尖灭的透镜状,围岩均为花岗岩。矿体产状与构造带一致,走向北东,倾向南东,倾角47°~60°,平均54°,局部变化较大;矿体赋存标高926~1 147 m,矿区出露长度为440 m,矿体控制的走向长度为320 m,倾向深度为215 m;矿体厚度为1.00~13.95 m,平均厚度为6.33 m,厚度变化较稳定。

矿体向北东和南西方向均延伸至矿权边界以外,在地表和近地表为1.20 m左右的薄层状。300勘探线上有5个深部钻探工程控制。地表矿体标高1 145 m,矿体厚度为1.25~1 106 m,JZK3002钻孔控制厚度为3.96 m;至标高1 020 m,ZK3002钻孔控制厚度为13.95 m,为厚度最大值;随着埋深增加,至标高970 m,矿体厚度有所减少,但ZK3003钻孔仍控制厚度达11.70 m,属厚层状。

K3矿体厚度随着埋藏由浅到深厚度也由小到大,由地表的1.2 m左右延伸至标高1 020 m左右,矿体在300、301勘探线形成厚度达12.24~13.95 m的厚层状,向深部至标高950 m以下继续延伸,厚度逐渐减少,仍达5.19~11.70 m,仍属厚层状矿体。矿体总体连续性较好,厚度变化均匀。因矿区边界限制,矿体在倾向和走向上均延伸至矿权边界以外。

矿体中 CaF_2 含量为 $15.98\%\sim60.57\%$，平均为 31.37%，品位变化稳定，矿物含量比较均匀。CaF_2 品位与厚度之间的关系总体为厚度大而品位稳，呈正相关关系，局部为厚度小而品位高的特点。

（3）K6 矿体

矿体位于矿区中部，赋存于燕山期花岗岩内 F6 构造带中，呈脉状产出。矿体产状与构造带一致，走向北西，倾向南西 $238°$，倾角 $60°\sim85°$，平均 $72°$，围岩均为花岗岩。矿体赋存标高 $867\sim1\,100$ m；矿体控制的走向长度为 360 m，倾向深度为 190 m；矿体厚度为 $1.00\sim2.28$ m，平均厚度为 1.44 m，厚度变化稳定。矿体中 CaF_2 含量为 $21.82\%\sim62.37\%$，平均为 41.63%，品位变化稳定。

3 资源量潜力分析

3.1 矿体走向延伸分析

矿区内 8 个矿体走向长度为 $60\sim440$ m，因受到矿权范围的限制，矿带向两侧延伸至界外，均未尖灭。以 K3 矿体为例，现有矿带矿区内走向控制仅 320 m，其向北东和南西方向均延伸出矿权边界，而区内同类矿带走向延伸一般在 $1\,500$ m 以上，由此推测 K3 矿体走向规模还有 3 倍以上的较大延伸长度。

3.2 矿体倾向延伸分析

矿区内 8 个矿体均有向深部继续延伸趋势。以 K3 矿体为例，300 勘探线倾向延伸仅 228 m，矿体主要控制在 950 m 标高以上，厚度仍达 11.70 m，301、305 勘探线最深控制标高矿体厚度分别为 4.96 m、5.19 m，该矿体表现出明显的向深部继续延伸的趋势。受勘查时间等限制，虽然向深部延伸趋势明显，但没有进一步工程控制。

按区域勘查深度对比，现在勘查深度一般在 $600\sim800$ m 之间，矿体倾向延伸一般在 600 m 以上。由此可见，矿区矿带在倾向上延伸空间至少可以扩大 3 倍以上。

3.3 资源潜力分析

从已知矿带走向长度和倾向延伸分析可以预测，矿区矿带整体规模理论上可以达到现在规模的 9 倍（按走向扩大 3 倍、倾向扩大 3 倍计算）。本次分析按保守估计，以走向、倾向延伸合计 3 倍计算，该矿区 CaF_2 资源量潜力将超过 100 万 t，整体达到大型规模。

通过对河南省嵩县玉黄坡萤石矿矿床地质特征和资源潜力进行分析，认为该区具有较好成矿条件和较大资源潜力，具备成为大型萤石矿矿产地的地质条件。

参 考 文 献

[1] 张政,朱厚广,等.河南省嵩县玉黄坡萤石矿勘探报告[R].2018.

济源下冶铝土矿(前庄至南岩头矿段)
成矿特征及找矿方向

王露露

(河南省有色金属地质矿产局第四地质大队,河南 郑州 450016)

摘　要:济源下冶铝土矿(前庄至南岩头矿段)位于济源市西南部,本文从该矿床的区域地质、矿区地质、矿床地质特征诸方面,对其成矿地质特征进行分析和研究。在分析矿床的地质特征的基础上得出该矿属沉积型-水硬铝石型铝(黏)土矿床。最后总结了矿区铝土矿的矿石类型、结构构造、物质组分及有益有害组分特征,阐述了矿区的找矿方向。

关键词:济源下冶;铝土矿;地质特征;找矿方向

引言

铝是我国生产量和消费量最大的有色金属,在建筑、材料、机械、军事等方面具有广泛的用途。随着我国经济的持续高速发展,市场对原铝需求强劲,迫切要求加快铝土矿资源的勘查开发。因此,研究各类型铝土矿的地质特征,对矿床进行综合研究以扩大铝资源储量,具有重要的意义。本文通过对济源下冶铝土矿(前庄至南岩头矿段)成矿条件、矿体特征、矿石质量等方面的研究,指出矿区成矿模式及找矿方向,为寻找类似矿床提供依据。

1　区域地质

1.1　区域地层

济源下冶区域地层属华北地层区豫西小区渑池新安小区,出露地层如下。

(1)太古界林山群(Arl):主要为迎门宫组上段混合岩化变粒岩、混合花岗岩夹斜长角闪岩、角闪片岩、斜长黑云片岩等。分布于北部天坛山-秦岭山一带。

(2)古元古界熊耳群(Pt$_1$$x$):为一套巨厚层的中酸性火山岩系,主要有安山岩、辉石安山岩、英安岩等。分布于天坛山以西一带。

(3)寒武系(∈):主要为中厚层、巨厚层白云岩、灰质白云岩、灰岩等,厚度达数百米。主要分布于黄河南岸岱嵋寨古岛东侧。

(4)奥陶系中奥陶统上马家沟组(O$_2$$s$):下部为白云岩夹角砾状灰岩,中部为黑色厚层生物碎屑灰岩,上部为白云岩夹灰岩。厚度大于 200 m。

(5)奥陶系中奥陶统峰峰组(O$_2$$f$):下部为褐黄色白云岩、角砾状灰岩、泥灰岩夹灰岩,上部为黑色厚层纯灰岩,为优质的石灰石原料,厚度大于 130 m。分布于黄河南岸及矿区的岱嵋寨古岛

作者简介:王露露,女,1988 年生。助理工程师,主要从事地质找矿工作。

东侧。

(6) 石炭系上石炭统本溪组(C_2b)：由褐黄、灰色黏土岩、铝土矿、绿泥石黏土岩及少许砂岩、粉砂岩组成，为铝土矿、黏土矿、铁矿赋存层位，厚度为 5～60 m，与下伏地层呈平行不整合接触。

(7) 石炭系上石炭统太原组(C_2t)：主要为青灰色燧石灰岩、生物灰岩与砂岩、页岩和黏土岩互层夹薄煤层，厚度为 30～80 m。

(8) 二叠系船山统山西组(P_1s)：下部为灰色石英砂岩、砂质页岩及煤层，上部为黄绿色、紫色长石石英砂岩与页岩互层。分布于黄河南岸岱嵋寨古岛东侧及王屋山向斜两翼。

(9) 二叠系船山统下石盒子组(P_1x)：由石英砂岩、砂质泥岩及砂页岩组成韵律重复出现，厚度大于 55 m。分布于黄河南岸岱嵋寨古岛东侧及王屋山向斜两翼。

(10) 三叠系(T)：为紫色、黄色砂岩、长石石英砂岩与页岩互层，厚度为 50～150 m。分布于王屋附近，呈北西向展布。

(11) 第四系(Q)：由黄土、亚黏土、洪坡积砾石层、流沙层组成，厚度为 0～30 m，与下伏地层呈不整合接触。主要分布于平原及山间沟谷及山顶、山坡相对平坦处。

1.2 区域构造

济源下冶区域构造运动活动强烈。太古宇、元古宇以水平运动为特征，地层变形强烈，褶皱发育。古生界以差异升降运动为主，发育北西向宽缓的褶皱和正断层。

区域北西向断裂构造十分发育，数量多，规模大，并多次活动。断层性质以正断层为主，比较重要的有封门口断层、秦岭山断层、王爷庙断层等，在黄河南岸发育有柴家沟等一系列北西向断层，主要活动于成矿期后，多呈大致平行排列的阶梯式出现，对区域地形地貌、地层分布及成矿作用有明显的影响，黄河在该区即呈北西向。此外，区域还发育有北东向、近南北向断层。区域内没有岩浆活动，只有元古宇熊耳群的中酸性火山喷发活动，规模较大，分布于王屋-邵原以北的省界附近。

2 矿区地质

2.1 矿区地层

矿区出露地层主要为古生界奥陶系、石炭系、二叠系沉积岩和新生界第四系黄土、松散沉积物。地垒区岩层总体上呈产状平缓、倾向北东的单斜产出，倾向 $40°\sim80°$，倾角 $5°\sim15°$，自西南到东北依次出露奥陶系、石炭系、二叠系地层。现由老至新分组概述如下。

(1) 奥陶系中奥陶统上马家沟组(O_2s)：分布于矿区西部原头、陶山、坡池及李家庄等地以及断层、河流切割较深部位，如涧底河、官洗沟、水洗沟沟底和两侧以及逢石河断裂、王爷庙断裂上升盘。

(2) 石炭系(C)：上石炭统本溪组(C_2b)为含矿岩系，主要分布于矿区中部，从官洗沟、原头到南崖头均有分布，呈环状、半环状出露于沟谷两侧由陡变缓部位，在矿区西北部的坡池-陶山-南岩头一带及原头西部呈残留体赋存于奥陶纪地层区。上石炭统太原组(C_2t)为含矿岩系顶板，地表出露于原头、官洗沟、南崖头、石槽一带；主要岩性下部为生物碎屑灰岩和中粗粒砂岩，中、上部为黏土岩、黏土质页岩、炭质页岩、砂岩等，顶部为疙瘩状生物碎屑灰岩。

(3) 二叠系(P)：船山统山西组(P_1s)主要分布于矿区东部的沙腰至下冶一带，底部为碳质页岩夹薄层砂岩。船山统下石盒子组(P_1x)出露于矿区东部，在矿区南北两侧的地垒中大面积出露，由石英砂岩、砂质泥岩及砂页岩组成韵律重复出现，厚度大于 55 m，与下伏山西组呈整合接触。

(4) 第四系(Q)：大面积分布于山顶平台的石炭纪、二叠纪地层之上，少量分布于沟谷之中，由黄土及砂砾石组成，厚度为 0～30 m。在奥陶纪灰岩出露区，第四系较少。

2.2 矿区构造

矿区新构造运动影响明显,断裂构造规模大、延伸远,特征明显,对地形地貌影响较大。断裂以高角度正断层为其主要特征,以北西向、近东西向最为发育。矿区重要的断裂有王爷庙断裂和逢石河断裂,次级断裂不发育。

王爷庙断裂(F1):走向北西290°~320°,倾向南西,倾角70°~82°。南西盘为下降盘,是黄河河谷,谷底出露二叠纪地层;北侧隆起区出露地层为奥陶系中奥陶统上马家沟组灰岩,为一正断裂,断距为20~150 m。F1为矿区南界。

逢石河断裂(F2):走向近东西,倾向正北,倾角50°~60°。南侧隆起区出露地层为奥陶系中奥陶统上马家沟组灰岩;北侧为逢石河谷地,出露二叠纪地层,为一正断裂,断距为100 m左右。

矿区范围内本次新施工和以往施工的地表和钻孔所见均为沉积岩,无岩浆岩出现,矿体不受岩浆岩影响。

3 矿床地质特征

3.1 含矿岩系特征

铝土矿赋存于石炭系本溪组中,含矿岩系自下而上可分三段,其岩性特征如下。

(1) 下段(C_2b_1):为铁质页岩,在含矿岩系的中下部和底部,呈灰黄、红褐等杂色,含铁质较高,具有页理。由黏土质、砂质及氧化铁质等组成,局部夹有"山西式"铁矿小扁豆体或透镜体。本次钻探工作中未见。

(2) 中段(C_2b_2):为矿层,在含矿岩系的中上部,主要由铝土矿和黏土矿构成,局部夹有黏土矿和黏土页岩。铝土矿主要为灰色,局部稍带白、黄、红褐色,呈层状、似层状、透镜状、洼斗状产出。

(3) 上段(C_2b_3):为黏土页岩、黏土岩,在含矿岩系的顶部,常为灰白色、灰黄色,局部地区顶部相变为碳质页岩或煤线,显页理,性软,易风化破碎,厚一般约1 m。

3.2 矿床特征

通过本次补充勘探,全矿区共发现矿体21个(Ⅰ,Ⅱ,Ⅲ,…,ⅡⅪ),其中,以往地质工作发现矿体17个(Ⅰ,Ⅱ,…,ⅩⅦ),本次发现矿体3个(ⅩⅧ,ⅩⅨ,ⅡⅩ),以往未计算资源储量矿体1个(ⅡⅪ)。矿区内Ⅲ、Ⅶ号矿体规模较大,为主要矿体。下面介绍主要矿体和本次新增矿体的主要特征。

(1) Ⅲ号矿体:位于原头村矿段16勘探线与50勘探线之间,被第四纪黄土覆盖,地表沟谷中有露头。矿体呈单斜产出,倾向75°,倾角5°~10°,矿体平面形态不太规则,分为东西两个部分。矿体覆盖层厚度变化为5.28~50.02 m,平均厚度26.94。矿体顶板标高变化为398.08~471.64 m,底板标高变化为352.23~430.65 m。

(2) Ⅶ号矿体:该矿体为近两年主要开采对象,位于原头村东南部46勘探线与56勘探线之间,地表被第四纪黄土覆盖,地表沟谷中有露头。地表铝土矿为较密集的洼斗状矿体,倾向75°,倾角变化较大,矿体平面形态不太规则。矿体覆盖层厚度变化为0~32.21 m,平均12.47 m。矿体顶板标高变化为374.69~401.69 m,底板标高变化为305.40~400.19 m。

(3) ⅩⅧ号矿体:位于前庄矿段51A勘探线上,顶部被第四系覆盖,沿倾向和走向上的工程均为穿第四系后直接见地板,矿体延伸有限。矿体呈洼斗状,产状大致为水平。矿体覆盖层厚度为5.95 m,矿层厚度为26.79 m。矿体顶板标高为458.40 m,底板标高为431.61 m。

（4）ⅩⅨ号矿体：位于南岩头西63A勘探线与59A勘探线之间，地表被第四纪黄土覆盖，地表沟谷中有露头。矿体覆盖层厚度变化为45.41～62.05 m，平均51.75 m。矿体顶板标高变化为410.47～394.58 m，底板标高变化为380.49～403.17 m。

（5）ⅡⅩ号矿体：位于南岩头东49勘探线，地表被第四纪黄土覆盖。矿体呈透镜状，直径约80～100 m，产状近水平。矿体覆盖层厚度为46.34 m。矿体顶板标高为363.76 m，底板标高为352.99 m。

（6）ⅡⅪ号矿体：位于42勘探线上，地表被第四系覆盖。矿体呈透镜状，矿体产状近水平。矿体覆盖层厚度为26.65 m。矿体顶板标高为443.87 m，底板标高为441.87 m。

3.3 矿石质量

3.3.1 矿石的矿物成分

矿石中的矿物成分主要是一水硬铝石，含量约70%～95%，为矿区矿石主要的含铝矿物；其次是高岭石、水云母等黏土矿物及铁质。

3.3.2 矿石的化学成分及其变化特征

矿石的化学成分主要为 Al_2O_3、SiO_2、Fe_2O_3、TiO_2 等。Al_2O_3 为主要有益组分，SiO_2 为主要有害组分。Al_2O_3 含量为40.40%～77.92%，平均61.58%，变化较小，变化系数为16%；SiO_2 含量为1.76%～27.53%，平均12.73%，变化系数为54%；Fe_2O_3 含量为0.45%～32.70%，平均6.50%，变化系数为97%；TiO_2 含量为0.30%～4.45%，平均2.49%，变化系数为21%；S含量为0.01%～2.190%，平均0.232%，变化系数为211%。

矿区铝土矿的 Al_2O_3 和 A/S 一般较高，质量较佳，但 Fe_2O_3 含量也普遍较高，矿石属中铁低硫中铝硅比矿石。根据矿石品级标准，矿区矿石平均品级为Ⅴ级。

3.3.3 矿石结构、构造

矿石结构主要有致密状、豆鲕状和土状结构，另有极少量矿石为碎屑状结构。

（1）致密状铝土矿：灰、青灰色，断口较光滑，致密坚硬。主要由粒状、鳞片状的一水硬铝石组成，高岭石含量相对较高，矿石质量一般较差。该类矿石多赋存于矿层的上部。

（2）豆鲕状铝土矿：灰、黄褐色，以鲕粒为主，豆粒较少，豆鲕粒呈圆形、椭圆形，粒度为1～4.5 mm，成分主要为一水硬铝石，中心一般为水云母，少量为高岭石或石英碎屑。该类矿石一般赋存于矿层的中部，在铝土矿体中最为普遍，是最常见的铝土矿矿石类型。

（3）土状铝土矿：灰、灰白色或黄褐色，表面粗糙，发育许多孔洞，结构疏松，手捻易碎，品位极高，是矿区主要矿石类型。该类矿石一般赋存于洼斗状矿体的中下部。

（4）碎屑状铝土矿：灰或黄褐色，由一水硬铝石构成的铝土矿碎屑组成，大小不一，形态各异，以碎屑物为主，砾屑少见。该类矿石为次要矿石类型。

矿石构造简单，均为块状、层状构造。

3.4 矿石类型

矿石自然类型主要为豆鲕状铝土矿和致密状铝土矿，其次有砂岩状铝土矿、土状铝土矿和蜂窝状铝土矿。其中，豆鲕状铝土矿为最常见的铝土矿类型，几乎所有见矿的工程均可见到，多分布于矿体的上部；砂岩状铝土矿、土状铝土矿、蜂窝状铝土矿品位较高，多分布于豆鲕状铝土矿下面，较为少见。例如ZK5139A全孔为土状铝土矿。

按矿石成分划分矿石类型：矿石属于一水硬铝石型。

按矿石结构、构造划分矿石类型：矿石可分为致密状、豆鲕状、土状和碎屑状四类。

按矿石化学成分划分矿石类型：矿石属中铁低硫型铝土矿。

根据矿石品级标准，矿区矿石平均品级属Ⅴ级。

3.5 矿床成因及控矿因素

3.5.1 矿床成因

石炭纪铝土矿床形成的古地理环境为古陆与浅海之间的准平原上的湖盆，矿区铝土矿床的形成和奥陶纪碳酸盐古风化侵蚀面及石炭纪晚石炭世的海侵作用关系密切。自寒武纪芙蓉世-奥陶纪中奥陶世以后，整个华北地台上升为陆地。矿区铝土矿多分布于古地形的低洼部位，而相对较高部位含矿岩系薄，矿体少见或品位较低。这说明铝土矿的形成与古地理环境关系密切。

成矿后，受地壳构造运动的影响，矿层上升至地表浅部，在地表酸性水的作用下，铝土矿脱硅、去硫，富含高岭石的豆鲕被风化分解，矿石中的其他易溶物质进一步流失，形成蜂窝状和针孔状孔洞，部分孔洞被铝土矿充填，形成高品位铝土矿，矿石呈致密块状构造。

在二叠纪地层形成后、第四纪黄土沉积前，原头矿段南部相对隆起处于风化剥蚀状态。第四纪黄土沉积以后，区域发生差异升降运动，矿区现代地貌形成，矿体上升到较高的部位，经风化剥蚀至地表，成为今天所见地表矿体。

3.5.2 控矿因素

济源下冶矿区铝土矿体受如下因素的控制：

（1）地形。铝土矿形成于古地形低洼部位，在铝土矿形成后，地壳运动以水平升降运动为主，含矿岩系厚度较大，往往形成较为连续的、规模较大的洼斗状矿体和层状矿体，而地势较高位置含矿岩系厚度小、矿质差，仅出现少量的孤立洼斗状矿体。

（2）古断裂构造。断裂构造使地层破碎，容易风化剥蚀。对铝土矿而言，沿断裂构造发育的古岩溶洼斗可以控制铝土矿的形成。在铝土矿形成后，构造活动较弱，主要表现为矿区两边王爷庙断裂和逢石河断裂的相对升降运动，矿区内目前未发现断裂错断矿体、含矿岩系。由于奥陶纪灰岩厚度大且岩性差异不明显，因此断裂较难区分，但是矿区奥陶纪灰岩中的残留铝土矿体有一定的方向性，呈串珠状；在部分厚度较大的铝土矿体深部，钻探发现有岩溶空洞；在王爷庙断裂附近及洞底河附近有断裂构造，并发现其中有铝土矿体产出，矿体呈明显的长条状，断裂角砾岩中出现铝土矿石，说明这些断裂在成矿期前就开始活动并持续到成矿期后，对矿区内铝土矿的形成和保存、剥蚀有明显的影响。

4 找矿方向

矿床受奥陶纪碳酸盐古风化侵蚀面控制，并与成矿期后的保存条件密切相关。铝土矿矿层赋存在寒武纪、奥陶纪碳酸盐岩古风化侵蚀面上的石炭系上石炭统本溪组内，含矿建造为稳定的古陆壳区的铝土铁质建造，古岩溶盆地为铝土矿的形成、赋存场所，一般在面积较大的岩溶盆地内形成厚度稳定、品位中等的大型矿床，在面积较小的溶洼和溶斗中常形成品位较富、厚度大的小型矿床。在古地形较高处很少形成铝土矿，一般仅有黏土矿沉积。含矿系厚度、矿体厚度、矿石品位在一般情况下呈正相关关系，富矿体常位于矿层的中下部，普通铝土矿、黏土矿主要产于矿层的上部。

5 结论

经过生产勘探地质工作认为，该区铝土矿床主要赋存在奥陶系中奥陶统马家沟组石灰岩侵蚀面上,属沉积型一水硬铝石型铝(黏)土矿床,铝土矿的含矿层位为石炭系上石炭统本溪组的上部,矿体呈似层状、透镜状和漏斗状产出。依据有关的经济技术指标和政策法规要求,对矿床开发的经济意义进行概略研究认为未来矿山开采具有较好的经济效益和社会效益。

参 考 文 献

[1] 陈旺.豫西济源西部铝土矿成矿地质环境[J].地质与勘探,2007,43(1):26-31.
[2] 席文祥,裴放,河南省地质矿产厅.河南省岩石地层[M].武汉:中国地质大学出版社,1997.
[3] 李志晖,陈鹏,王小高,等.河南下冶铝土矿床地质特征及成矿规律[J].矿产勘查,2014,5(5):720-727.
[4] 周洋,罗志阳,等.中国铝业股份有限公司中州分公司济源下冶铝土矿(前庄至南岩头矿段)生产勘探报告[R].河南省有色金属地质矿产局第四地质大队,2016.
[6] 樊钰超.禹州地区本溪组铝土矿沉积环境分析[D].焦作:河南理工大学,2017.
[7] 施和生,王冠龙,关尹文.豫西铝土矿沉积环境初探[J].沉积学报,1989,7(2):89-97.
[8] 王春秋.河南省铝土矿资源潜力与发展战略研究[D].北京:中国地质大学(北京),2007.
[9] 闫石.河南省三门峡市小龙庙铝土矿地质特征及成矿规律研究[D].北京:中国地质大学(北京),2013.
[10] 赵淑霞,李奕.新安县西村铝土矿地质详查成果研究及探讨[J].轻金属,2015(2):1-2,62.

水工环地质

浅谈中低山区索道工程地质灾害危险性评估

——以嵩山国家森林公园嵩山索道(防火)为例

于松晖[1],徐郅杰[1],刘跃伟[2]

(1. 河南省地质环境监测院/河南省地质灾害防治重点实验室,河南 郑州 450046;

2. 河南省嵩山风景名胜区管理委员会,河南 郑州 452470)

摘 要:本文通过查明拟建嵩山索道工程区域的地质环境条件和地质灾害的分布特征,对地质灾害危险性进行现状评估,分析预测工程建设引发、加剧地质灾害的可能性及工程本身在建设和使用过程中可能遭受地质灾害的危险性,进行地质灾害危险性综合分区评估,对工程建设场地的适宜性作出评价,并提出有效防治地质灾害的措施和建议。

关键词:嵩山;索道;地质灾害危险性评估

近几年,许多旅游景区为了方便游客参观及防火需要,准备修建上下山索道。由于这些景区地处山区,地质环境条件复杂,地质灾害发育,因此地质灾害危险性评估工作尤为重要。那么山区应该怎样做好地质灾害危险性评估工作,为索道工程建设及运营打下坚实基础?下面以嵩山国家森林公园嵩山索道(防火)为例,谈谈山区修建索道时的地质灾害评估内容及应该注意的问题。

1 评估工作概述

(1)评估依据。主要是该项目的可研报告、项目设计、工勘报告及该地区的地质灾害调查资料等。

(2)评估目的。为拟建河南嵩山国家森林公园嵩山索道(防火)工程地质灾害防治提供依据,最大限度地避免或减少地质灾害造成的损失。

(3)工作方法。首先收集资料,进行前期分析,根据资料分析进行野外实地调查;然后进行综合分析,补充调查;最后编制报告和所需图件。

(4)资料收集。主要收集区域地质、气象、水文、环境地质、水文地质、工程地质、地质灾害、人类工程活动及国民经济发展等方面的资料。

(5)工程概况。河南嵩山国家森林公园嵩山索道(防火)位于登封市区北部,线路水平距离1 445.946 m,上下站高差 692.5 m;索道为东西走向,索道下站位于法王寺北部,索道上站位于峻极峰。嵩山索道(防火)主要解决森林防火、灭火人员和器材的运输问题,平时兼营运送游客。综合森林防火运输和旅客运输对索道运量的要求,设计索道的运输量为 500 人/h。嵩山索道(防火)包括上站和下站,上站和下站之间设 3 个钢支架,其高度自下而上依次为 35 m、35 m、30 m。索道下站至 1 号支架、1 号支架至 2 号支架、2 号支架至 3 号支架、3 号支架至索道上站之间的水平距离依次为 407 m、568.68 m、420.19 m、49.796 m。索道在上下站之间为一条直线,基本为东西走向,跨越两座山头和一条深沟,从太室山西边通过。根据嵩山索道(防火)沿线地形地貌和运输量的要求,

作者简介:于松晖,男,1968 年生。学士,工程师,研究方向为地质灾害、工程地质和环境地质。

采用四线往复式索道形式,2个(55+1)人车厢,双承载、双牵引。两条索道间的距离为10.5 m,最高运行速度为7 m/s,单程运行时间5.3 min。设计上站为驱动站,下站为拉紧站。

(6)评估范围确定。根据有关技术要求,结合本项目特点及地质环境条件,确定本次评估范围:西部以拟建索道下站场地为基础,西侧外扩至拟建下站西边山脊,北侧至山梁顶部,南侧至法王寺;由于索道上站、3号支架、峻极寺、峻极阁等建筑位于嵩山顶部的峻极峰上,因此评估范围东部外扩至拟建峻极寺东侧悬崖,北部外扩至峻极阁北侧悬崖,南部外扩至将军亭、招待所;根据地形地貌情况索道沿线南北各外扩80~150 m。评估区总面积约0.794 7 km²。

(7)评估级别的确定。本工程地质灾害危险性评估级别为一级评估。

2　地质环境条件

评估区位于嵩山山脉太室山主峰峻极峰,属构造侵蚀中低山地貌,地形条件复杂,地质构造较复杂,岩土体工程地质性质较差,工程水文地质条件良好,地质灾害发育中等,破坏地质环境的人类工程活动一般。因此,地质环境条件的复杂程度为复杂。

3　地质灾害现状评估

经调查,评估区内发现滑坡1处、崩塌4处、泥石流1处。滑坡及崩塌的坡体稳定均为较差,泥石流属中易发。在目前条件下,道路、林地、游人的危险性均为中等。但由于各灾害点均不在拟建索道工程附近,因此对索道工程影响较小。各地质灾害点特征见表1。

表1　地质灾害点危险性统计表

编号	位置	灾害类型	坡体特征	坡体稳定性(易发程度)	规模	危害对象	危害性
Z_1	毛女洞沟西侧山坡	滑坡	在宽100 m的山坡上,局部出现坡体变形现象,风化层堆积松散	稳定性较差	小型	林地	中等
Z_2	毛女洞沟东侧	崩塌	坡体倾角60°~90°,坡向315°,坡体风化破碎	稳定性较差	小型	游人、旅游道路	中等
Z_3	大漩窝	崩塌	坡度70°~90°,坡体风化破碎	稳定性较差	小型	游人、旅游道路	中等
Z_4	峻极寺东	崩塌	陡崖坡向95°,坡度70°~90°,坡体风化破碎	稳定性较差	小型	林地	中等
Z_5	女娲庙西	崩塌	坡度60°,坡向320°,坡体风化破碎	稳定性较差	小型	林地	中等
Z_7	毛女洞沟	泥石流	属暴雨型泥石流	中易发	中型	道路、林地游人	中等

4　预测评估

对索道工程的下站、1号支架、2号支架、3号支架和上站分别就工程建设引发地质灾害的可能性及遭受地质灾害的危险性进行预测评估。

4.1　索道下站

索道下站位于山坡上,场地山坡坡度在30°~45°之间,坡上植被较好。山坡岩性为太古代绿泥片岩,且风化严重,可见风化层厚度为 0.5～3.00 m。该场地工程地质条件较差,受地形地貌的影响,工程建设时场地北部及东部有边坡开挖工程,开挖深度为 0.2～13 m;南部和西南部有填方工程,填方厚度为 0.1～5.5 m;西北部有基坑开挖工程,开挖深度为 7～15 m。综合预测,索道下站工程建设引发崩塌、滑坡灾害可能性大,地面不均匀沉陷灾害的可能性小;工程建设及完工后,开挖边坡及填方依然存在,因此遭受崩塌、滑坡灾害的危险性大,遭受地面不均匀沉陷灾害的危险性小。

4.2　1号支架

索道1号支架场地位于山脊,山脊走向 210°,宽度为 3～4 m,两边山坡坡度在 30°～50°之间,坡上风化层在 0.2～2.2 m 之间,植被发育较好。山脊顶部风化层较薄,局部基岩出露,岩性为太古代片麻岩,风化较严重,该场地工程地质条件较差。1号支架采用钢筋混凝土独立基础。由于该场地坡度较陡,在修建支架的过程中,基座的开挖工程有引发崩塌、滑坡地质灾害的可能性。预测1号支架工程建设引发崩塌、滑坡地质灾害的可能性较大;1号支架工程遭受崩塌、滑坡灾害的危险性中等。

4.3　2号支架

索道2号支架场地位于山梁的一处小平台上,属中山地貌,地势陡峭。该场地东、西两侧为悬崖,坡度在 80°～90°之间,南、北侧为平台。山梁岩性为元古代石英岩,风化破碎,节理裂隙发育,风化层较薄为 0～0.50 m,坡上植被发育较差,坡体岩石裸露。该场地工程地质条件差。2号支架采用钢筋混凝土独立基础,由于场地的工程地质条件差,预测修建2号支架引发崩塌、滑坡地质灾害的可能性大。2号支架在建设施工过程中和工程完工后,有遭受场地东侧悬崖上面崩落碎石击中的危险;另外,该场地所处的南北向平台较窄,最宽处只有 20 m,西面悬崖崩塌容易引起支架地基的失稳。因此,预测2号支架工程建设本身遭受崩塌、滑坡灾害的危险性大。

4.4　3号支架

索道3号支架场地位于山坡上部,属中山地貌,坡向 285°,坡度 54°,植被发育较好,周围无基岩出露,第四系覆盖层相对较厚。该场地工程地质条件较差。3号支架采用钢筋混凝土独立基础,由于修建支架要开挖风化层且需切坡,使原有斜坡失稳,可能引发3号支架工程上部坡体滑坡。预测3号支架建设工程引发滑坡地质灾害的可能性较大;索道上站的西北角设计有部分填方工程,还设计有 6.36 m 高的挡土墙,但由于该处山坡较陡,在工程建设和工程完工投入使用后,受荷载加大、地表水下渗、填土密实度和不均匀性的影响,有引发滑坡地质灾害的可能性。但由于填方工程规模较小,预测3号支架工程建设本身遭受崩塌、滑坡灾害的危险性中等。

4.5　索道上站

索道上站场地地势较平,西部为陡坡边,南部为小山包,东部为缓坡耕地,北部为瑶池宫,中部为人工水池。该场地分为三个平台,标高分别为 1 440.00 m,1 442.86 m 和 1 445.36 m。各平台之间连接选用重力式挡土墙,高 4 m。受上站场地地形地貌的限制,修建上站的时候有边坡开挖工程和填方工程,边坡开挖高度为 0.2～3.43 m,填方厚度为 0.1～6.36 m。该场地工程地质条件较差。综合预测,索道上站工程建设引发崩塌、滑坡灾害可能性较大,引发地面不均匀沉陷灾害的可能性小。上站场地建设本身遭受崩塌、滑坡灾害的危险性为中等,遭受地面不均匀沉陷灾害的危险性小。

5　地质灾害危险性分区

根据评估区内地质灾害的现状评估、预测评估结果,对评估区进行地质灾害危险性综合评估,划分为地质灾害危险性大区和地质灾害危险性中等区。地质灾害危险性大区分为2个区域,分别为索道下站建设场地、索道2号支架建设场地;地质灾害危险性中等区分为3个区域,包括索道1号支架建设场地、索道3号支架建设场地和索道上站建设场地。

6　场地适宜性评价

地质灾害危险性大区(索道下站区段、索道2号支架区段、峻极寺区段、峻极阁区段)工程建设场地适应性差,需对崩塌、滑坡、地面不均匀沉陷、泥石流采取相应的处理措施;地质灾害危险性中等区(索道1号支架区段、索道3号支架区段、索道上站区段)基本适宜工程建设,但需对崩塌、滑坡地质灾害采取相应处理措施。

7　防治措施与建议

(1)工程建设过程中,严格按照设计要求进行施工,酌情降低坡度或分级削坡增大边坡的稳定性,严禁削坡过陡,加强监测,及时对边坡进行防护处理,并注意排水。

(2)因索道上站及下站是平整场地而形成的,人工开挖边坡稳定性较差,对上、下站安全构成一定危害,可以采用减少开挖方量或降低开挖边坡坡度等设计措施,同时也可以采用削坡、锚固、挂网喷锚和支挡等可靠的工程措施。

(3)在施工过程中,对地基开挖时,宜尽量采取人工开挖,避免爆破开挖和机械震动对天然原始地层产生松动影响。

(4)由于峻极峰景区位于向南倾斜的自然斜坡上,下伏基岩顶面也由北向南顺向倾斜,为防止雨水下渗对场地稳定性可能产生的影响,在峻极阁、峻极寺、下站、上站施工中,基础以上回填土要求采用黏性土,并分层夯实,以防止地表水下渗;同时,对地表水要注意疏排,将地表水引出场外,以免建筑物周围积水,使地基软化,造成不良影响。

(5)在索道3个支架建设前,应对支架场地和地基的稳定性进行专项勘察和论证,并做好周围地质灾害的防治工作,避免滑坡、崩塌地质灾害的发生。

(6)对索道下站东侧的沟谷进行疏通,保持河道顺畅。下站工程容易受水冲刷的部位,需采取有效的工程措施防止山洪冲刷破坏工程设施。

天桥水电站新建泄洪闸区软弱结构面
发育规律和参数选取

张跃军,王　潘,尚　柯

(黄河勘测规划设计研究院有限公司,河南 郑州　450003)

摘　要:天桥水电站新建泄洪闸位于黄河中的孤岛上,闸基四面临空,地基岩体中发育多层软弱结构面,受结构面影响而产生的闸基抗滑稳定是影响新建泄洪闸稳定的主要工程地质问题之一。本文对闸基岩体软弱结构的空间发育规律和结构面物质组成进行了分析研究,对软弱结构面进行了归类,并在此基础上提出了不同类型软弱结构面的地质参数,为设计处理措施方案和进行闸基稳定验算提供了地质依据。

关键词:软弱结构面;空间发育规律;物质组成;参数选取

1　工程概况

天桥水电站是黄河北干流上第一座低水头大流量河床式径流电站,工程于 1970 年 4 月开工兴建,1978 年 7 月 4 台机组全部并网发电。天桥水电站运行以来,受防洪能力偏低等因素影响,曾做了多次勘察设计工作。天桥水电站目前存在防洪能力偏低,部分泄水设施已损坏等问题,危及电站运行的安全。为确保电站运行安全。需在岛上混凝土重力坝及右侧土坝接头处修建泄洪闸。

新建泄洪闸坐落在河心孤岛水寨岛上,设计 2 个闸孔,闸孔净宽 27.0 m,闸室顶高程为 838 m,闸室段建基面高程为 815 m。

2　闸址区基本地质条件

天桥电站工程区位于黄河中游的晋、陕峡谷北部,区域上属吕梁山复背斜西翼,地势东高西低,区域内广泛分布有寒武系、奥陶系中统碳酸盐岩-易溶岩地层,灰岩区面积达 10 000 km², 总厚度达 600～700 m,以奥陶纪灰岩分布最广。

工程区出露基岩属奥陶系中统,层理发育,岩层平缓,岩性以较硬的深灰色显晶质灰岩为主,夹较软的泥质灰岩、泥质角砾状灰岩,并根据岩层特征将库坝区奥陶系中统灰岩地层分为 14 层[1]。

闸址区出露的地层为 $O_2^{11} \sim O_2^{13}$ 层,其中 11、13 层为较硬的显晶质灰岩层,12 层为较软的泥质角砾状灰岩、泥灰岩层。

(1)奥陶系中统第 11 层(O_2^{11}):灰色灰岩及灰白色白云质灰岩,厚度为 5.5～7.0 m,岩性坚硬,分布于闸基底部。

(2)奥陶系中统第 12 层(O_2^{12}):灰色角砾状灰岩及灰黄色泥质灰岩互层,整层厚度为 13.6～17.0 m,岩性较软,夹有多层软弱夹层,夹层单层厚度为 0.15～0.6 m,分布于闸基中部。

作者简介:张跃军,男,1972年生,河南开封人。学士,高级工程师,主要研究方向为水利水电工程地质勘察及岩土工程勘察。

（3）奥陶系中统第 13 层(O_2^{13})：棕灰色厚层灰岩，厚度为 $19\sim21.0$ m，岩性坚硬，距该层顶部 $3\sim5$ m，发育 1 层 $0.3\sim0.6$ m 的软弱夹层，主要分布于闸基上部，四面临空。

3　闸址区软弱结构面空间发育规律

3.1　闸址区软弱结构面空间分布特征

根据勘察资料，闸址上部 O_2^{13} 层层间发育 1 层软弱夹层(JC13-02)；闸基 O_2^{12} 层上部(5 m 以内)发育有 5 条软弱夹层(JC12-01、JC12-02、JC12-03、JC12-04、JC12-05)，其中 O_2^{12} 层与 O_2^{13} 层接触顶面发育的 JC12-01 软弱夹层连续性较好；软弱结构面主要分布于相对较软的泥灰岩、泥质角砾状灰岩层中。

3.2　闸址区软弱结构面结构特征及物质组成

（1）结构特征

工程区处于吕梁山复背斜的西翼，区内地层产状平缓，层间褶曲、揉皱发育，软弱岩层(泥灰岩、泥质角砾状灰岩)夹于硬岩(灰岩、白云质灰岩)之间，软岩夹层受层间剪切力和后期的风化卸荷作用，形成剪切劈理破碎带、泥化带等性状较差的软弱层带。

软弱夹层在不同构造区域、地形单元，其发育结构特征有一定的差异，按其破坏程度可分为三种类型：由剪切劈理破碎带及泥化带两部分组成的软弱夹层、只有剪切劈理破碎带组成的软弱夹层和只有泥化带组成的软弱夹层。根据软弱夹层遭受的后期风化卸荷作用的强弱差异，剪切劈理破碎带又表现为图 1 中的 b、c 两类。其中，b 类较硬，为碎块状；c 类原岩结构明显，但在潮湿状态下具可塑性。

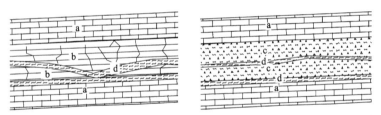

a—灰岩；b—碎裂化、页岩状泥灰岩；c—长期遭水浸泡的碎裂化、页岩状泥灰岩；d—夹泥。

图 1　闸址区软弱结构面类型

（2）物质组成

勘察工作对 JC12-01 软弱夹层在坝前库区和闸址区分布取样进行颗分试验和化学试验。

坝前库区 O_2^{12} 层顶面 JC12-01 软弱夹层的黏粒(粒径<0.005 mm)含量在 $21.4\%\sim52.9\%$ 之间，平均为 38.9%；$0.005\sim0.05$ mm 粒径的含量为 $28.2\%\sim65.7\%$，平均为 41.5%；$0.05\sim0.075$ mm 粒径的含量为 $3.9\%\sim12.8\%$，平均为 7.7%；砂粒(粒径为 $0.075\sim2$ mm)的含量一般小于 15.3%；仅 1 组样品含砾粒(粒径为>2 mm)，其含量为 2.7%。塑性指数在 $15.4\sim25.6$ 之间，平均为 19.9。软弱夹层相当于重粉质壤土-黏土类土。

闸址区 JC12-01 软弱夹层的黏粒(粒径<0.005 mm)含量为 27.7%；$0.005\sim0.05$ mm 粒径的含量为 35.3%；$0.05\sim0.075$ mm 粒径的含量为 3.7%；砂粒(粒径为 $0.075\sim2$ mm)含量为 31.0%；砾粒(粒径>2 mm)含量为 6.0%。软弱夹层相当于含砾重粉质壤土。

矿物化学成分分析成果显示，坝前库区 O_2^{12} 层顶面 JC12-01 软弱夹层矿物成分以水云母(伊利石)、方解石为主,蒙脱石、石英、长石、高岭石次之,部分含有海泡石、叶蜡石、白云石、石膏、绿泥石等。水云母(伊利石)含量在 30%～40%之间,平均为 34.2%;方解石含量在 5%～43%之间,平均为 26.1%;蒙脱石含量在 5%～10%之间,平均为 8.3%;石英+长石含量在 5%～20%之间,平均为 9.7%;高岭石含量在 0～10%之间,平均为 4.4%。JC12-01 软弱夹层的易溶盐含量为 0.07%～1.42%,平均为 0.27%;有机质含量为 0.10%～1.66%,平均为 0.63%;pH 值在 8.42～9.35 之间,平均 8.73。

4 软弱结构面的分类及地质参数选取

4.1 软弱结构面分类

根据外业地质调查、软弱结构空间分布特征、物质组成,把工程区软弱夹层分为一、二、三等。

(1)一等软弱夹层包括泥化带和性状较差的劈理带(全风化、糜棱化的岩屑),厚度较大,具有可塑性,厚度一般为 0.3～0.6 m。

(2)二等软弱夹层由性状较差的劈理带(强风化、糜棱化的岩屑)组成,部分具有泥膜,天然状态下不具可塑性,见水软化崩解。

(3)三等软弱夹层仅有层间剪切的劈理带,由性状较好的劈理带(强～弱风化的岩屑)组成,性状较好。

外业调查发现,结构面受构造和风化卸荷影响,在不同的位置,其物质组成不同,其结构面类型也具有差异性。闸址区软弱软弱夹层以二等软弱夹层为主,局部为一等软弱夹层。

4.2 软弱结构面参数选取

根据现场剪切试验及临近工程类比,参考现行规范[2],提出闸址区各类软弱夹层的力学指标建议值如下:

一等软弱夹层:摩擦系数 $f=0.35$,黏聚力 $C=0$;

二等软弱夹层:摩擦系数 $f=0.40$,黏聚力 $C=0$;

三等软弱夹层:摩擦系数 $f=0.45$,黏聚力 $C=0$(以较硬软弱夹层试验值为基础);

JC12-01 软弱夹层(O_2^{12} 层顶面):摩擦系数 $f=0.40$,黏聚力 $C=0$。

5 结论

本文从区域地质条件、软弱结构面空间发育规律、软弱夹层物质分析角度,对软弱结构面进行了分类,并根据现场试验、工程类比等方法提出不同类型结构面的地质参数建议,为设计中进行闸基稳定验算和工程处理提供地质依据。

参 考 文 献

[1] 张跃军,王志宏.天桥水电站除险加固工程地质勘察报告[R].郑州:黄河勘测规划设计研究院有限公司,2019.

[2] 水利部水利电规划设计总院,长江水利委员会长江勘测规划设计研究院.水利水电工程地质勘察规范:GB 50487—2008[S].北京:中国计划出版社,2009.

黄河下游滩区冲填村台建设研究

张　畅

(黄河勘测规划设计研究院有限公司,河南 郑州　450003)

摘　要:在资金有限的条件下,如何快速提高冲填土地基承载力,加速土体的固结度,降低地基不均匀沉降和沉降过大的问题,对黄河下游滩区安全建设来说,还没有先例,也没类似工程经验。本文通过笔者亲自参与的工程实例,介绍了黄河下游滩区安全建设中快速提高冲填土地基承载力的方法和降水加强夯处理方案,以供类似工程参考使用。

关键词:黄河下游;滩区;村台;建设

1　项目背景

随着黄河流域经济社会持续发展,黄河下游滩区对黄河防洪安全要求不断提高,滩区群众对全面推进安全建设的要求日益高涨。由于黄河下游河道槽高、滩低,洪灾风险大,群众安全没有保障;滩区安全建设投入少,发展严重滞后,自救能力差;已建避水工程标准低,多数村台抗洪能力低;滩区经济落后,群众生活贫困。滩区群众生产生活与行洪、滞洪、沉沙之间的矛盾日益突出,已经成为当前黄河防洪调度乃至整个黄河下游治理面临的重大难题。

2017年5月,李克强总理对河南、山东滩区安全建设进行了部署,要求利用3年时间,采用外迁、建设村台等不同措施,全面完成滩区的安全建设任务。

为尽快落实李克强总理关于优先解决地势低洼、险情突出滩区群众迁建问题,促进实现黄河安全与滩区发展双赢的指示精神,国家发改委、财政部、国土资源部、水利部、扶贫办等部门提出:到2020年,全面完成滩区居民迁建的各项任务,基本解决滩区居民的防洪安全和安居问题。山东菏泽地区黄河滩区的村台建设就是其中任务之一。

2　项目概况

菏泽地区黄河滩区安全建设主要以滩区村台为主,包括东明县、鄄城县。2018年12月,多数村台已冲填完成,对已完工近8个月的村台,经第三方勘察后,作为设计方主要依据的地基承载力和地基变形,勘察单位没有提供,理由是冲填后,冲填地基未完成自重固结且固结度很低,自重沉降还在继续,无法提供冲填地基承载力,因此设计方无法设计,施工更是遥遥无期。到2020年,全面完成滩区居民迁建的任务迫在眉睫,时不我待。而在地质条件特殊、时间短、资金有限的条件下,完成基本建设内容,以前没有先例,也没有成功经验可以借鉴。

作者简介:张畅,男,1971年生,河南郑州人。高级工程师,主要从事岩土工程和水利水电工程勘察。

3 村台地层结构

3.1 村台原滩区地层结构

原滩区地层堆积年限已有几十年,已完成自重固结,15 m 以上地层均为第四系全新统,各层岩性如下:

第①层粉土:浅黄-暗黄色,湿,中密状,摇震反应轻微,含少量植物根系,表层下 0.3 m 为耕植土,厚度为 1.0～2.0 m。

第②层粉质黏土:灰黄色,软可塑状,颗粒较细,夹黏土团块,渗透系数较小,切面光滑,干强度、韧性中等,厚度为 3.0～5.0 m。

第③层粉土:浅黄-暗黄色,湿,中密状,摇震反应轻微,夹粉质黏土薄层,厚度为 7.0～8.0 m。

第④层粉砂:褐黄色,饱和,中密状,摇震反应轻微,夹粉质黏土薄层,未揭穿。

3.2 机淤层地层结构

机淤冲填土来源为黄河主河道泥沙,泥沙颗粒粗细不一。机淤时出水口处粒径较大的颗粒先沉积,粒径较小的后沉积,由出水口至排水口颗粒由粗及细,渗透系数由大及小。改变出水口位置后,重复以上沉积规律,造成机淤超高 1 m,6 m 厚土层沉积不均匀,虽以粉砂为主,但多夹有粉土和黏性土,黏性土渗透系数小,为相对隔水层。

3.3 村台施工结构

村台机淤前,周边需构筑围堰进行包边。村台冲填后需进行盖顶,防止扬尘。施工前围堰内上层粉土被开挖放置于围堰外侧,用于盖顶材料。包边土料渗透系数较小,为相对隔水层。

经勘察,村台处理前典型剖面地层如下。

第①层粉土:为盖顶层,浅黄-暗黄色,湿,稍密状,摇震反应轻微,干强度、韧性低,厚度约 0.3 m。

第②层粉砂:浅灰黄色,饱和,松散状,矿物成分为长石、石英,颗粒级配不均,摇震反应迅速,干强度、韧性中等,未完成自重固结,为欠固结土,厚度为 1.5～2.0 m。

第③层粉质黏土:浅黄-暗黄色,流塑-软塑状,厚度为 0.10～0.30 m,厚度不等,未完成自重固结,为欠固结土。

第④层粉砂:褐黄色,饱和,松散状,矿物成分为长石、石英,颗粒级配不均,摇震反应迅速,为欠固结土,厚度为 1.4～2.1 m。

第⑤层黏土:浅黄-暗黄色,流塑-软塑状,厚度为 0.10～0.30 m,厚度不等,未完成自重固结。

第⑥层粉砂:褐黄色,饱和,松散状,矿物成分为长石、石英,颗粒级配不均,摇震反应迅速,为欠固结土,厚度为 1.5～2.0 m。

4 机淤后存在问题

村台冲填完成后,由于村台底部粉土层基本挖穿,底部为粉质黏土层,为相对隔水层,围堰材料黏粒含量大于 10%,碾压后渗透系数也较小,整个冲填村台底部和周边均为相对隔水层,里面的水在重力作用下无法排出,造成自重固结较慢,地基承载力提升较慢。根据以往黄河大堤淤背经验,对不均匀的含有黏性土层结构的土层,经钻探研究,有的 5～10 年还未完成自重固结,黏性土层依然呈流塑-软塑状,承载力极低。如何利用有限的资金,在较短时间内完成固结并进行民房建设成了滩区居民迁建的重大问题。

5 处理措施

针对冲填村台自重固结度低、承载力低、冲填时间短的特点,地理处理方法很多,但该项目建筑物多为2层,局部为3层,资金来源为扶贫资金,若采用桩基或复合桩基,显然是不经济、不可行的。针对上述问题,经过分析对比,提出如下处理方案。

(1)降水方案。村台底部和周边为相对隔水层,类似水盆,冲填土中的水无法排出,地基土也不会固结,所以要提高承载力,首先要把冲填土中的水降下去。降水方案是采用井点降水,井点布置间距为15 m×20 m,井深进入原土层1 m即可,冲填面3 m以下为花管段,滤水管段纱布要求200目,可有效阻止细颗粒堵塞滤网。井管采用PVC管,直径4 cm,汇集管直径为10 cm,观测井管径为6 cm。用塑料管井的作用,一是费用低,二是降水完毕后,可为后续强夯排气用。

(2)强夯。因设计要求地基承载力不低于80 kPa,所以强夯单击夯击能设计为4 000 kN·m,最后两击平均沉降量不大于100 mm。夯击点采用正三角形布置,间距为夯锤直径的3倍。

(3)检测结果。采用降水方案后,冲填面以下2 m粉砂层标准贯入试验击数已达10击,承载力达到120 kPa以上,经强夯后冲填土下部地层迅速固结,冲填面整体下降45 cm,0~4 m地基承载力达到120 kPa,4~6 m地基承载力达到100 kPa以上,达到了设计要求不低于80 kPa的要求。设计时可按地基持力层承载力120 kPa设计,4~6 m下卧层地基承载力满足要求,建筑物条基宽度整体减少了1/3,节约了用于地基处理费用,保证了在资金有限的条件下滩区居民房屋建设的安全性、可靠性。

需要注意的是,振冲法处理冲填土的问题。针对冲填土堆填特点,振冲法对纯砂土有效,对水量丰富且含有多层黏性土薄层的冲填土在不降水条件下不建议采用。

(4)处理周期。该方案从降水井施工至强夯处理完毕,时间达2个月左右,为黄河下游滩区安全建设争取了时间。

6 结论与建议

冲填土地基,由于冲填的不均匀性,加之原地层隔水的特点,在资金有限的条件下,如何快速提高冲填土地基承载力,加速土体的固结度,降低地基不均匀沉降和沉降过大的问题,对黄河下游滩区安全建设来说,还没有先例,也没类似工程经验。本文通过笔者参与的工程实例,介绍了黄河下游滩区安全建设中快速提高冲填土地基承载力的方法和降水加强夯处理方案,以供类似工程参考使用。

参 考 文 献

[1] 中国建筑科学研究院.建筑地基处理技术规范:JGJ 79—2012[S].北京:中国建筑工业出版社,2013.

[2] 中国建筑科学研究院.建筑桩基技术规范:JGJ 94—2008[S].北京:中国建筑工业出版社,2008.

[3] 建设综合勘察研究设计院有限公司.建筑与市政工程地下水控制技术规范:JGJ 111—2016[S].北京:中国建筑工业出版社,2017.

靖西市易地扶贫搬迁安置点地质灾害现状调查及防控

李浩然

（河南省有色金属地质矿产局第四地质大队，河南 郑州　450000）

摘　要：靖西市位于我国西南部喀斯特地貌区，雨水充沛，岩溶发育，地质灾害灾情较为严重。本文在充分搜集以往资料的基础上，以实地调查方式查明靖西市异地扶贫搬迁安置点的地质灾害现状。调查区内的地质灾害主要以突发性地质灾害为主，主要类型有危岩体及不稳定斜坡两种，据此提出有效防控措施，最大限度地减少地质灾害所造成的生命财产和经济损失，提高广大人民群众的防灾减灾意识，为当地政府有计划地开展地质灾害防治提供依据。

关键词：靖西；地质灾害；危岩；不稳定斜坡

引言

本文通过对易地扶贫搬迁安置点的实地调查，摸清安置点地质灾害底数，全面查明安置点的地质环境条件以及地质灾害类型、发育特征、分布规律和形成机制，并对其危害程度和发展趋势进行评价，避让地质灾害危险区域，为加强安置点的地质灾害防范工作提供依据及防治对策，严防地质灾害群死群伤事件的发生。

1　调查区地质环境条件

1.1　气象水文

调查区位于北回归线以南，系云贵高原台地的前缘，属亚热带型，降雨量充沛，气候温和，光照少，雨热同季，湿度较大。靖西市年平均气温为 19.1 ℃；年平均降雨量为 1 596.2 mm（1961～2003年），降雨多集中在 5～8 月间，占全年降雨量 70%；历年平均水面蒸发量为 1 462.3 mm。

1.2　地形地貌

靖西市地处云贵高原台地前缘，地势由西北向东南倾斜，境内山峰海拔一般在 750 m 以上，最高峰为西部的南坡乡果仙街西大南山，海拔 1 441.6 m，最低为东南部湖润街的逻水河床，海拔250 m。

靖西市境内地貌按成因类型可划分侵蚀溶蚀类型、构造溶蚀类型及构造侵蚀类型。其中，侵蚀溶蚀类型又可细分为峰丛洼地、谷地及峰林谷地两种组合形态；构造溶蚀类型的组合形态为溶岭谷地，仅分布在测区东南角湖润镇一带；构造侵蚀类型主要为中低山，境内零星分布。

作者简介：李浩然：男，1992 年生。工学硕士，助理工程师，从事沉积学、层序地层学、地质灾害防治等工作。

本次调查的 3 个易地扶贫搬迁安置点地貌类型均为峰林谷地,区内微地貌为平台。

1.3 地层岩性

调查区出露的地层为上泥盆统融县组(D_3r)灰岩及其全风化后形成的残积层(Q^{el}),现由新到老分述如下。

(1)第四纪残积层(Q^{el})

分布于安置小区周边区域,为灰岩全风化后形成的残积物,大体可分为上、下两层,上层为含碎石黏土,呈红褐色,碎石含量约占 5%～10%,粒度约 3～5 cm,土质松散,厚度约 0.2～3 m;下层为粉质黏土,呈红褐色、棕黄色,土质硬塑-可塑,土质较均匀,厚度约 10～15 m。

(2)上泥盆统融县组(D_3r)灰岩

基岩出露情况较差,仅于德爱小区南侧人工边坡处出露,岩性为灰岩,局部夹白云岩,风化面呈灰-灰白色,新鲜面呈青灰-灰色,微晶质结构,巨厚层状构造,节理裂隙较发育,多呈互切、错开关系,岩层产状为 $140°\angle12°$。

1.4 区域地质构造与地震

靖西市位于华南准地台右江褶断区南部越北隆起北缘褶断束区[1]。本区加里东褶皱基底由寒武系构成,分布零星,小面积出露于背斜轴部,构造线主要呈北东向。盖层构造由泥盆系至中三叠统组成,分布全区,历经印支、燕山运动,褶皱、断裂发育,总观构造形态特征,主要由两个弧形褶皱带和一类具隔挡性质的背斜组成,断层错综分布其间[2]。

本区抗震设防烈度为 6 度。靖西地区岩溶比较发育且地质构造较为复杂,发震机制主要为构造地震及岩溶塌陷地震。2010 年以来,靖西发生 2 级以上地震 9 次,最强地震为 3.3 级。地震资料表明,靖西的区域地质条件较稳定,震级较低,震害小。

2 安置点的基本情况

靖西市新靖镇辖区易地扶贫搬迁安置点共有 3 个,分别是(见表 1):新靖镇新瑞小区易地扶贫搬迁安置点;新靖镇德爱小区易地扶贫搬迁安置点;新靖镇老乡家园易地扶贫搬迁安置点。这 3 个安置点均位于靖西市市区,安置点的基本情况如下所述。

2.1 新靖镇新瑞小区易地扶贫搬迁安置点

新瑞小区位于靖西市新靖镇德爱大道与 S210 省道交叉口南 200 m 处,距市中心约 3 km,交通便利,地势平坦。开工日期为 2013 年 10 月 28 日,竣工日期为 2016 年 12 月 28 日。

新瑞小区内共 4 栋住宅楼,分别为 A 栋、B 栋、C 栋、D 栋,其中 A、C、D 栋为异地扶贫搬迁安置楼。该小区总计安置靖西市域内 12 个乡镇 37 个行政村 67 个自然屯贫困户共计 86 户 562 人。

2.2 新靖镇德爱小区易地扶贫搬迁安置点

德爱小区位于靖西市新靖镇德爱大道西端,北侧为靖西市第八小学,东侧为靖西市民族高级中学,西侧为其荣村戈磨屯,距市中心约 3.5 km,交通便利,地势平坦。

德爱小区共 16 栋住宅楼,均为框架结构,其中 12#、13#、14#、15# 住宅楼为异地扶贫搬迁安置住宅楼。该小区总计安置靖西市域内 18 个乡镇 108 个行政村 170 个自然屯贫困户共计 217 户 779 人。

2.3 新靖镇老乡家园易地扶贫搬迁安置点

老乡家园位于新靖镇吉坡村足灯屯北,壮锦大道与新龙路交叉口西北 300 m。该小区北 2 km 为靖西火车站,附近有省道 S210、S217 及 S60 合那高速、G69 银百高速通过,交通十分便利。

老乡家园于 2017 年筹划建设,并于 2018 年实施搬迁,搬迁人员为靖西市 19 个乡镇 256 个行政村 1 236 个自然屯的贫困户,计划搬迁 4 360 户 18 872 人,现已搬迁 4 276 户 18 728 人,安置率为 99.24%。

表 1　新靖市易地扶贫搬迁安置点基本情况

安置点	小区中心坐标	占地面积/m²	安置户数/户	安置人数/人
新瑞小区	E106°24′10.69″,N23°09′24.98″	12 000	86	562
德爱小区	E106°23′38.07″,N23°09′14.70″	27 700	217	779
老乡家园	E106°23′18.00″,N23°07′51.90″	214 700	4 276	18 728

3 安置点地质灾害发育特征

根据野外实地走访调查,靖西市域内 3 个异地扶贫搬迁安置点地质灾害发育特征如下所述。

3.1 新瑞小区

新瑞小区建设场地一带地面平缓开阔,小区至最近山体水平距离为 220 m,山体高度为 185 m,山体坡度为 51°。小区距山脚距离大于山体相对高度的三分之二,崩塌危岩等地质灾害对小区影响微小,在自然状态下建设场地一带未发生过崩塌、滑坡、地面塌陷等地质灾害,现状亦无边坡滑坡、崩塌、泥石流等地质灾害发生。

新瑞小区建设整平过程中,向南侧耕地开挖形成 2～3.5 m 高土质切坡,坡度约 70°,切坡临近小区架桥且无有效护坡工程,在暴雨或持续性降雨影响下可能产生土质崩塌。

3.2 德爱小区

德爱小区建设场地一带地面相对平缓开阔,附近未见山体,但小区 1# 及 2# 住宅楼南侧存在人工土质边坡,走向为近东西向,长约 170 m,边坡土质可分两层,上层为碎石土,厚度约 3 m,下层为粉质黏土,厚度约 10 m,坡度达 50°,坡前无护坡工程,坡脚距后排房屋约 12 m,边坡与房屋之间因降雨形成上层滞水,水体面积约 800 m²,平均水位约 0.5 m,呈条带状分布于边坡及房屋之间。

受降雨影响及坡脚受水体侵蚀,边坡土体含水量增大导致其稳定性降低。2019 年 9 月该边坡局部发生土质崩塌,规模约 1 000 m³,尚未造成人员伤亡及经济损失,目前坡体仍不稳定,降雨、地震作用下可能再次形成崩塌或滑坡,本次调查定性其为不稳定斜坡。

3.3 老乡家园

根据野外实地调查及走访,老乡家园易地扶贫搬迁安置点存在多处安全隐患,其中危岩共计 5 处,编号为 WY01、WY02、WY03、WY04、WY05,危岩体均为碳酸盐质,属上泥盆统融县组(D₃r)灰岩;不稳定斜坡 1 处,编号为 XP01。两类地质灾害隐患点目前尚未造成人员伤亡及财产损失,威胁下坡方向居民楼、道路及在建学校。下面对区内 6 处地质灾害隐患点分述如下(表2)。

（1）WY01

危岩所在山体相对高度为 174 m,坡度 53°,坡向 100°;危岩相对高度为 40 m,规模 30 m³,规模等级为小型。危岩体下方部分悬空,距西侧小区水泥路 68 m,现状不稳定,偶有碎石掉落,暴雨、地震等情况可能引发崩塌,威胁对象为小区水泥路。

（2）WY02

危岩所在山体相对高度为 170 m,坡度 49°,坡向 80°;危岩相对高度为 25 m,规模 60 m³,规模等级为小型。房屋距山脚 28 m,房屋与危岩水平距离为 40 m。危岩的基岩节理裂隙较发育,可见两组,节理产状为 165°∠65°、62°∠70°。危岩体下部受植被根劈作用,裂隙有逐年加宽趋势,预测未来不稳定,威胁过往行人及 2 号居民楼。

（3）WY03

危岩所在山体相对高度为 120 m,坡度 47°,坡向 57°;危岩相对高度为 38 m,危岩体坡度 85°,微地貌类型为陡崖,规模约 50 m³,规模等级为小型。危岩下方已悬空,基岩节理裂隙发育,可见两组,节理产状为 10°∠80°、55°∠60°。在建学校距山脚 53 m,暴雨、地震等情况可能引发坠落式崩塌,威胁下坡方向在建学校。

（4）WY04

危岩所在山体相对高度为 120 m,坡度 47°,坡向 85°;危岩相对高度为 95 m,下方部分悬空,规模约 35 m³,规模等级为小型,节理裂隙较发育。暴雨、地震等情况可能引发倾倒式崩塌,威胁下坡方向在建学校。该处危岩体相对高度较大,危险性更大,建议及时清除治理。

（5）WY05

危岩所在山体相对高度为 145 m,坡度 48°,坡向 11°;危岩相对高度为 30 m,规模约 100 m³,受风化作用影响,基岩表面大部分呈碎裂结构,部分为块裂,节理裂隙发育,以剪节理为主,可见两组,裂隙宽约 5~15 cm,局部被方解石填充,节理产状为 275°∠72°、70°∠85°。房屋距山脚 38 m,暴雨、地震等情况可能引发崩塌等地质灾害,危岩威胁 30 号、31 号居民楼。

（6）XP01

不稳定斜坡位于小区一期工程南西侧道路旁,坡高 6~10 m,坡度 60°~70°,主崩主滑坡向为 80°,长约 140 m,规模约 1 400 m³,规模等级为小型。斜坡整体走向为 170°,无护坡,距房屋约 24 m。斜坡为岩土质,底部为下石炭统都安组(C_1d)灰岩,呈青灰色,隐晶质结构,厚层状构造,基岩起伏不平,出露厚度为 0~2 m,上覆第四纪黏性土,呈红褐色,土质硬塑,出露厚度为 5~10 m。不稳定斜坡坡度过陡且无护坡,地震、暴雨、持续性降雨等极端天气可能导致滑坡。

表 2　老乡家园地质灾害隐患点情况一览

野外编号	隐患点类型	规模/m³	威胁对象	威胁财产额/万元	建议防治措施
WY01	危岩	30	行人、道路	0.2	削方减载、清除堆积体
WY02	危岩	60	民房	40	削方减载
WY03	危岩	50	拟建学校	0	削方减载
WY04	危岩	35	拟建学校	0	削方减载
WY05	危岩	100	民房	80	拉网防护
XP01	不稳定斜坡	1 400	行人、道路	0.5	修筑挡土墙、截流排水沟

4 结论与防控建议

4.1 结论

根据野外实地调查、走访和相关工程勘察报告,靖西市辖区3个异地扶贫搬迁安置点均存在不同程度地质灾害安全隐患。新瑞小区架桥南侧切坡危险性较小;德爱小区南侧为1处不稳定斜坡,局部易发生土质崩塌;老乡家园靠近西侧山体共有5处危岩及1处不稳定斜坡,目前尚未造成人员伤亡及财产损失,威胁下坡方向居民楼、道路及在建学校。

4.2 防控建议

(1)安置点入住使用后,由安置区内社区服务中心派专人定期对安置区及周边环境进行巡查监测,雨季监测周期应加密。

(2)在新瑞小区易地扶贫搬迁安置点架桥南侧坡脚处修建挡土墙及排水沟。

(3)针对德爱小区异地扶贫搬迁安置点,应疏排小区南侧上层滞水,防止进一步浸润坡脚,督促施工方于计划时间清除该处坡体,并及时在坡体下方立安全警示牌。

(4)针对老乡家园异地扶贫搬迁安置点,对上述5个危岩体实施削方减载、拉网防护工程,必要时应加以喷浆锚固;对不稳定斜坡区域,在45°~55°的边坡采取坡面植草进行防护,在坡度大于55°的边坡挂网喷浆进行防护,坡面应设置泄水孔并修建截流排水沟引排暴雨季节地表雨水。

(5)建立健全相应的监测制度和地质灾害应急处置机制,成立地质环境监测领导小组,把地质灾害监测责任落实到相关部门及人员。建立巡查巡视制度,经常性地对评估区周围的边坡、山体进行巡查,特别是在暴雨季节更应加强巡视工作。及时发现地质灾害或环境地质问题的前兆、明显变形迹象,如坡顶及坡体出现裂缝、山体发生小崩小塌,发现问题及时处理。

参 考 文 献

[1] 夏楚林.桂西堆积型铝土矿矿床地质特征与成矿模式研究[D].桂林:桂林理工大学,2007.
[2] 侯跃新.广西省靖西县陇木金矿地质特征[J].科技风,2014(2):151-153.

焦作市土壤重金属污染程度评价

张　婧[1,2],郑光明[1,2],乔欣欣[1,2]

(1. 河南省地质环境监测院,河南 郑州　450016;

2. 河南省地质环境保护重点实验室,河南 郑州　450016)

摘　要:土壤是生态系统的有机组成部分,是人类赖以生存和发展的基础,重金属污染导致的土壤环境恶化已成为影响居民健康的一个重要因素。焦作市作为河南省重要的矿业城市,长期的资源开采导致土壤污染严重。通过野外取样调查和测试分析,认为焦作市土壤污染重金属以 Hg、Cd、Pb、Zn 为主,矿山区域内 Hg、Pb、Cd 离子富集程度高,远离矿山区域 Cd、Hg、Zn 离子富集程度高,30 cm 耕种层土壤重金属以 Cd、Hg、Pb 为主。掌握土壤重金属污染现状,对该市污染土壤管理和农产品安全生产具有重要的理论与实际指导意义。

关键词:土壤;重金属;污染程度;评价分析

土壤是人类赖以生存的资源,也是大自然最具循环能力的资源。近年来,土壤重金属污染已成为严重的世界性问题和难题,越来越受到人们的关注[1-4]。由于重金属不能为土壤微生物所分解,而易于积累、转化为毒性更大的甲基化合物,甚至有的通过食物链以有害浓度在人体内蓄积,严重危害人体健康。焦作市是河南省重要的矿业城市,长期的资源开采对土壤造成了严重污染,局部地区土壤呈现新老污染并存、有机污染和无机污染交织的复杂局面。因此,掌握焦作市土壤重金属的赋存特征及现状,是当地进行农业生产、地质环境治理的重要依据。

1　土壤样品的采集

根据焦作市地质环境条件和特点采取布点采样:① 从煤矿矸石山沿地下水流向布点采样,按照 0 m、10 m、20 m、50 m、100 m、200 m 及 1 000 m 以上的背景值采集;利用罗盘和 GPS 定点,客观记录和描述采样地的周边环境,遇到公路、村庄、工厂等详细记录地理位置;一般布点 14 个,12 个线性布点,1 个矸石山布点,1 个背景值布点。② 从煤矿矸石山沿风向布点采样,按照 10 m、20 m、50 m、100 m 土样采集。③ 从露天采矿渣土堆沿地下水流向采样,一般为 3 组样,按照 0 m、10 m、50 m、100 m 采样,详细描述周边环境。④ 按照焦作市每 3 km² 布置 1 个采样点采集,共采集 225 个土样。

1.1　浅层土壤样品

根据不同分析要求,土壤样品采集方法有所不同。土壤样品采集按照一定采集路线进行,矿山按照线性沿地下水流向疏密有致、尺寸精确地采样;矿山之外尽量做到均匀和随机布点采样,布点

资助项目:2020 年度省级地质规划类项目(豫自然资发〔2020〕7 号)。

作者简介:张婧,女,1984 年生。硕士,工程师,主要从事地质灾害防治和矿山地质环境保护方向研究。

形式为线性和蛇形。这些土壤样品均确定深度为 30 cm。

1.2 深层土壤样品

采集矿山土壤样品,均按 30 cm、60 cm、90 cm 深度取 3 组样品(分别标记为 A30 cm、B60 cm、C90 cm)。深层样品取样时要防止浅层土壤掉落深层,一般将浅层土壤清理干净后方可取样。

采集的样品装入样品袋,重量 1 kg 左右,用记号笔写上编号,同时用记录表格详细记录采样地点、日期、采样深度、土壤名称、编号及采样人、记录人等。

2 土壤样品分析

2.1 单项污染指数分析

单因子指数法是国内外普遍采用的污染程度评价方法之一,可以对土壤中某一污染物的污染程度进行评价。根据焦作市土壤样品分析计算结果,对比土壤污染评价分级标准表[5](表 1),得到各类离子土壤环境指标分级表(表 2)。

表 1　土壤污染评价分级标准表

等级划分	单项污染指数	污染等级	污染水平
Ⅰ	$P_z \leqslant 0.70$	安全	清洁
Ⅱ	$0.70 < P_z \leqslant 1.00$	警戒线	尚清洁
Ⅲ	$1.00 < P_z \leqslant 2.00$	轻污染	轻度污染
Ⅳ	$2.00 < P_z \leqslant 3.00$	中污染	受到重度污染
Ⅴ	$P_z > 3.00$	重污染	污染相当严重

注:P_z 为综合污染指数。

表 2　土壤环境指标分级表

指标	离子							
	Cd	Hg	As	Cu	Pb	Cr	Zn	Ni
国标三级 Pi	1.55	0.46	0.80	0.78	0.91	0.82	0.72	0.97
国标三级 Pbi	0.45	0.85	0.43	0.07	0.07	0.32	0.17	0.24
环境质量	轻度污染	轻度污染	轻度污染	轻度污染	轻度污染	轻度污染	轻度污染	轻度污染

注:Pi 为平均值与国标三级指标比值;Pbi 为实测均值与国标三级指标和实测均值差之比。

根据土壤单项污染指数分析,Cd 为轻度污染,其他均为安全;但根据单项污染超标倍数计算,各重金属离子均在轻度污染范围内。

2.2 综合指数分析

土壤综合污染指数是评价土壤受多种污染物污染的综合效应的环境质量指数,常以土壤中各污染物的污染指数的叠加作为土壤综合污染指数。焦作市土壤重金属离子综合指标统计结果见表 3。

表3　焦作市土壤重金属离子综合指标统计表

离子	指数			备注
	最大值	平均值	综合污染指数 P_z	
Cd	1.55	0.88	1.26	轻度污染
Hg	0.46	0.88	0.70	安全
As	0.80	0.88	0.84	警戒线
Cu	0.78	0.88	0.83	警戒线
Pb	0.91	0.88	0.90	警戒线
Cr	0.82	0.88	0.83	警戒线
Zn	0.72	0.88	0.80	警戒线
Ni	0.97	0.88	0.93	警戒线

根据土壤污染评价分级表[5](表4)可知,Cd 为轻度污染,Hg 在安全范围内,其他均在警戒线等级。污染水平除了 Cd 为轻度污染,其他均为尚清洁。

表4　土壤综合污染评价分级表

等级划定	综合污染指数 P_z	污染等级	污染水平
Ⅰ	$P_z \leq 0.7$	安全	清洁
Ⅱ	$0.7 < P_z \leq 1.0$	警戒线	尚清洁
Ⅲ	$1.0 < P_z \leq 2.0$	轻污染	轻度污染
Ⅳ	$2.0 < P_z \leq 3.0$	中污染	受到中度污染
Ⅴ	$P_z > 3.0$	重污染	污染相当严重

2.3　土壤污染物超标分析

土壤pH值实测403项,平均值为7.38,符合国标二级控制指标。有333项pH值在6.5～7.5之间,有70项pH值大于7.5,全部符合国标三级控制指标。与国标比较,8项重金属污染指标均有不同程度的超标率,Cd超标率高达44.27%,较为严重;与国标三级比较,Cd超标率为2.24%,Cr、Zn、Ni超标率为0.25%,其他不超标。

3　土壤中重金属离子化学特征分析

针对王封煤矿土壤测试结果分析,可知富集程度最高的是 Hg,高出深部环境的5.54倍,其次是 Pb(见表5)。通过浅层土壤分析,Zn服从正态分布,Cu、Cr、Ni基本服从正态分布,说明这4种元素没有受到人类活动的污染。Hg、Pb、Cd发生了一些偏移,说明王封煤矿附近受到了开矿活动的污染。30 cm 耕种层明显高于60 cm 和90 cm 耕种层的测试指标的有 Cd、Hg、Pb,也说明开矿活动引起了污染(见图1～图3),30 cm 耕种层明显低于60 cm 和90 cm 耕种层测试指标的有 As、Cr,三种不同深度土样测试变化微弱的有 Cu、Zn、Ni。如果用矸石山采样和30 cm 土样比较,数值高的有 Cd、Hg、Cu、Pb、Zn、Ni等,但是也存在测试数值较低的,如 As、Cr。受矸石山影响,土壤被重金属污染的有 Hg、Pb 和 Cd,其 pH 平均值为7.37,属于国标二级。

表5 王封煤矿从矸石山沿地下水流向取样分析表

离子	富集系数 K_1	衬值 K_2	标准差 S	浅层变差系数 C_{v1}	深层变差系数 C_{v2}	变差系数比值 K_3	95%置信区间	
							下限	上限
Cd	1.10	0.99	0.018	0.133	0.146	0.911	0.120	0.132
Hg	5.54	2.54	55.984	0.453	2.510	0.344	45.91	83.80
As	0.76	0.81	2.394	0.224	0.171	1.310	11.80	13.42
Cu	1.08	1.02	3.675	0.138	0.150	0.920	24.66	27.15
Pb	1.51	1.40	7.560	0.206	0.308	0.669	27.29	32.40
Cr	0.95	1.13	8.930	0.133	0.127	1.047	66.86	72.90
Zn	1.00	0.98	10.018	0.144	0.144	1.000	66.70	73.48
Ni	0.96	0.86	3.237	0.092	0.088	1.045	34.90	37.09

注:K_1=浅层土壤离子平均值/深层土壤离子平均值,K_2=浅层土壤离子平均值/背景值,C_v=标准差/平均值,$K_3 = C_{v1}/C_{v2}$。

由表5可知,重金属离子在浅层地表的富集程度由高到低依次为 Hg、Pb、Cd、Cu、Zn、Ni、Cr、As,按照衬值由大到小排序依次为 Hg、Pb、Cr、Cu、Cd、Zn、Ni、As,按照浅表层土壤变差系数由大到小排序依次为 Hg、As、Pb、Cu、Zn、Cd、Cr、Ni,按照深层土壤变差系数由大到小排序依次为 Hg、Pb、As、Cu、Zn、Cd、Cr、Ni,按照土壤变差系数比值由大到小排序依次为 As、Cr、Ni、Zn、Cu、Cd、Pb、Hg,这说明 Hg、Pb、Cd 3 种重金属危害要大于其他重金属[6]。

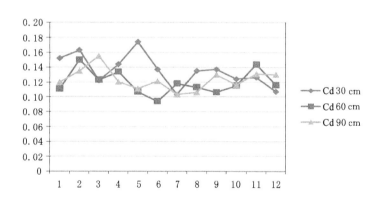

图1 Cd 不同深度土壤测试指标曲线图

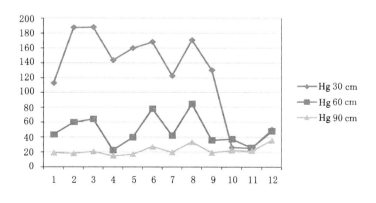

图2 Hg 不同深度土壤测试指标曲线图

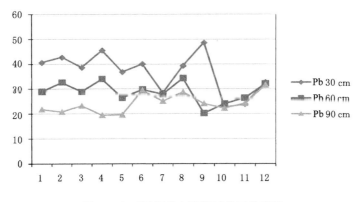

图 3 Pb 不同深度土壤测试指标曲线图

朱春煤矿从煤矸石山沿风向采样分析结果与王封煤矿从煤矸石山沿地下水流向采样分析结果一致,均存在 Hg、Pb、Cd 三种重金属的危害性要大于其他几种重金属的情况。再根据此数据与远离矿山区域比较,也可见 Cd、Hg、Pb 三种重金属的危害性要大于其他几种重金属(见表6)。

表 6 朱春煤矿从矸石山沿风向取样分析表

离子	富集系数 K_1	衬值 K_2	标准差 S	浅层变差系数 C_{v1}	深层变差系数 C_{v2}	变差系数比值 K_3	95%置信区间 下限	95%置信区间 上限
Cd	1.10	1.02	0.03	0.238	0.261	0.912	0.106	0.132
Hg	1.91	1.69	57.33	0.721	1.376	0.524	26.44	85.40
As	0.96	0.87	2.22	0.185	0.177	1.045	10.91	13.20
Cu	1.04	0.87	4.48	0.207	0.216	0.958	18.07	27.15
Pb	1.18	1.02	6.06	0.203	0.239	0.849	23.23	29.46
Cr	0.94	0.86	6.65	0.105	0.100	1.050	60.11	66.95
Zn	0.99	0.88	11.29	0.186	0.183	1.060	54.47	66.08
Ni	0.87	0.89	5.51	0.179	0.156	1.147	30.40	36.07

注:K_1=浅层土壤离子平均值/深层土壤离子平均值,K_2=浅层土壤离子平均值/背景值,C_v=标准差/平均值,K_3=C_{v1}/C_{v2}。

由表7可知,远离矿山区域重金属离子按照衬值由大到小排序依次为 Cd、Hg、Pb、Zn、Cr、As、Cu、Ni,按照土壤变差系数由大到小排序依次为 Cd、Ni、Hg、Zn、Cu、Cr、Pb、As,说明 Cd、Hg、Pb 3 种重金属危害性要大于其他重金属,Cd、Hg 达到轻度污染,其他为趋向轻度污染。

表 7 焦作市远离矿山区域内取样分析表

离子	平均值	衬值 K	标准差 S	变差系数 C	背景值	95%置信区间 下限	95%置信区间 上限
Cd	0.45	1.24	1.39	3.09	0.364	0.265	0.630
Hg	80.06	1.06	122.46	1.53	75.46	63.614	95.790
As	12.13	1.00	3.40	0.28	12.08	11.629	12.522
Cu	30.00	0.996	14.40	0.48	30.11	27.961	31.745
Pb	34.70	1.00	12.66	0.36	34.53	32.845	36.171
Cr	78.00	1.00	29.71	0.38	77.79	73.766	81.571
Zn	80.40	1.00	53.52	0.67	79.31	73.012	87.07
Ni	40.00	1.00	94.19	2.35	33.82	27.46	52.20

4 结论

（1）通过对王封煤矿、朱春煤矿土壤采样分析，对其土壤重金属污染程度进行评价，可以看出：在矿山区域内采样分析中，Hg 离子富集程度最高，其次为 Pb 和 Cd 离子，说明王封煤矿附近受到矿业开采引起的污染，Zn、Cu、Cr、Ni 4 种离子未受到人类活动影响。对 30 cm 耕种层土壤重金属含量的分析表明，Cd、Hg、Pb 离子的测试指标明显高于 60 cm 和 90 cm 土层，这是因为重金属离子输入土壤后，总是停留在表土或亚表土，说明当地土壤受到采矿活动引起的重金属污染。

（2）总的来说，Cd 超标率最高，无论按照地下水流向或风向采样分析，污染程度没有较大变化；在远离矿山区域的采样分析中，Cd、Hg、Zn 3 种重金属离子危害程度要大于其他重金属离子。根据焦作市整体分析，8 种重金属均存在轻度污染或趋向于轻度污染，Hg、Cd、Pb、Zn 4 种重金属的危害性要大于其他几种重金属，这与采矿业及当地地质环境背景相关。

（3）通过对焦作市土壤重金属离子进行测试分析，掌握了焦作市土壤污染现状，在为下一步焦作市资源枯竭型城市矿山地质环境日常监测积累初始数据的同时，也对焦作市污染土壤管理和农产品安全生产具有重要的理论和实际指导意义。

参 考 文 献

[1] 左倬,王金凤,由文辉.上海城市不同绿地类型土壤重金属污染研究[J].生态科学,2008,27(1):12-16.

[2] 赵仁鑫,郭伟,包玉英,等.内蒙古草原白乃庙铜矿区土壤重金属污染特征研究[J].土壤通报,2012,43(2):496-500.

[3] 徐龙君,袁智.土壤重金属污染及修复技术[J].环境科学与管理,2006,31(8):67-69.

[4] 董彬.中国土壤重金属污染修复研究展望[J].生态科学,2012,31(6):683-687.

[5] 中国地质调查局.矿山地质环境调查评价规范:DD 2014—05[S].北京:中国标准出版社,2014.

[6] 蔡奎,栾文楼,李超,等.廊坊地区土壤重金属污染程度评价[J].物探与化探,2011,35(5):675-679.

浅谈加纳河 HEMANG 水电站坝址区存在的
主要工程地质问题

张跃军,尚 柯,王 潘

(黄河勘测规划设计研究院有限公司,河南 郑州 450003)

摘 要:查明坝址区存在的主要工程地质问题,是水电站类勘察工作的重点和难点。本文根据加纳河 HEMANG 水电站坝址区的地形地貌、地层岩性、地质构造、不良物理地质现象等工程地质特点,论述了热带雨林气候条件下,低山丘陵地区建坝存在的主要工程地质问题,并提出了相应的地质处理措施和建议,为设计坝基基础处理提供了地质依据,对类似地质条件下的水电站坝址区地质勘察与评价具有借鉴意义,值得推广。

关键词:坝址区;工程地质条件;工程地质问题

引言

近年来,随着对外工程建设的增加,我国在非洲、东南亚等地区承担的水电工程建设项目逐年增加,在地质勘察过程中存在基础资料收集困难、工程地质条件类似的特点。本文通过对加纳河 HEMANG 水电站的勘察,论述了西非热带雨林地区低山丘陵区的工程地质条件的特点,分析评价了该类地区存在的主要工程地质问题,对类似地质条件下的工程勘察具有借鉴意义。

1 工程概况

HEMANG 水电站位于加纳河下游,距几内亚湾入海口约 18 km。HEMANG 水电站是加纳河梯级开发的最后一级电站,其任务主要是发电,以解决加纳国家发展的电力需求。

HEMANG 水电站设计的坝顶高程为 22 m,最大坝高约 33 m,正常蓄水水位 20 m,相应正常蓄水水位以下库容约 46 Mm³,水库总库容 50 Mm³,装机容量 60 MW。工程主要建筑物由大坝和发电厂房组成,发电厂房为地面厂房。

2 区域地质概况及地震动参数

(1)地层时代及地层岩性

根据加纳 1:6.25 万区域地质构造图,工程区地处海岸角花岗岩复合体构造带内,岩层由东北向西南伸展,由不同类型的深成侵入岩、火山喷出岩和变质岩层组成。主要岩石类型是花岗岩、花岗闪长岩、石英闪长岩、黑云母片麻岩、片岩、角闪岩、板岩、玄武岩、混合岩及酸性侵入岩脉和岩床。库坝区强烈的岩石风化与红土化作用,使得工程区内覆盖严重,基岩仅沿加纳河河谷岸坡分散

作者简介:张跃军,男,1972 年生,河南开封人。学士,高级工程师,主要研究方向为水利水电工程地质勘察及岩土工程勘察。

出露。

（2）地质构造

工程区发育的区域断裂主要有阿夸平断裂带东段、库马西附近断裂和沿海边界断裂。其中,库马西附近断裂为一组走向北东近平行断裂,延伸长度约 40 km,该断裂近代未发现活动迹象;沿海边界断裂位于阿克拉南部海岸 3 km 范围内的近海区内,断层走向 NE61°～70°,长约 70 km,该断裂为区域性活动断裂,沿该断裂发生过多次小于 4 级地震,在特马附近海域曾发生过大于 4 级地震 1 次;阿夸平断裂带位于阿克拉以北地区,由多条断裂构成,断裂带走向 NE25°～52°,长约 130 km,该断裂带为区域性活动断裂带,加纳东南部的地震活动多与阿夸平断裂带有关,沿该断裂带历史上发生过多次地震活动,距今最近的地震活动为发生于特马 Manhean 地区的 2 次地震[2]。

（3）地震及地震动参数

阿夸平断裂带与沿海边界断裂相交的锐角范围内(加纳首都阿克拉地区)为加纳地震活动较活跃地区,该地区小级别地震频发,历史记载共发生小于 4 级地震 30 余次。该地区历史上发生的较大地震为 1862 年 7 月 10 日阿克拉发生 6.5 级地震和 1939 年 6 月 22 日阿克拉发生的 6.8 级地震,这两次较大地震的发生也与两断裂带的活动有关。

阿夸平断裂带和沿海边界断裂为加纳国内的主要控震构造带,为工程区远场区断裂,工程区近场区和场址区断裂历史上无地震活动记录。

根据南部加纳地震活动分布图,工程区属 5～7 级地震区,未来具有发生 7 级地震的可能性。

加纳规范的设计地震动参数由地震区划图确定,该区划图不定义超越概率,可利用的参数是最大地面加速度 g。根据加纳地震区划图,HEMANG 水电站坝址处地震峰值加速度为 0.15～0.20g。

3 坝址区的地质条件

（1）地形地貌

坝址区加纳河两岸为丘陵地貌,河谷呈宽浅的平底"U"形谷。两岸山体低矮,山顶平缓,沟谷发育,山体被切割成若干小山包,山包相对高差一般为 15～35 m,山坡坡度为 27°～37°;两岸山体最大高程为 46.6 m,河谷谷底最低高程为 0.8 m,谷岭相对最大高差 45.8 m,两岸岸坡平均坡度为 4°～5°。坝轴线沿线山体自河床向两岸在地形上呈阶梯状分布[1]。

（2）地层岩性

坝址区出(揭)露地层为古元古代(Pt₁)片麻岩和第四纪(Q)松散堆积层。

第四纪(Q)松散堆积层:主要为残积土层、河流冲积层及人工堆积层。其中,人工堆积层主要分布于左岸河漫滩上,最大堆积厚度约 9.7 m;河流冲积层主要由砾砂、粉质壤土或沙壤土组成,主要分布于河床和河漫滩,厚度约 0.6～2.4 m;残积土层为硬塑,以粉质壤土、粉质黏土为主,零星含石英岩脉碎石,局部石英含量富集,该层在河谷两岸广泛出露,分布于山体表层,山坡、山顶出露厚度一般较大,沟谷内出露厚度一般较小,出露厚度一般为 0.7～5.1 m。

古元古代(Pt₁)片麻岩:在坝址区广泛分布,以黑云斜长片麻岩为主,夹混合片麻岩,呈整体块状。在河谷两岸该岩层顶部分布有连续的风化壳,风化壳一般呈山顶厚、山坡薄分布,风化壳出(揭)露厚度为 1.8～13 m。

（3）地质构造

坝址区河谷两岸覆盖层分布连续,基岩仅在河床零星出露。坝址区 Pra 河两岸基本上看不见地质构造出露,河床出露岩体中地质构造以节理为主。

坝址区主要发育 4 组节理。第①组:80°～90°/SE∠80°～85°;第②组:270°～280°/ SW∠83°～

88°;第③组:30°～50°/SE(部分 NW)∠62°～87°;第④组:310°～330°/SW(部分 NE)∠75°～85°。其中以第①组节理最为发育,坝址区节理多为中等倾角～高倾角节理,具有延伸长、节理面平直的特点。

（4）水文地质条件

坝址区地下水主要为松散岩类孔隙水和基岩裂隙水两类。

松散岩类孔隙水:地下水赋存在松散堆积物孔隙中,形成潜水含水层。主要分布于两岸残积土层、岩体的全风化带、河床冲积层及河漫滩人工堆积层和河漫滩冲积层内,接受大气降水、河水补给,以侧向径流的形式向河流下游和低洼之处排泄。

基岩裂隙水:可细分为风化卸荷裂隙水和构造裂隙水两种,主要赋存于风化卸荷带、构造节理内,一般为潜水。河床裂隙水局部具有承压性,如河床钻孔 ZK05、ZK06 所在岩体内发育承压水,其流量为 0.03 L/s,水头高出河水水位约 30 cm,承压水涌出持续 7 天未见流量有明显变化,说明河床承压水具有良好的补给通道及补给源。

（5）物理地质现象

坝址区为低缓的丘陵地区,工程区为热带雨林气候,植被茂密,降水丰沛,为降水的入渗创造了非常有利的条件。丰富的地下水活动使坝址区岩体风化现象普遍而强烈,河谷两岸山体普遍覆盖厚层全风化岩石,风化作用为坝址区主要的物理地质现象。

地形条件影响,风化层岩体空间分布具有一定规律性,坝址区全、强风化带一般在缓坡和山顶分布较厚,在陡坡和谷底分布较薄,局部岩体风化还受地质构造和地下水控制,地下水沿裂隙下渗在岩体深部形成囊状风化[3]。

4 坝址区存在的主要工程地质问题

（1）沉降变形

坝址区 Pra 河两岸和河床分布有人工堆积层、河流冲积层、残积层等覆盖层及全、强风化岩体,该类岩(土)体结构松散,属中等压缩性土,在上部载荷作用下,存在沉降变形问题[4]。

（2）渗透变形

坝基所在的河床冲积层、残积层等覆盖层及全、强风化岩体,在水库蓄水后高水头运行时,可能产生渗漏或渗透变形破坏。全、强风化岩体一般呈砂状,其渗透变形破坏类型为管涌;河床冲积层、残积层不均匀系数大于 5 的无黏性土,其细颗粒含量大于 35% 的渗透变形破坏类型为流土,细颗粒含量小于 25% 的为管涌。

（3）坝基渗漏及绕坝渗漏[5]

坝基地层上部的残积层,结构松散,粗粒土局部含量较高,透水性较大,作为坝基基础存在坝基渗漏问题。分布于河床坝基的河流冲积层以沙壤土、砂砾石层为主,该层透水性一般为弱透水～中等透水,也存在坝基渗漏问题。

坝址区相对不透水层(表1)以上岩体一般为弱透水～中等透水,须采取必要的防渗处理措施,特别是河床坝基存在承压水,有较好的渗漏通道,防渗处理更为重要。

坝址区 Pra 河两岸分布有连续的全、强风化带,风化岩体呈砂土状,为中等透水～强透水层。受全风化层影响,沿坝轴线方向,左岸坝体外侧约 500 m 范围内山体基岩面高程低于正常蓄水位(20 m),右岸坝体外侧约 70 m 范围内山体基岩面高程低于正常蓄水位(20 m),且在距右坝头 250 m 的冲沟内基岩面高程低于正常蓄水位。坝体两侧基岩面低于正常蓄水位位置,库水可能沿基岩面上部透水性较强的全风化层产生绕坝渗漏问题。

表 1　坝址区基岩相对不透水层厚度统计表

地形单元	左岸坝肩	河床及河漫滩	右岸坝肩
相对不透水层埋深/m	21.0～24.3	28.5～46.0	34.3～39.6
相对不透水层顶界限高程/m	−16.2～1.6	−42.8～−31.2	−30.0～−22.3

5　处理措施及建议

针对坝基基础存在的主要工程地质问题,建议采取以下地质处理措施:

(1)清除坝基覆盖层和全、强风化岩体,使大坝基础位于岩体强度较高的弱风化卸荷岩体上,可以避免坝基沉降变形和渗透变形问题。

(2)对坝基岩体透水层进行帷幕灌浆,提升岩体的抗透水性,避免产生坝基渗漏和绕坝渗漏问题。

6　结论

影响水库大坝安全运行的主要问题一般为坝基渗漏和坝基稳定两个关键地质问题。本文从区域地质和坝址区基本地质条件入手,分析评价了坝址区存在的主要工程地质问题,并针对这些问题提出了处理措施和建议,为设计坝基基础处理提供了地质依据。

参 考 文 献

[1] 张跃军,郭晓峰.加纳 HEMANG 水电站可行性研究阶段工程地质勘察报告[R].郑州:黄河勘测规划设计研究院有限公司,2014.

[2] 李鹏,罗习文.加纳北部上东部省金矿地质特征[J].陕西地质,2015,33(1):40-45.

[3] 彭士标.水力发电工程地质手册[M].北京:中国水利水电出版社,2011.

[4] 薛果夫,陈又华.三峡工程坝址区主要工程地质问题研究[J].中国工程科学,2011,13(7):51-60.

[5] 杨殿臣.观音阁水库坝址区主要工程地质问题及其处理[J].东北水利水电,2005,22(5):47-48.

地面变形监测技术的应用分析

张冬冬,李　喆,陈　阳,田东升

(河南省地质环境监测院/河南省地质环境保护重点实验室,河南 郑州　450016)

摘　要:本文依托焦作市矿山地质环境监测网络地面变形监测工程,选取 12 个水准和 GNSS 监测共用点位,通过比较 12 个点位两个年度的高程数据变化,分析 GNSS(全球导航卫星系统)和 InSAR(干涉雷达)监测与水准数据的差异和在矿山地质环监测中的可靠度,结论为 GNSS 较 InSAR 可信度更高。

关键词:地质环境;水准监测;InSAR 监测;GNSS 监测

引言

焦作市作为豫北平原重要的资源型城市,地面变形类型主要有地裂缝、地面塌陷和地面沉降。地裂缝是地表岩(土)体在自然或人为因素作用下产生开裂,并在地面形成一定长度和宽度的裂缝的一种地质现象,属于三维空间变形,其中垂向位移最为突出。地面塌陷是指地表岩(土)体在自然或人为因素作用下向下陷落,并在地面形成塌陷坑的一种地质现象,多指采空导致的竖直方向大位移。地面沉降是由于地下松散地层固结压缩,导致地壳表面标高降低的一种局部下降运动或工程地质现象,多指由于地下水位下降造成的大面积地面竖直方向位移。

地面沉降灾害,造成建筑物地基下沉、房屋开裂、地下管道破损、井管抬升等一系列问题,给国民经济和社会生活造成较大的损失。近年来,随着城市地下水限采措施的不断推进,地下水开采量趋于减少,洛阳、许昌等城市地面沉降趋势有所减缓,但豫北平原及郑州、开封等城市的地面沉降还在进一步发展,防治形势依然严峻[1-2]。

20 世纪 70 年代,吴林奎等[3]开始对我国沿海城市地面沉降展开研究,通过水文地质条件等要素分析了地面沉降的原因及防治建议。

苏河源等[4]在对国外地面沉降研究状况评述中,提出了地面沉降的原因、机理和预测方法。

王元波等[5]在山东省地质环境监测规划探讨中,介绍了山东省地质环境监测规划开展的背景,讨论了地质灾害、地下水、矿山地质环境的规划思路,首次提出了建立矿山地质环境监测退出机制。

李乃一等[6]在基于时序 InSAR 技术监测胜利油田地表沉降中,分析了胜利油田油区沉降漏斗的形成原因。

李培超[7]基于多孔介质有效应力原理的渗流-变形耦合机理,考虑孔隙度、渗透率非线性变化,建立三维地面沉降变形完全耦合数学模型,并给出了模型的有限差分解法。

2012—2018 年河南省先后对开封市和华北平原地面沉降展开监测,综合研究了地面沉降的成因、机理和发育规律以及多层地下水开采条件下的地面沉降分层标组体系[8]。2018 年许军强等基于 SBAS(星基增强系统)-InSAR 技术对豫北平原地面沉降展开监测研究,指出豫北平原地面沉降

作者简介:张冬冬,男,1988年生。硕士,工程师,主要从事水文地质、环境地质和生态地质方向研究。

的主要原因为地下水超采,还与区域活动断裂、松软岩土层、城市建设、石油和地热资源高强度开采有关,InSAR监测成果需要根据实际监测沉降数据进行修正反演,以提高InSAR解译精度[9]。

麻源源等[10]在利用数据同化技术实现水准数据和InSAR融合研究中,针对水准和InSAR技术在地面沉降监测中的优缺点,采用集合卡尔曼滤波同化算法进行两种数据融合,能较好地解决InSAR技术在部分失相干地区的监测精度低和水准只能得到离散点沉降信息的弊端。

孙健[11]以我国东北某矿区为研究区域进行基于二等水准测量的矿区沉降监测研究分析。地面变形常用的监测方法有InSAR沉降监测方法、GNSS测量方法以及水准测量方法。对于大面积区域而言,利用InSAR技术具有高分辨率、大面积、快速准确的优势。

1 技术路线

1.1 监测网络工程概况

网络覆盖范围包含焦作市市区(解放区、山阳区、中站区、马村区和城乡一体化示范区),面积约400 km²。地面变形监测网络工程主要包括3个基岩标、153个水准监测点、27个GNSS监测点和InSAR监测(数据解译)点。标石埋设均按照设计要求和相关规范标准制作和埋设,并经主管部门验收合格。

1.2 工作思路

在工作区范围内选取12个连续两个年度GNSS和水准共用监测点,通过与两个年度的InSAR解译结果进行对比,探讨不同监测手段监测结果的差异及原因。

2 监测方法

2.1 水准监测

二等水准测量布网主要在焦作市北部,沿东西向主要道路布设,较长的路线主要沿影视路、焦辉线北方山区公路、南水北调河流走向分布,联测各等级控制点共91个,水准路线长度为128 km。

三等水准测量布网主要在焦作市南部,沿国道、省道成网状分布,联测各等级控制点共154个,水准路线长度为208 km。

按照《国家一、二等水准测量规范》(GB/T 12897—2006)要求,二等水准每千米测量的偶然中误差不大于1.0 mm,每千米测量的全中误差不大于2.0 mm。

本次二等水准测量仪器为2台Trimble DINI03自动安平数字水准仪(表1),均经过法定计量检定单位检定合格,并在有效期内,各项精度指标均满足规范要求。

表1 二等水准测量自动安平数字水准仪情况表

水准仪类型	准予使用精度指标	数量	仪器编号
Trimble DINI03	DS05	2	707787,733451

实际测量期间,对二等水准测量自动安平数字水准仪进行了i角检验,检验结果表明,各水准仪i角均小于15″,而且比较稳定。

在工作期间,不定期对水准测量工作进行现场检查,定期对水准观测数据与表格进行汇总检查,对各阶段发现的问题及时解决纠正,对于数据超限的路线予以重测,保证每条水准路线观测数据的质量与精度。

水准监测偶然中误差和全中误差经计算均满足要求,水准测量环线闭合差统计全部符合要求。

2.2 全球导航卫星系统 GNSS 监测

GNSS 监测外业观测时间为 2018 年 9 月 13 日—23 日,前后历时 10 d 完成外业观测工作。采用 Gamit CosaGPS 软件进行基线数据处理与平差,最终获取了高精度 GNSS 观测坐标成果。

GNSS 监测严格按照《全球定位系统(GPS)测量规范》(GB/T 18314—2009)相关规范要求实施。

GNSS 监测以地质信息连续采集运行系统 HNGICS(HN-CORS)参考站作为 GNSS 监测基准网,GNSS 监测过程中实际采用三级布网的方式构网,包括 GNSS 监测基准网、B 级 GNSS 监测网和 C 级 GNSS 监测网。一级网为 GNSS 监测基准网,该网由 4 个最近的 HNGICS 基准站作为 GNSS 监测基准,分别为 JZJZ(焦作)、XXXX(新乡)、ZZZM(中牟)、ZZZX(郑州);二级网为 B 级 GNSS 监测网,由 JZJYB001、JZJYB002、JZJYB003、JZGPS007 4 个监测点组成;三级网为 C 级 GNSS 网,由分布在工作区的 33 个监测点组成。B、C 级 GNSS 监测网采用 GNSS 静态同步观测的形式,观测结束后下载观测期间的 HNGICS 观测数据,通过平差计算得到各监测点位的高精度监测 GNSS 观测坐标成果。每次的 GNSS 观测网平差采用固定同一个基准点的方式进行三维无约束平差,均满足限值要求。

2.3 干涉雷达 InSAR 监测

InSAR 监测采用 GAMMA 合成孔径雷达干涉测量软件进行数据处理,数据处理主要包括数据预处理、识别相干点目标、干涉处理、结果显示等 4 个步骤。

3 结果分析

通过误差校正和筛选,得到 9 个有效的点位高程对比数据,见表 2。

表 2 监测结果对比

序号	点位名	水准测量变化/mm	GNSS 测量变化/mm	InSAR 解译变化/mm
1#	JZGPS003	−5.6	[−17.2,−11.8]	[−20,−10]
2#	JZGPS004	3	[−22.3,−17.2]	[−40,−30]
3#	JZGPS005	−4.3	[−5.2,1.4]	[−30,−20]
4#	JZGPS006	−13.6	[−22.3,−17.2]	[−30,−20]
5#	JZGPS007	−2.7	[−5.2,1.4]	[−40,−30]
6#	JZGPS008	3.1	[−5.2,1.4]	[−40,−30]
7#	JZGPS009	0	[−5.2,1.4]	[−30,−20]
8#	JZGPS011	2.7	[−5.2,1.4]	[−30,−20]
9#	JZGPS012	35.5	[1.4,13.3]	[0,+∞]

根据水准监测,4 个点位发生沉降,最大沉降量为 13.6 mm;4 个点位抬升,最大抬升量为 35.5 mm。

GNSS 监测显示 8 个点位发生沉降,1#、2# 和 4# 点位最大沉降量为 11.8～22.3 mm,与水准监测结果相比绝对差分别为 20.2 mm(变化趋势相反)和 3.6 mm;3#、5#、6#、7#、8# 点位沉降量与水准测量相差较小。9# 点位地面抬升,最大抬升量为 1.4～13.3 mm。

根据 InSAR 监测解译沉降等值线推测,2#、5# 和 6# 点位最大沉降量为 30～40 mm,其中,2# 和 6# 点位监测结果与水准测量结果趋势相反,5# 点位监测结果与水准测量结果相差较大。7# 和 8# 点位变化与水准测量变化趋势相反。

根据 2017—2018 年度 9 个点位 3 种监测方法的高程变化数据可知,9 个点位的变形量均不大,GNSS 监测与水准测量的吻合度为 44.44%,InSAR 监测与水准测量的吻合度为 22.22%。

本次 GNSS 测量结果与水准测量结果偏差较大,InSAR 监测数据也与水准测量数据相差较大,可能是测量作业中不可抗力等原因造成的。

4 结论及建议

(1) GNSS 监测较 InSAR 监测可信度高 22%,GNSS 在地面发生小变形的监测中准确度更高。

(2) GNSS 监测在地面发生小变形时的可信度比地面发生大变形时的要高。

(3) InSAR 在宏观的区域变形趋势上更有优势,但在离散化微观点位上解译精度不高,在地面发生大变形时的可信度比地面发生小变形时的要高。

(4) 建议在今后的矿山地质环境地面沉降监测中,紧紧抓住水准监测精度的底线,以水准成果修正 GNSS 监测和 InSAR 监测解译的精度,探讨 3 种监测数据的耦合模型,为研究矿山地质环境地面沉降机理和预测机制积累更加准确、可靠的基础数据资料。

(5) 建议继续投入分层标建设,进一步研究地面变形形成机制、规律和生态恢复,选取有关参数建立模型对焦作市地面沉降做进一步的探讨。

参 考 文 献

[1] 河南省地质环境监测院.焦作市资源枯竭型城市矿山地质环境监测网络建设报告[R].2017.

[2] 河南省地质环境监测院.焦作市资源枯竭型城市矿山地质环境监测网络建设设计书[Z].2017.

[3] 吴林奎,孙永福.论上海地面沉降与控制[J].地质学报,1973(2):243-254.

[4] 苏河源,胡兆璋.国外地面沉降研究状况述评[J].上海国土资源,1980,1(2):65-77.

[5] 王元波,赵菲,王晓玮,等.山东省地质环境监测规划探讨[J].山东国土资源,2018,34(11):38-44.

[6] 李乃一,伍吉仓.基于时序 InSAR 技术监测胜利油田地表沉降[J].工程勘察,2018,46(5):50-54.

[7] 李培超.地面沉降变形非线性完全耦合数学模型[J].河海大学学报(自然科学版),2011,39(6):665-670.

[8] 河南省地质环境监测院.开封市地面沉降监测报告[R].2016.

[9] 许军强,马涛,卢意恺,等.基于 SBAS-InSAR 技术的豫北平原地面沉降监测[J].吉林大学学报(地球科学版),2019,49(4):1182-1191.

[10] 麻源源,左小清,麻卫峰,等.利用数据同化技术实现 InSAR 和水准数据融合研究[J].工程勘察,2019,47(8):49-55.

[11] 孙健.基于二等水准测量的矿区沉降监测研究分析[J].北京测绘,2019(8):979-981.

焦作矿山地质环境监测的目的及意义

李 喆

(河南省地质环境监测院/河南省地质环境保护重点实验室,河南 郑州 450000)

摘 要: 2008 年 3 月 17 日国家发改委确定了焦作成为国家首批资源枯竭城市。焦作主要矿山地质环境问题类型有地面塌陷伴生地裂缝、崩塌、滑坡、泥石流等,土地资源破坏和地形地貌景观破坏,含水层破坏,土壤污染及废弃矿井等。因此,开展焦作矿山地质环境监测并长期运行是防治地质灾害、保护人类赖以生存的地质环境的功在当代、利在千秋的大事。

关键词: 资源枯竭城市;地质环境监测

引言

焦作市作为资源型城市,以煤矿开采为主,次为黏土矿、建筑石料开采等。2008 年 3 月 17 日国家发改委确定了焦作成为国家首批资源枯竭城市,从此焦作市开始转变经济发展方式,实现了由"黑色印象"到"绿色主题"的转变。但是,由于经过长期的矿山开采,焦作产生了诸多矿山地质环境问题,严重影响和制约了其绿色转型的发展之路。

1 地质环境问题分析

焦作由于近百年的矿山开采,主要矿山地质环境问题类型有地面塌陷伴生地裂缝、崩塌、滑坡、泥石流等,土地资源破坏和地形地貌景观破坏,含水层破坏,土壤污染及废弃矿井等。

焦作市北部中山主要由寒武纪、奥陶纪碳酸盐岩地层组成,奥陶纪地层覆盖于寒武纪地层之上,地形陡峻,山峦起伏,未有查明的矿产资源,多建设为自然景观型旅游景区,自然风光秀丽。北部低山主要由石炭纪碎屑岩及奥陶纪碳酸盐岩地层组成,石炭纪地层覆盖于奥陶纪地层之上,以小型水泥灰岩、建筑材料用灰岩、黏土矿、铝土矿、硫铁矿等矿产开采为主,矿山地质环境问题主要为露天采场边坡崩塌、滑坡、泥石流等,以及地貌景观破坏和土地资源损毁等。山前倾斜平原由第四纪冲洪积物组成,九里山-古汉山一带分布奥陶纪灰岩残丘,以中大型煤炭、硫铁矿、地下水及建筑材料用灰岩等矿产资源开采为主,矿山地质环境问题类型多,发育强烈,对人类工程活动影响程度强烈。南部平原主要由第四纪冲洪积物组成,以砖瓦黏土、河砂、地下水、地热等开采为主,矿山地质环境问题为局部存在地貌景观破坏和土地资源损毁等。

1.1 地质灾害

焦作市所在的太行山前冲洪积平原,既是煤矿集中开采引发地面塌陷伴生地裂缝主要发育区,

作者简介:李喆,男,1983 年生,河南郑州人。工程师,主要从事水文地质、环境地质工作。

又是山洪泥石流的堆积威胁区。矿山活动引发或加剧的崩塌、滑坡、泥石流、地面塌陷伴生地裂缝等地质灾害制约着焦作市城市规划和重要工程建设,同时对当地居民生活设施和重大工程设施也会构成威胁。

1.2　地形地貌景观破坏

焦作市矿产资源集中开采区地形地貌景观破坏方式主要为露天采场、废渣堆和矸石堆堆放等,尤其是露天采场及废渣堆对地形地貌景观的破坏非常严重,同时也毁坏了植被和生态环境。

1.3　土地资源损毁

焦作市北部低山,主要露天开采黏土矿、铝土矿及灰岩。土地资源损毁的方式主要为露天采场挖损、废渣场压占土地资源等,破坏的土地类型主要为林地、草地及未利用地。在山前倾斜平原,煤矿开采引发的地面塌陷伴生地裂缝区,对土地资源造成影响。

1.4　含水层破坏

焦作市含水层破坏方式主要为水位下降、含水层疏干、含水层结构破坏、地下水水质污染等。矿产资源开采主要是对地下水的补给条件、地下水化学成分造成影响。

1.5　废弃矿井

焦作市未处理的废弃矿井约 400 余个,主要分布在北部低山及山前地带。废弃矿井的存在不仅对矿井周围居民的安全造成威胁,而且废弃建筑物还占压土地和影响景观。

2　监测的主要手段

焦作矿山地质环境监测主要由地下水环境监测、地面形变监测、土壤环境(污染)环境监测、地形地貌景观破坏及土地资源破坏监测等工作方式组成。

2.1　地下水环境监测

地下水环境监测网由地下水水位、地下水污染、地下水开采量、降水量等监测组成。地下水动态监测井 68 个,自动化监测设备监测孔 10 个,其中松散层地下水监测井 53 个,岩溶地下水监测井 15 个;地下水质量监测点 156 个。

2.2　地面变形监测

地面变形监测由地面塌陷监测网和地面沉降监测网组成,主要采用水准测量、全球卫星定位系统(GPS)测量、InSAR 解译等方法进行监测。设置二等水准测量 146 km,三等水准测量 463 km;B 级 GPS 测量点 4 个,C 级 GPS 测量点 32 个;遥感解译面积 2 884 km²。

2.3　土壤(污染)环境监测

土壤(污染)环境监测主要由 7 条监测剖面组成,总长度 36 500 m;并设置典型矿山土壤(污染)环境监测区 1 个,监测面积 11.362 5 km²。

2.4　地形地貌景观破坏及土地资源破坏

地形地貌景观破坏及土地资源破坏监测的主要监测范围是露天采场和采矿造成的地面塌陷、

地裂缝、崩塌、滑坡和废渣堆、排土场等分布区域。重点监控自然保护区、风景名胜区、生态环境脆弱区、主要交通干线和重要水系的可视范围内的矿山地形地貌景观破坏情况。

3 监测的意义

地质环境监测既是矿山环境恢复治理工作的基础,也是地质环境管理工作的依据,尽管地质灾害的发生具有突发性,但其突发前会出现各类征兆和变化,只有加强监测,才能做到提前预报,提前防治,减少损失。

通过开展焦作矿山地质环境监测,能够进一步认识到矿山地质环境问题及其危害,掌握矿山地质环境动态变化,预测矿山环境发展趋势,为合理开发矿产资源、保护矿山地质环境、开展矿山环境综合整治、矿山生态环境恢复与重建、实施矿山地质环境监督管理提供基础资料和依据,有效助力焦作由资源枯竭型城市转型实现"绿水青山就是金水银山"的伟大目标。

4 结论

随着地质环境监测工作的不断发展,监测成果的应用更加广泛,为服务生态文明建设和绿色发展提供基础支撑,为政府决策和行政管理提供基础依据。

参 考 文 献

[1] 河南省地质环境监测院.焦作市资源枯竭型城市矿山地质环境监测网络建设设计书[Z].2017.
[2] 黄景春,霍光杰,李喆,等.焦作市矿山土壤污染特征及原因分析[J].河南水利与南水北调,2018,47(6):78-80.
[3] 李喆,陈阳,甄娜.焦作市国家级矿山地质环境监测网络运行与维护方法研究[J].科技成果纵横,2019,256(22):23-28.

矿山地质环境监测与保护研究

——以沁阳市为例

陈　阳,刘占时,潘小雨

(河南省地质环境监测院/河南省地质灾害防治重点实验室,河南 郑州　450016)

摘　要:开展矿山地质环境监测是矿山地质环境保护和监督管理的一项基础性工作,准确判定监测对象和监测要素是矿山地质环境监测工作中至关重要的环节。本次研究以沁阳市为例,主要以该地区曾经开采或正在开采的矿山和邻近地区作为监测对象,以受采矿活动影响的地下水水位、地下水水质、土壤、地表变形等作为监测要素进行监测,为研究矿山地质环境问题变化规律、形成机制及危害程度提供基础资料,为开展矿山地质环境保护及生态环境修复技术研究等提供地质依据。

关键词:矿山地质环境;监测对象;监测要素;生态环境修复

引言

河南省是矿产资源大省,矿产资源经济在全省经济和社会发展中具有重要地位[1]。当人类过度开采矿山时,不仅会引发一系列的地质灾害,同时还会影响矿山及周边地区的生态环境和当地经济的可持续发展。由于矿产资源多储藏在地下水水层以下,因此在矿山大量开采后,极易导致地表塌陷和地面沉降、地下水位下降等现象,对于一些地质条件复杂及生态环境脆弱地区,造成的地形地貌景观破坏较为严重,同时也毁坏了生态环境。这些不仅对矿区居民的生产生活环境造成不良影响,而且给矿区经济和社会可持续发展带来较大威胁。因此,需要正确开展矿山地质环境监测工作,为区域地质环境保护及矿山生态环境修复提供必要的数据支持[2]。

1　研究区基本概况

沁阳市位于河南省西北部、太行山南麓,地跨山西高原与华北平原的过渡带,地势北西高南东低,总面积 623.5 km²,辖 3 乡 6 镇 4 个办事处 329 个行政村,总人口 49.8 万人。该地区属暖温带大陆性季风气候区,四季分明,春季干旱多风,夏季炎热多雨,秋季昼暖夜凉,冬季寒冷干燥。沁阳市处于黄河、沁河冲积平原,北枕太行,南瞰黄河,境内山地和平原并存,地形条件多样。沁阳北部与山西晋城接壤,是晋煤外运的咽喉要道和重要的煤炭集散地,境内有 4 条铁路专用线,交通物流方便,是全国闻名的造纸机械之乡、玻璃钢之乡和豫西北重要的铝工业基地。

作者简介:陈阳,男,1988 年生。硕士,助理工程师,主要从事地质环境调查、监测、评价及生态环境调查等方面研究。

2 研究区矿产资源及地质环境现状

2.1 矿产资源概况

沁阳资源众多,物产丰富。目前已发现的矿种20余种,北部中低山区主要是石灰岩、白云岩、铁、耐火黏土、高岭土、铁矾土、铝土矿等;南部平原区除砖瓦用黏土外,深部分布着地下水、地热等矿产。主要以非金属矿产为主,金属矿产较少。截至2018年底,沁阳市已查明资源储量的矿种有8种(耐火黏土、水泥用灰岩、铁、铝土矿、铁矾土、镓、钛、铜等),载入《河南省矿产资源储量简表》的矿产地19个,矿床规模中型7个、小型12个,其中开采矿区7个,未利用矿区12个。

2.2 矿山地质环境现状

近年来,由于当地矿业经济的飞速发展及矿业开发力度的不断加大,矿山开发在推动地方经济发展的同时,也带来严重的地质灾害隐患。采矿开挖山体,既毁坏植被和山林,又破坏土层,造成水土流失,耕地破坏,压占土地资源;碎石、废渣随意堆放在山坡、河滩、沟边、道边等场地,引发边坡失稳等多种次生灾害。截至2017年底,沁阳市因矿业开发造成的各类土地破坏面积达748.55 hm²,其中生产矿山破坏土地面积134.16 hm²。

3 矿山地质环境监测方案

3.1 监测目的

按照《矿山地质环境监测技术规程》(DZ/T 0287—2015)的技术要求,利用已经建成的焦作市资源枯竭型矿山地质环境监测网络,开展沁阳市矿山地质环境日常监测,掌握矿山地质环境变化的基础数据,为研究沁阳市矿山地质环境问题变化规律、形成机制、危害方式及危害程度提供基础资料;为研究沁阳市城市矿山地质环境保护管理政策、恢复治理对策提供基础依据;为开展沁阳市生态环境修复技术研究、城市发展规划、土地综合利用、矿山地质环境保护及生态文明建设等提供地质依据。

3.2 监测系统建设

单一的监测方法无法全面反映沁阳市矿山地质环境的变化情况,因此采用地下水水位监测、地下水水质监测、土壤污染监测及InSAR地表形变监测等多种技术手段进行监测,以了解研究区矿山地质环境的变化情况。不同监测技术手段充分发挥各自功能优势,相互补充和验证,以便及时修正不同监测数据的缺陷,为监测数据的综合利用打好基础,以利于有针对性地提出矿山地质环境防治措施。

(1)地下水水位监测

本次项目地下水水位监测分为长观点监测和统调点监测。其中,地下水水位长期监测点6个,监测频率为3次/月,共监测216点次;地下水水位统调监测点35个,分别在丰水期、枯水期各进行1次监测,共监测70点次。

(2)地下水水质监测

本次项目地下水水质监测点共25个,每个监测点取样2件,分别用于水质全分析和有毒物和重金属等分析。

（3）土壤污染监测

本次研究选择沁阳虎村方山黏土矿监测剖面进行土壤污染监测，起点位于沁阳校尉营村北部，终点为留庄村，全长约 3 500 m，取样点 10 处（见表 1），取样间距为起点、100 m、200 m、500 m、1 000 m、1 500 m、2 000 m、2 500 m、3 000 m、3 500 m 等，取样深度为 30 cm。每处取样 2 件，分别用于 54 种元素指标和土壤水溶性盐分析。

表 1　沁阳市土壤污染监测点汇总表

序号	统一编号	地理位置	X 坐标	Y 坐标
1	HC-01	西万镇校尉营村北（起点）	3 898 315.2	19 673 189
2	HC-02	北距离起点 100 m	3 898 039.2	19 673 271
3	HC-03	北距离起点 200 m	3 898 026.3	19 674 207
4	HC-04	北距离起点 500 m	3 897 731.4	19 673 302
5	HC-05	北距离起点 1 000 m	3 897 485.3	19 673 332
6	HC-06	北距离起点 1 500 m	3 897 022.5	19 673 315
7	HC-07	北距离起点 2 000 m	3 896 682.0	19 673 246
8	HC-08	北距离起点 2 500 m	3 895 805.9	19 672 579
9	HC-09	北距离起点 3 000 m	3 895 567.0	19 672 989
10	HC-10	西万镇留庄村北 3 500 m	3 895 033.5	19 674 113

（4）InSAR 地表形变监测

根据《地面沉降干涉雷达数据处理技术规程》及研究要求，为满足地面沉降监测精度，本次监测方案的时间跨度为 2018 年 1 月至 2019 年 6 月。沁阳市涉及 1 条带的 Sentinel-1A 雷达卫星影像，本次研究拟采用 Sentinel-1A 数据的轨道方向为升轨，工作模式为 IW，极化方式为 VV，数据产品为 SLC，地面分辨率为 5 m×20 m。为了减少大气影响，查阅了研究区的历史天气情况，在成像时间选择上避免了气象条件变化所带来的去相干及误差因素，本次研究所选数据均为无雨无雪天气获得、综合空间垂直基线小、时间基线小且时间间隔分布均匀，最终选取 24 景 SAR 数据进行时间序列分析，通过获取监测区间内雷达视线方向的地表平均形变速率进而对研究区进行形变监测。

4　监测数据分析

4.1　地下水水位监测数据分析

（1）长观点水位监测

2019 年共对 6 个地下水水位长观点完成 108 点次监测。为了解长观点水位变化，用 2019 年和 2015 年同观测点同月份长观点数据进行比较（见表 2），可以看出 2019 年数据除去 CQY01 长观点 9 月数据略小于 2015 年相关数据外，其余数据均比 2015 年相关数据有所提高，最高可达 22.73 m。

（2）统调点水位监测

2019 年对地下水水位统调点在枯水期与丰水期各进行 1 次监测，共完成 70 点次。对比两次统调数据，最大变幅水位上升 14.16 m（见图 1）。

表2 长观点地下水水位监测对比统计表 单位:m

监测点	年份	月份					
		5月	6月	7月	8月	9月	10月
CQY01	2015年	113.52	114.54	113.54	114.19	117.00	114.99
	2019年	114.94	115.93	115.98	115.54	115.59	115.78
	水位变化	1.42	1.39	2.44	1.35	−1.41	0.79
CQY02	2015年	99.80	99.81	99.63	103.00	102.80	101.39
	2019年	109.43	109.88	110.00	109.56	108.73	109.08
	水位变化	9.63	10.07	10.37	6.56	5.93	7.69
CQY03	2015年	97.85	100.80	100.26	88.98	101.78	100.4
	2019年	103.59	104.16	104.36	104.92	105.77	105.68
	水位变化	5.74	3.36	4.10	15.94	3.99	5.28
CQY04	2015年	96.95	101.14	101.36	101.61	103.75	102.72
	2019年	119.53	119.66	120.07	120.15	119.67	119.45
	水位变化	22.58	18.52	18.71	18.54	15.92	16.73
CQY05	2015年	103.26	102.20	102.65	105.38	107.44	106.62
	2019年	107.43	108.98	109.23	109.51	110.72	112.41
	水位变化	4.17	6.78	6.58	4.13	3.28	5.79
CQY06	2015年	102.59	103.12	104.57	105.55	107.02	109.35
	2019年	125.28	125.85	127.11	127.39	126.74	126.91
	水位变化	22.69	22.73	22.54	21.84	19.72	17.56

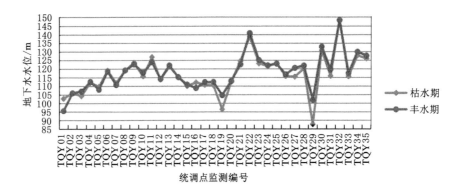

图1 研究区统调点枯水期与丰水期地下水水位监测统计折线图

4.2 地下水水质监测数据分析

本次研究共分析地下水水质样23组,其中孔隙水水质样18组,岩溶水水质样5组。按照《地下水质量标准》(GB/T 14848—2017)规定,参评因子有pH、总硬度、溶解性总固体、硫酸盐、氯化物、铁、锰、铜、锌、挥发性酚类、耗氧量、氨氮、亚硝酸盐、硝酸盐、氟化物、氰化物、碘化物、汞、砷、硒、镉、铬(六价)、铅、镍、铝、银共26项,经过综合评价,结果显示:18组孔隙水样中,Ⅱ类水2组,Ⅳ类水3组,Ⅴ类水13组;5组岩溶水样均为Ⅴ类水。

4.3 土壤污染监测数据分析

通过对虎村方山黏土矿主风向土壤监测剖面采集的10件土样进行分析,镉、汞,砷、铜、铅、铬、锌、镍随至矸石山距离的远距含量变化曲线见图2～图9。分析结果显示:虎村方山黏土矿中的镉、汞、砷、铜、铅、镍、锌、铬等含量均未超过《土壤环境质量 农用地土壤污染风险管控标准（试行）》（GB 15618—2018）中的风险管制，土壤综合污染等级为安全级，污染水平为清洁，土壤重金属污染等级为安全级，土壤未受到重金属污染。

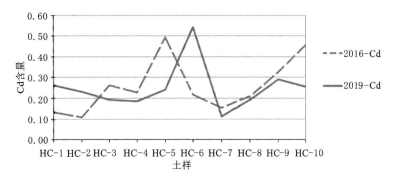

图 2　虎村黏土矿主风向剖面镉含量随距离变化曲线图

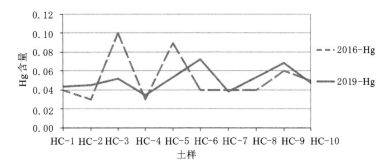

图 3　虎村黏土矿主风向剖面汞含量随距离变化曲线图

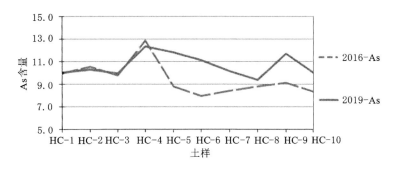

图 4　虎村黏土矿主风向剖面砷含量随距离变化曲线图

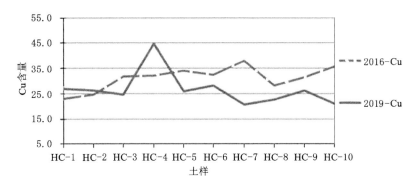

图 5　虎村黏土矿主风向剖面铜含量随距离变化曲线图

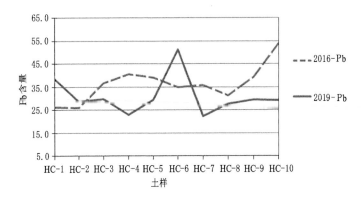

图 6　虎村黏土矿主风向剖面铅含量随距离变化曲线图

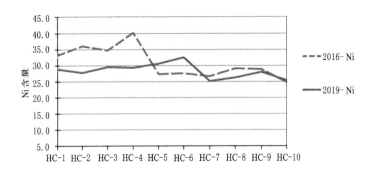

图 7　虎村黏土矿主风向剖面镍含量随距离变化曲线图

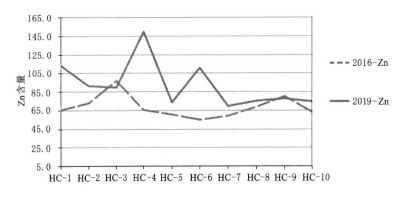

图 8　虎村黏土矿主风向剖面锌含量随距离变化曲线图

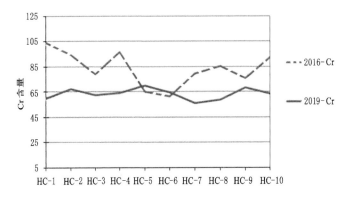

图 9　虎村黏土矿主风向剖面铬含量随距离变化曲线图

4.4 InSAR 地表形变监测

根据收集的 2018 年 1 月至 2019 年 6 月的 24 景升轨 Sentinel-1A 数据,对数据进行分析处理,主要包括数据导入、数据裁剪、连接图生成、干涉工作流、轨道精炼和重去平、SBAS(星基增强系统)两次反演、地理编码分析等,以获取监测区间内雷达视线方向的地表平均形变速率。结果显示:InSAR 监测地表平均沉降速率最大值为 58.24 mm/a,最小值为 -61.70 mm/a,平均值为 1.28 mm/a。依据《地面沉降干涉雷达数据处理技术规程》(DD 2014—11)中对地面沉降严重程度划分标准(见表 3),绘制了沁阳市 2018—2019 年 InSAR 地面沉降严重程度分级图(见图 10)。

表 3　地面沉降发育程度分级标准

地面沉降发育程度分级	高	较高	中等	较低	低	稳定或上升
2018—2019 年平均变形速率/(mm/a)	<-80	-80~<-50	-50~<-30	-30~<-10	-10~<0	0≤

图 10　沁阳市 2018—2019 年 InSAR 地面沉降严重程度分级图
(注:研究区监测结果中地面平均沉降速率超过 -30 mm/a 的极少,且没有集中分布情况,因而研究区没有划分地面沉降中等发育以上区域)

沁阳市地面沉降严重程度划分为三个等级:-30～-10 mm/a 为地面沉降较低发育区域,面积为 7 768 332 m²,占总面积的 1.25%;-10～0 mm/a 为地面沉降低发育区域,面积为

254 726 650 m²,占总面积的 40.89%；等于及大于 0 mm/a 为稳定及上升区域，面积 360 505 018 m²,占总面积的 57.86%。

5　结语

矿山地质环境监测直接关系到矿区的经济和生态环境发展,因此在对矿山地质环境进行监测时,一定要采用正确的监测方法,作出科学性、可行性的监测结果分析。本次研究将地下水水位、地下水水质、土壤污染、地表变形等作为监测要素,对沁阳市矿山地质环境现状和发展趋势作出了进一步评价。随着矿山地质环境监测研究水平的提高和监测技术方法的革新,矿山地质环境监测要素会得到不断的完善和优化,针对具体的监测要素采取切实可行的地质环境监测方法,为矿山所在地区的地质环境保护和生态环境修复提供重要的数据支撑。

参 考 文 献

[1] 徐振英.河南省矿山地质环境动态遥感监测分析研究[J].环境科学与管理,2020,45(7):120-123.
[2] 韩雨.如何做好矿山地质环境监测工作[J].科技经济导刊,2017(29):110.
[3] 孙伟,王议,张志鹏,等.矿山地质环境监测对象及要素研究[J].中国矿业,2014,23(7):57-60.

朱村矿矸石山土壤重金属污染评价及垂向分布特征

张冬冬,田东升,田君慧

(河南省地质环境监测院/河南省地质环境保护重点实验室,河南 郑州 450016)

摘 要: 在朱村煤矿矸石山附近布设矸石山土壤监测点,在矸石山脚沿垂向 1.5 m 范围内共布设 5 个采样点,通过 2016—2019 年为期 4 年的取样测试,应用内梅罗指数法对土壤重金属污染水平及潜在生态危害进行评价,研究发现:① 与《土壤环境质量标准》(GB 15618—1995)Ⅰ级标准相比,2016—2019 年朱村煤矿矸石山脚垂向剖面镉元素的超标率依次为 0、40%、80%、20%;汞元素的超标率依次为 0、100%、100%、100%;铜元素的超标率依次为 0、20%、0、0;铅元素的超标率依次为 0、0、60%、0;锌元素均为超标;铬元素均未超标。② 参照《土壤环境质量 农用地土壤污染风险管控标准(试行)》(GB 15618—2018),各项土壤重金属含量远低于规定的风险筛选值,土壤污染风险低。朱村矿区采场矸石山脚周边土壤重金属含量总体上处于无污染状态,垂直方向 Cd、Cu 和 Cr 含量均未表现出明显的特征,Hg、Pb 和 Zn 均表现出随深度增加不同程度的衰减特征,个别采样点重金属含量可能与附近人为干扰有关。

关键词: 煤矿;土壤污染;重金属

引言

土壤的污染问题已经成为我国生态文明建设中面临的一个非常棘手的课题,国内外诸多学者和专家分别从不同的角度和领域展开了污染元素调查和评价,如土壤污染因子迁移模型、土壤污染的空间分布特征、污染源的防控和治理方案等一系列不同深度的探索和研究。目前矿区范围重金属污染的研究成果已有较多的积累[1],但是土壤重金属污染的规律受制于不同矿区周边环境要素的差异性,目前还未形成一个业内认可度较高的迁移分布模型供地质类专业评价人员沿用。河南省作为粮食大省,土壤环境质量直接决定粮食质量和安全,而近年来日益严峻的矿山地质环境问题对周边农业生产区的生态安全产生了较大的威胁和考验,因此对矿区及周边的土壤环境质量和分布特征的研究显得尤为重要。

刘军等[2]研究认为,煤矿对矿区周边旱田 0～10 cm 土壤层养分及重金属含量影响较大。崔龙鹏等[3]研究发现,不同矿区土壤中重金属含量呈现随开采历史及堆积煤矸石风化时间延长而递减的趋势,且 Co、Cu、Zn、Ni、Pb 表现出相对较强的迁移性。蒋宗宏等[4]研究表明,贵州铜仁典型锰矿区土壤中 Mn、Hg 平均含量分别为贵州省土壤背景值的 2.56、1.55 倍。

1 研究区概况

焦煤集团朱村矿位于焦作矿区西南部,东距焦作市 5 km;公路、铁路交通便利,焦晋高速在矿

作者简介:张冬冬,男,1988 年生。硕士,工程师,主要从事水文地质、环境地质和生态地质方向研究工作。

区西部通过,焦克公路在矿区北部通过,有矿区铁路专线与焦柳、郑太干线连接。

朱村井田为一狭长形地垒构造,北及西北以天官区断层与王封矿、李封矿为界;南及西南以朱村断层为界;东南部以 39 号井断层为界;东部与焦西矿相邻。井田走向长 6.5 km,倾斜宽 1.2 km,面积 7.436 km²。

朱村矿于 1958 年投产,设计生产能力为 60 万 t/a,服务年限为 58 a,主采煤层为二₁煤。截至 2008 年 10 月,矿井剩余储量 341 万 t,2009 年实际产量为 50.65 万 t,目前矿井已停产关闭。

二₁煤层位于山西组下部,上距下石盒子组底部石英砂岩 75 m,下距太原组 L8 灰岩平均 20 m。二₁煤层厚度为 5.28 m,厚度变化系数为 39.0%,属较稳定煤层,仅局部有夹矸。煤层走向 NE-NNE,倾向 SE,倾角一般 5°～10°,局部 22°。矿区内煤层底板标高＋60～－195 m,煤层埋深 90 m。

2 研究方法

2.1 样品采集

采样点定于朱村矸石山脚,在 10 m 内布设垂直监测剖面线,开挖深度为 1.5 m,采样间距为 30 cm,于每年 8 月 25 日左右采集一次[5]。

试验方法为:Hg、Cu 和 Zn 的测定采用微波消解和火焰原子吸收光谱法,Cd、Pb 和 Cr 的测定采用微波消解和石墨炉原子吸收光谱法[6]。

2.2 土壤环境质量评价标准

焦作市矿业活动区土地主要为农业、林业和草地类型,以旱地为主,本次按照土壤环境质量标准中的旱地类型进行评价。由于研究区是比较老的采矿区,以采矿和城市建设为主的人类工程活动强烈,土壤受人类工程活动影响强烈,土壤背景值采取《土壤环境质量 农用地土壤污染风险管理标准(试行)》(GB 15618—2018)中的风险筛选标准值(视为自然背景),重点对重金属和有毒元素进行评价,并结合农用地土壤污染评价标准执行《土壤环境质量标准》(GB 15618—1995)Ⅰ级标准值[5-7]。

2.3 评价方法

单一元素土壤污染指数得出后,按照内梅罗法计算获取综合污染指数,初步判断土壤中重金属元素镉、汞、铜、铅、锌和铬的污染等级和水平[8-10]。

重金属元素在土壤中富集和迁移转化是造成土壤污染的重要原因之一[11],而掌握不同元素随着空间变化的分布变化特征是研究转化的基础。

通过数理统计分析 4 个年度 5 组数据的变异性和相关性,获取重金属元素指标随时间和垂向空间变形的演变规律,为后续的不同剖面展开深入研究打下基础。

3 结果分析

3.1 结果统计

对土壤样点的重金属含量进行参数统计,得到 6 种重金属含量的最大值、最小值、算术平均值、变异系数和标准差,见表 1～表 4。

表 1　2016 年土壤重金属参数统计

样号	2016-Cd	2016-Hg	2016-Cu	2016-Pb	2016-Zn	2016-Cr
最小值	0.11	0.05	22.88	22.21	60.20	69.00
最大值	0.17	0.13	28.67	28.19	68.10	77.60
标准差	0.02	0.03	2.42	2.29	3.09	3.71
平均值	0.14	0.07	25.86	24.43	61.92	73.06
变异系数	0.17	0.40	0.09	0.09	0.05	0.05

表 2　2017 年土壤重金属参数统计

样号	2017-Cd	2017-Hg	2017-Cu	2017-Pb	2017-Zn	2017-Cr
最小值	0.17	0.20	20.13	21.19	58.44	33.25
最大值	0.25	0.27	34.97	33.48	83.97	48.98
标准差	0.03	0.02	5.33	4.67	10.09	5.00
平均值	0.20	0.24	26.27	29.51	68.26	40.95
变异系数	0.15	0.09	0.20	0.16	0.15	0.12

表 3　2018 年土壤重金属参数统计

样号	2018-Cd	2018-Hg	2018-Cu	2018-Pb	2018-Zn	2018-Cr
最小值	0.14	0.17	9.37	20.91	29.26	71.68
最大值	0.41	0.36	21.84	40.71	93.28	76.96
标准差	0.10	0.08	4.28	7.86	22.53	2.07
平均值	0.31	0.26	16.49	33.48	70.30	74.40
变异系数	0.32	0.30	0.26	0.23	0.32	0.03

表 4　2019 年土壤重金属参数统计

样号	2019-Cd	2019-Hg	2019-Cu	2019-Pb	2019-Zn	2019-Cr
最小值	0.17	0.26	23.08	22.92	75.29	54.10
最大值	0.21	0.34	25.13	25.31	80.83	72.30
标准差	0.01	0.03	0.69	0.83	2.43	6.17
平均值	0.19	0.30	23.90	23.78	78.17	62.10
变异系数	0.07	0.10	0.03	0.04	0.03	0.10

　　通过与《土壤环境质量标准》(GB 15618—1995)Ⅰ级标准相比,2016—2019 年朱村煤矿矸石山脚垂向剖面镉元素的超标率依次为 0、40%、80%、20%;汞元素的超标率依次为 0、100%、100%、100%;铜元素的超标率依次为 0、20%、0、0;铅元素的超标率依次为 0、0、60%、0;锌元素均为超标;铬元素均未超标。

　　6 种重金属元素污染指数见表 5,其变异系数介于 0.03～0.32 之间。其中,2016 年铜、铅、锌、铬元素的变异系数小于 0.1,属于弱变异;2017 年汞元素属于弱变异;2018 年铬元素属于弱变异;2019 年镉、铜、铅、锌元素属于弱变异;其他都为中等变异。

表5　土壤单向污染指数评价结果表

土壤样号	Cd	Hg	Cu	Pb	Zn	Cr	平均污染指数	综合污染指数	污染等级
ZC-1	0.31	0.34	0.25	0.11	0.27	0.18	0.25	0.47	清洁
ZC-2	0.34	0.33	0.23	0.10	0.26	0.18	0.05	0.50	清洁
ZC-3	0.28	0.28	0.23	0.10	0.27	0.15	0.23	0.48	清洁
ZC-4	0.30	0.28	0.24	0.10	0.25	0.17	0.24	0.51	清洁
ZC-5	0.33	0.26	0.24	0.10	0.25	0.21	0.25	0.53	清洁
ZC-6	0.13	0.05	0.24	0.08	0.24	0.16	0.20	0.62	清洁

　　朱村煤矿矸石山脚垂向土壤监测剖面镉、汞、铜、铅、锌、铬随深度含量年度变化曲线见图1～图6。

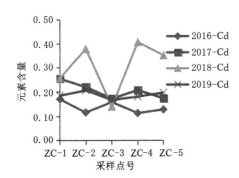

图1　镉随深度含量年度变化曲线图

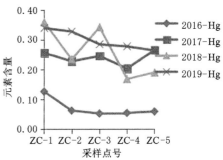

图2　汞随深度含量年度变化曲线图

图3　铜随深度含量年度变化曲线图

图4　铅随深度含量年度变化曲线图

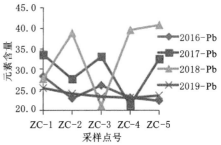

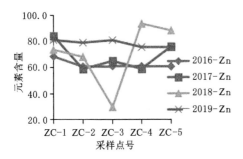

图5　锌随深度含量年度变化曲线图

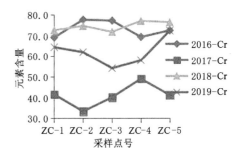

图6　铬随深度含量年度变化曲线图

3.2 重金属含量的时间效应

距离表层 90 cm 处镉元素和锌元素在 2018 年的含量水平偏离其他年度均值水平较大,可作为异常点位处理。

垂直方向各监测点位,镉、铅、铬元素含量水平在 2018 年达到极大值,2019 年开始回降。

汞和锌元素含量水平随时间基本呈增长的趋势,自 2018 年之后增长速率有所下降。

铜元素含量水平在 2018 年达到极小值,2019 年开始回升。

3.3 重金属含量的垂向空间演变

镉和铬元素随着深度的增加变化不明显;汞元素随着深度的增加呈衰减的趋势;铜元素随着深度的变化基本上在表层 30 cm 处达到极大值,在 30 cm 以下范围内变化不明显;铅和锌元素随深度的增加呈现较为缓慢的衰减趋势。

3.4 重金属元素垂向空间分布的相关性分析

通过对比发现 2016 年镉和铅元素关联性较大,汞和锌元素有较大的关联性;2017 年汞与铅元素有较大的关联性,铜与锌元素有较大的关联性;2018 年镉与铜元素、铅和铬元素都有较大的关联性,汞与铅元素、锌和铬元素都有较大的关联性,铜与铅元素、锌和铬元素都有较大的关联性,铅与铬元素关联性较大;2019 年汞和铅元素关联性较大。

表 6 2016 年重金属元素垂向空间分布相关系数表

元素	Cd	Hg	Cu	Pb	Zn	Cr
Cd	1					
Hg	0.66	1				
Cu	0.25	0.39	1			
Pb	0.94	0.76	0.84	1		
Zn	0.74	0.99	0.53	0.27	1	
Cr	0.11	0.51	0.26	0.22	0.17	1

表 7 2017 年重金属元素垂向空间分布相关系数表

元素	Cd	Hg	Cu	Pb	Zn	Cr
Cd	1					
Hg	0.15	1				
Cu	0.37	0.26	1			
Pb	0.08	0.94	0.78	1		
Zn	0.31	0.81	0.99	0.73	1	
Cr	0.06	0.35	0.08	0.45	0.04	1

表 8 2018 年重金属元素垂向空间分布相关系数表

元素	Cd	Hg	Cu	Pb	Zn	Cr
Cd	1					
Hg	0.86	1				
Cu	0.90	0.83	1			

表 8(续)

元素	Cd	Hg	Cu	Pb	Zn	Cr
Pb	0.96	0.92	0.88	1		
Zn	0.87	0.72	0.98	0.85	1	
Cr	0.90	0.07	0.93	0.93	0.86	1

表 9　2019 年重金属元素垂向空间分布相关系数表

元素	Cd	Hg	Cu	Pb	Zn	Cr
Cd	1					
Hg	0.28	1				
Cu	0.17	0.30	1			
Pb	0.24	0.83	0.71	1		
Zn	0.31	0.69	0.22	0.60	1	
Cr	0.66	0.08	0.39	0.32	0.40	1

4　结论及建议

按照《土壤环境质量标准》(GB 15618—1995),仅有镉元素在 2018 年中有一个点位超过风险筛选值,土壤污染风险低,可以忽略。综合污染指数介于 0.47～0.62 之间,土壤综合污染等级为安全级,污染水平为清洁,土壤重金属污染等级为安全级,煤矿矸石山土壤未受到重金属污染。

本文研究目标是评估河南典型煤矿区矸石山土壤重金属垂向空间污染状况,探究采场外土壤重金属含量的垂向空间分布特征。后续的研究将通过不同采样剖面分析重金属元素含量的关联性。

参 考 文 献

[1] 庄国泰.我国土壤污染现状与防控策略[J].中国科学院院刊,2015,30(4):477-483.

[2] 刘军,张成福,孙冬杰,等.草原区煤矿开采对周边旱作农田土壤养分和重金属的影响[J].生态与农村环境学报,2019,35(7):909-916.

[3] 崔龙鹏,白建峰,史永红,等.采矿活动对煤矿区土壤中重金属污染研究[J].土壤学报,2004,41(6):896-904.

[4] 蒋宗宏,陆凤,马先杰,等.贵州铜仁典型锰矿区土壤及蔬菜重金属污染特征及健康风险评价[J].农业资源与环境学报,2020,37(2):293-300.

[5] 河南省地质环境监测院.焦作市资源枯竭型城市矿山地质环境监测网络建设报告[R].2017.

[6] 河南省地质环境监测院.焦作市资源枯竭型城市矿山地质环境监测网络建设设计书[R].2017.

[7] 河南省地质环境监测院.焦作市资源枯竭型城市矿山地质环境监测网络日常监测报告[R].2017.

[8] 李晶,杨超元,殷守强,等.草原型露天煤矿区土壤重金属污染评价及空间分布特征[J].煤炭学报,2019,44(12):3676-3684.

[9] 李芳,李新举.鲁西南煤矿区农田耕层重金属分布特征及污染评价[J].煤炭学报,2018,43(7):1990-1998.

[10] 黄景春,霍光杰,李喆,等.焦作市矿山土壤污染特征及原因分析[J].河南水利与南水北调,2018,47(6):78-80.

[11] 韩张雄,万的军,胡建平,等.土壤中重金属元素的迁移转化规律及其影响因素[J].矿产综合利用,2017(6):5-9.

方法技术

基于可钻性级值的钻头选型分析与应用

李亚刚,刘志军,王文深

(河南省地质矿产勘查开发局第四地质矿产调查院,河南 郑州 450000)

摘　要: 钻井过程中,合理地选择钻头类型是提高钻速、降低钻进成本的重要环节。通过对区域内已施工钻井钻头使用情况的统计,运用通用钻速方程求取不同地层的可钻性级值,利用线性方程将平均岩石可钻性级值和分层平均井深进行回归处理,建立了区域地层岩石可钻性数值梯度公式模型;根据区域地层可钻性梯度规律以及对应地层级值分布范围,结合钻头厂商提供的钻头性能资料,形成了该区域地层可钻性优选钻头型号的方法,构建了最终的钻头优选模型;通过模型,能够针对河南海陆相页岩气钻井定性地推荐钻头类型,优选出适合该区块地层的钻头型号,特别是针对孙家沟组、平顶山组难钻地层,提出钻头优选方案,提高了钻进效率。

关键词: 可钻性级值;钻头优选方法;钻头优选模型;钻头评价

引言

在钻井过程中,钻头是破碎岩石的主要工具,井眼是由钻头破碎岩石形成的。如何优选出既与所钻地层相适应又比较经济的钻头,以实现安全、高效、优质钻井,一直是人们长期致力研究的课题。目前国内外钻头选型方法大致可以分为 3 种:钻头使用效果评价法、岩石力学参数法和综合法[1]。

第一种是钻头使用效果评价法,该方法从某地区已钻的钻头资料入手,分地层对钻头的使用情况进行统计,把反映钻头使用效果的一个或多个指标作为钻头选型的依据;第二种是岩石力学参数法,该方法根据待钻地层的某一个或几个岩石力学参数,结合钻头厂家的使用说明进行钻头选型;第三种是综合法,该方法把钻头使用效果和地层岩石力学性质结合起来进行选型。[1-4]

本文主要针对河南海陆相地层难钻性的特点,对已钻区块的探 1 井、探 2 井和探 3 井钻井工艺和钻头使用情况进行分析,基于可钻性级值和线性回归等方法,提出钻头选用模型,优化出适合区域地质特征的配套钻头,达到"提高钻速、节约成本、降低事故率"的目的,为以后区块新井设计提供技术支撑。

1　区域地层可钻性梯度模型建立

1.1　地层可钻性级值计算方法

通常,岩石可钻性的求取有很多种方法,比如测井资料方法、岩性试验方法、实钻资料方法等。

基金项目:河南省地矿局局管地质科研项目"河南省深水井(孔)钻井关键技术应用研究"(编号:豫地矿科研[2017]16 号)。

作者简介:李亚刚,男,1988 年生,河北张家口人。大学本科,探矿工程师,主要从事石油钻井技术相关工作。

结合实际情况,本次项目拟选用实钻资料法求取岩石可钻性,即利用通用钻速方程建立一种可钻性级值的求取方法,并运用于钻头选型[5]。其主要步骤如下所述。

通用钻速方程:

$$V = \frac{131.27}{(5.62^A \times 60^B \times 1.026^C \times e^{1.15D}) W^A \times N^B \times HEI^C \times e^{MW-1.15}} \quad (1)$$

式中　V——机械钻速,m/h;

W——钻压,t/cm;

N——转速,r/min;

HEI——有效钻头水功率,kW/cm²;

MW——钻井液密度,g/cm³;

A——系数,$A = 0.536\,6 + 0.199\,3K_d$(钻压指数);

B——系数,$B = 0.925\,0 - 0.037\,5K_d$(钻速指数);

C——系数,$C = 0.701\,1 - 0.056\,82K_d$(地层水力指数);

D——系数,$D = 0.976\,7K_d - 7.270\,3$(钻井液密度差系数)[6];

K_d——地层可钻性级值。[6]

钻速方程中除 K_d 外其余参数均为实钻参数。通过对钻速方程进行数学变换得出可钻性级值求取公式:

$$K_d = \frac{\log V - 0.536\,6\log W - 0.920\,5\log N - 0.701\,1\log HEI + 3.175(MW-1.15) - 0.062\,9}{0.199\,3\log W - 0.037\,5\log N - 0.056\,82\log HEI + 0.434\,3(MW-1.15) - 0.082} \quad (2)$$

1.2　线性回归处理

地层可钻性与井深存在着一定的关系,分析已测地层可钻性与井深关系,总结经验公式,通过现场钻井深度反算实钻遇地层可钻性级值,是很有必要的[7]。

按照地层分组,分别计算出分层平均岩石可钻性级值和分层平均井深;根据均方差公式计算相关系数 r,其中 X 为井深,Y 为可钻性级值。均方差公式为:

$$r = \frac{\sum_{i=1}^{n}(X_i - \overline{X})(Y_i - \overline{Y})}{\sqrt{\sum_{i=1}^{n}(X_i - \overline{X})^2 \cdot \sum_{i=1}^{n}(Y_i - \overline{Y})^2}} \quad (3)$$

将分层平均岩石可钻性级值和分层平均井深进行回归处理,即可建立该区块的地层岩石可钻性级值梯度公式:

$$K = aH + b \quad 即 \quad Y = aX + b \quad (4)$$

其中:

$$a = \frac{\sum_{i=1}^{n}(X_i - \overline{X})(Y_i - \overline{Y})}{\sum_{i=1}^{n}(X_i - \overline{X})^2}, \; b = \overline{Y} - a\overline{X}$$

1.3　可钻性梯度模型建立

通过对该区块内 3 口页岩气井的实钻资料进行收集整理,运用不同深度、不同地层钻头实钻数据,即机械钻速 V、钻压 W、转速 N、有效钻头水功率 HEI、钻井液密度 MW,通过公式(2)求得对应地层的可钻性级值 K_d。考虑样本数据的有限性,以系为基础、以组为单元划分不同地层,即以第四系、新近系、古近系为 1 组,以三叠系为 1 组,以二叠系乐平统为 1 组,以二叠系阳新统、船山统为 1

组,以石炭系、奥陶系为1组,共5组,计算得出对应地层的可钻性数值。

将计算得出的不同深度地层对应的不同级值汇总,将个别异常数据剔除,利用公式(3)、公式(4)进行线性回归处理,最终建立区域地层可钻性梯度公式模型,见表1。

表1 区域地层可钻性梯度公式模型

序号	地层	可钻性级值梯度公式	a	b	r
1	第四系、新近系、古近系	$K_d=0.000\,73H+2.219$	0.000 73	2.219	0.227
2	三叠系	$K_d=0.002\,5H+1.15$	0.002 5	1.150	0.853
3	二叠系乐平统	$K_d=0.005H-4.128$	0.005	-4.128	0.721
4	二叠系阳新统、船山统	$K_d=0.002\,2H+0.097\,7$	0.002 2	0.097 7	0.566
5	石炭系、奥陶系	$K_d=0.002\,3H-0.941$	0.00 23	-0.941	0.673

从求得的可钻性梯度公式来看,第四系、新近系、古近系相关系数为0.227,主要原因是该段地层较软,可钻性极好,钻速快,且有易斜因素,钻井过程中人为控制钻井参数(钻压、转速等),数据可以使用。

三叠系、二叠系乐平统井深与可钻性级值线性关系比较好,相关系数在0.7以上,可以作为钻头选型依据。

二叠系阳新统、船山统相关系数为0.566,主要原因是该段地层为主要目的层,大部分钻头为取芯钻头,偶尔可见全面钻头,虽然数据比较多,但是为了提高取芯机械钻速,尝试使用了不同厂家、不同类型的取芯钻头,并且人为选择钻井参数进行取芯钻进,导致相关系数较低,但可钻性级值与地层深度仍然具有一定关联性,可以作为钻头选型依据。

石炭系、奥陶系数据较少,相关系数小,不建议使用。

参照可钻性级值梯度公式,计算得出区块具体地层对应可钻性级值,见表2。

表2 区块地层可钻性级值表

界	系	统	组	代号	平均井深/m	地层可钻性级值 K_d
新生界	第四系			Q	107.00	2.30
	新近系			N	363.00	2.48
	古近系			E	623.50	2.67
中生界	三叠系	中三叠统	油房庄组	T_2y	1 071.10	3.82
			二马营组	T_2e	1 685.70	5.36
		下三叠统	和尚沟组	T_1h	2 045.40	6.26
			刘家沟组	T_1l	2 455.50	7.29
上古生界	二叠系	乐平统	孙家沟组	P_3s	2 647.80	9.11
			平顶山组	P_3p	2 715.70	9.45
		阳新统	上石盒子组	P_2sh	2 978.90	6.65
			下石盒子组	P_2x	3 260.24	7.27
		船山统	山西组	P_1s	3 322.76	7.41
			太原组	P_1t	3 376.23	7.52
	石炭系	上石炭统	本溪组	C_2b	3 385.50	6.85
下古生界	奥陶系	中、上奥陶统	马家沟组	O_2m,O_3m	3 420.00	6.93

2 区域地层钻头优选模型建立

地层的岩石可钻性反映的是地层抗破碎的难易程度,我国在石油钻井行业把岩石可钻性由软到硬分为10级,级值越高,表示钻进难度越大。可钻性把岩石的性质由强度、硬度等一般性概念引向了与钻井工程等实际工作有联系的概念,钻头生产厂家也把地层软硬程度作为钻头设计的依据。因此,岩石可钻性与钻头类型早已存在相互对应关系[8-11]。中国石油天然气总公司根据我国八大油田地层可钻性的定值范围及分布规律,结合大量的钻头统计资料对比提出了岩石可钻性与钻头类型之间的对应关系,形成了用岩石可钻性优选钻头型号的方法,见表3。

表3 岩石可钻性和钻头型号对照表

地层级别		I~III	I~IV	I~VI	I~VII	I~X
可钻性级值		$K_d<3$	$3{\leqslant}K_d<4$	$4{\leqslant}K_d<6$	$6{\leqslant}K_d<8$	$8{\leqslant}K_d<10$
地层分类		极软	软	软-中	中-硬	硬
IADC编码*	铣齿	1-1	1-1	1-3、2-1	2-3、3-1	3-3、3-4
	镶齿	4-1、4-2	4-4	5-1、5-2	6-1、6-2	7-1、7-2
金刚石钻头	PDC**	D1	D1	D2	D3	D4
	取芯	D7	D7	D7、D8	D8	D8
刮刀钻头	硬质合金					
	聚晶					

* IADC编码指国际钻井承包商协会编码。

** PDC钻头指聚晶金刚石复合片钻头。

参照石油行业建立的可钻性级值与钻头类型对应关系,按照级值范围和划分好的地层软硬分级,广泛调研、收集常见钻头生产厂家推荐的钻头选型方案,分别总结出了针对不同地层中,牙轮钻头(铣齿和镶齿)、PDC全面钻头、PDC取芯钻头的适用类型[12-15]。见表4。

表4 区域地层钻头优选模型

项目	第四系、新近系、古近系	三叠系	二叠系乐平统	二叠系阳新统、船山统	石炭系、奥陶系
可钻性级值梯度	$K_d=0.00073H+2.219$	$K_d=0.0025H+1.15$	$K_d=0.005H-4.128$	$K_d=0.0022H+0.0977$	$K_d=0.0023H-0.941$
地层可钻性级值范围	$2<K_d<3$	$3<K_d<8$	$9{\leqslant}K_d<10$	$6<K_d<8$	$6<K_d<7$
地层分类	极软	软中、中硬	中硬、硬	中硬	中硬
钻头厂家推荐使用IADC编码	1-1、1-2、4-1、4-2、D1	4-4、5-1、5-2、5-3、6-1、D2、D3	7-1、7-2、D4	6-1、6-2、D3	6-1、6-2、D3
具体钻头型号列举	SKG124、HAT127、KS1952SGR、KS1953SGR	HJT517G、HJT537GHL、HJT617GHL、BT1665DXG、KM1653DAR、FLM1953JLF	BT1665DXG、HJT537GK、HJT617GHL	KMD1652ADGR、T1655B、E1167M、KMC1365*、CM667*、GC315*、DC386*	KM1653DAR、KMD1652ADGR、T1655B

* 取芯钻头。

通过模型的建立和分析,钻头优选方案如下:

(1) 第四系、新近系、古近系地层松软,区域地层可钻性级值小于3,在该地层中多采用445 mm(17½ in)、311 mm(12¼ in)钻头进行一开或者二开钻进,建议主要使用成本比较低廉的三牙轮 SKG124 型钻头,如果钻遇厚度较大的地层,可以使用 KS1953SGR 型 PDC 钻头,配合螺杆钻进,达到快速、高效的目的。

(2) 三叠系和尚沟组、刘家沟组上部为软中地层,刘家沟组下部为中硬地层,区域地层可钻性级值3～8,在该地层中多采用311 mm(12¼ in)、216 mm(8½ in)钻头进行二开钻进,建议使用 BT1665DXG 钻头,配合螺杆实现快速钻进,期间可以间断使用三牙轮 HJ517G、HJT537GHL 型钻头,实现降低成本。

(3) 二叠系乐平统孙家沟组、平顶山组为本区域难钻地层,属于中硬、硬地层,区域地层可钻性级值9～10,在该地层中多采用311 mm(12¼ in)、216 mm(8½ in)钻头进行二开、三开钻进,建议使用 BT1665DXG 钻头,配合螺杆钻进,实现提高钻速、节约成本、降低事故率的目的。

(4) 二叠系阳新统、船山统为本区域主要目的地层,属于中硬地层,区域地层可钻性级值6～8,在该地层中多采用216 mm(8½ in)无芯或取芯钻头进行二开、三开钻进。建议无芯地层中钻进使用 KMD1652ADGR 型钻头,取芯地层中钻进使用 CM667、KMC1365 型取芯钻头。

(5) 石炭系、奥陶系地层,在该地层中多采用216 mm(8½ in)钻头进行二开、三开钻进。区域内该段地层厚度小,一般钻至奥陶系马家沟组灰岩完钻或者钻穿马家沟组灰岩。建议使用 KMD1653ADGR 型钻头,以达到最大机械钻速的目的。

3 结论与建议

(1) 本次钻头优选坚持实钻资料综合分析原则以及理论分析建模原则进行综合评价。

(2) 本次钻头优选依据区块内实施的页岩气井实钻资料,进行了地层可钻性级值的计算和分析,通过建立地层可钻性梯度模型,进而推算对应地层的可钻性级值。参照石油行业建立的可钻性级值与钻头类型对应关系,按照级值范围和划分好的地层软硬分级,广泛调研、收集常见钻头生产厂家推荐的钻头选型方案,分别总结出了针对不同地层,牙轮钻头(铣齿和镶齿)、PDC 全面钻头、PDC 取芯钻头的适用类型。

(3) 利用本次钻头优选研究应用成果,针对不同岩性地层、不同可钻性地层,可以选择与之相对应的钻头类型,为钻井施工提供了钻头备选方案,对钻头优选提供了一定的指导意义。

(4) 建议在该区块钻井工程中,推广应用优选出的钻头,并不断尝试新型钻头,到达"提钻速、降成本"的目的。

(5) 本文使用的基础数据资料有限,研究不够全面,希望在以后区块勘探开发中继续收集钻井资料和钻头使用资料,继续完善研究成果。

参 考 文 献

[1] 张辉,高德利.钻头选型方法综述[J].石油钻采工艺,2005,27(4):1-5.

[2] 周春晓,任海涛.钻头选型原则及新方法介绍[J].内蒙古石油化工,2012,38(15):72-74.

[3] 白萍萍,步玉环,李作会.钻头选型方法的现状及发展趋势[J].西部探矿工程,2013,25(11):79-82.

[4] 汤小燕,牛林林.一种基于测井信息的钻头选型方法[J].国外测井技术,2004(1):42-44.

[5] 袁本福,邓红琳,赵文彬,等.岩石可钻性研究在大牛地气田下古生界的应用[J].天然气技术与经济,2014,8(3):41-43.

[6] 郭艳洁.简便易行的地层可钻性求取和钻速预测方法[J].西部探矿工程,2006,18(5):152-154.

[7] 刘希圣,等.钻井工艺原理:上册[M].北京:石油工业出版社,1981.

［8］巨满成.岩石可钻性与钻头纯钻时线性回归及应用［J］.石油钻采工艺,1992,14(1):19-24.

［9］李福来.浅谈钻头地选型及分类法［J］.中国石油和化工标准与质量,2011,31(9):102,96.

［10］国家石油和化学工业局.岩石可钻性测定及分级方法:SY/T 5426—2000［S］.北京:石油工业出版社,2000.

［11］张立刚,吕华恩,李士斌,等.钻井参数实时优选方法的研究与应用［J］.石油钻探技术,2009,37(4):35-38.

［12］张辉,高德利.钻头选型通用方法研究［J］.石油大学学报(自然科学版),2005,29(6):45-49.

［13］吴赵平.钻头选型技术研究［J］.石化技术,2017,24(7):65.

［14］杨进,刘书杰.一种钻头选型新方法研究［J］.石油钻采工艺,1998,20(5):38-40.

［15］李士斌,阎铁,张艺伟.岩石可钻性级值模型及计算［J］.大庆石油学院学报,2002,26(3):26-28,115-116.

放射性物探工作在河南黄柏沟地区铀矿勘查中的应用

芦光播,温国栋,徐少峰,张盼盼

(河南省核工业地质局,河南 郑州 450000)

摘　要:在河南黄柏沟地区地质背景和地质成矿条件的基础上,通过开展地面伽马总量测量、伽马能谱剖面测量、伽马探槽编录、γ测井以及样品分析等一系列工作,分析总结该地区各地质岩体和花岗伟晶岩的放射性特性以及分布规律,用于指导该地区铀矿找矿工作。本文通过研究发现,采用放射性物探方法在该区的铀矿找矿工作中有较好的效果。

关键词:地面伽马总量测量;伽马能谱剖面测量;探槽伽马编录;γ测井;样品分析

卢氏县黄柏沟地区位于灰池子岩体北东部,该地区以往的放射性工作仅在该区发现了部分异常点,整体放射性铀矿勘查工作程度较低。自2015年以来,通过在该地区开展的1:1万地面伽马总量测量,发现多处规模较大的异常区域,在分析总结异常区域内放射性特征的基础上,通过布置相应探槽和钻探等工程揭露,在该地区取得了较好的铀矿找矿效果。本文系统总结了地面伽马总量测量、伽马能谱剖面测量、探槽伽马编录及γ测井等在该区铀矿找矿工作中的应用,从而可以有效指导区内铀矿勘查工作。

1　地质概况

1.1　区域地质特征

工作区位于河南省卢氏县黄柏沟地区,灰池子岩体东北部,大地构造位置位于秦祁昆造山系之秦岭弧盆系商丹绿岩混杂岩带北侧[1],主要出露的地层有古元古界秦岭岩群和中元古界峡河岩群,其中,秦岭岩群地层中岩性主要为石槽沟岩组中的黑云斜长片麻岩、白云质大理岩等变质岩,而峡河岩群主要为寨根岩组中的二云(黑云)石英片岩、二云(黑云)斜长片岩及夹杂一些大理岩等。见图1。

工作区内岩浆活动强烈,具有多时代、多类岩的特点[3],其中秦岭岩群中发育着古生代加里东期花岗岩和大量的花岗伟晶岩脉,这些含矿伟晶岩脉就分布于峡河岩群寨根岩组a段的黑云斜长片麻岩中,地表多呈脉状、囊状等,相互平行。在距灰池子岩体接触带近的部位,花岗伟晶岩脉具有规模大、分布密集、连续性好、分带明显等特点;而在远离岩体接触带的部位,花岗伟晶岩脉表现为规模小、分布稀疏、连续性差等特点。

作者简介:芦光播,男,1991年生。物探助理工程师,主要从事地球物理勘查研究与应用工作。

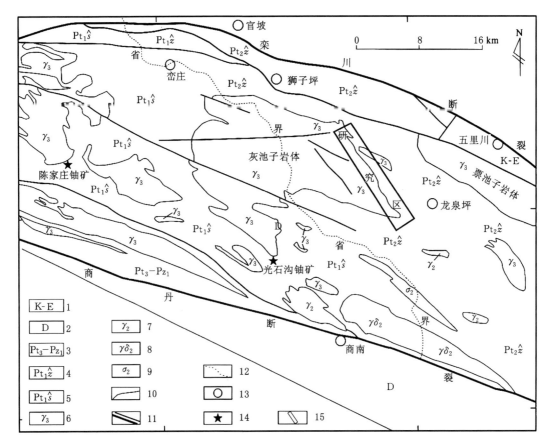

1—白垩系-古近系；2—泥盆系；3—新元古界-早古生代丹凤群蛇绿岩；

4—中元古界峡河岩群寨根岩组；5—古元古界秦岭岩群石槽沟岩组；6—加里东期花岗岩；

7—晋宁期花岗岩；8—晋宁期花岗闪长岩；9—晋宁期橄榄岩；10—地层界线；11—断裂（或断层）；

12—省界；13—县（或村、镇）；14—已知花岗伟晶岩型铀矿床位置；15—工作区位置。

图1　东秦岭地区区域地质简图[2]

1.2　矿化体地质特征

据资料显示，矿区内铀矿体主要产出于花岗伟晶岩中，且这些含矿的伟晶岩脉密集发育在灰池子岩体外接触带0~300 m范围内[4]（见图2）；与围岩的接触关系主要以顺层（或切层）产出，呈北西-南东向展布，倾向北东，倾角43°~88°，主要以脉状出露地表，相互平行，地表出露长度一般在50~800 m，宽度一般在1~20 m，品位一般在0.03%~0.14%之间。

矿区含矿伟晶岩脉结构为伟晶结构、块状（文象）构造，主要含有石英、长石及黑云母等矿物。石英呈烟灰色，油脂光泽，钾长石含量丰富，伟晶岩颜色整体呈现肉红色，黑云母呈团块状分布。矿石中蚀变矿化强烈，主要见钾化、硅化、黄铁矿化等，其中钾化越明显的部位放射性强度越高。

2　放射性物探工作及方法

2.1　地面伽马总量测量

本次主要在黄柏沟地区开展1:1万地面伽马总量测量工作，工作过程严格按照规范要求：测线垂直脉体以及地层，测网布置规范，工作中发现异常点时，加密测量并进行脉体追索等。

地面伽马总量测量显示,矿区内花岗伟晶岩及灰池子岩体放射性强度一般偏高,片(麻)岩放射性强度普遍较低。通过对不同岩性所测得的伽马值分别进行统计计算(见表1),最终在测区圈定出伽马等值线图(见图3)。

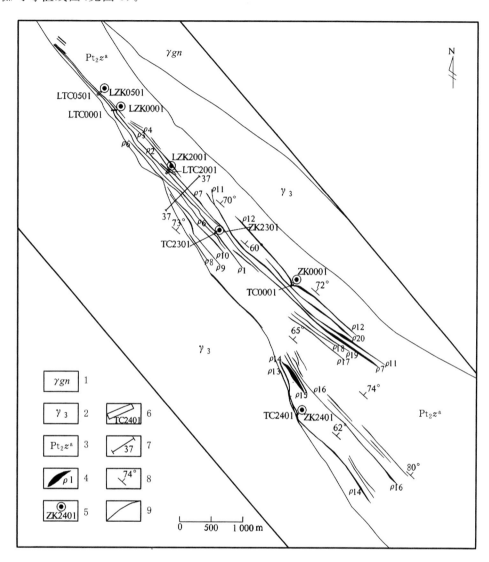

1—花岗片麻岩;2—加里东期花岗岩;3—中元古界峡河岩群寨根岩组 a 段;

4—伟晶岩脉及编号;5—钻孔位置及编号;6—探槽位置及编号;

7—剖面线位置及编号;8—产状;9—地质界线。

图 2　卢氏县灰池子岩体外围黄柏沟地区地质简图

表 1　测区主要岩性伽马测量参数统计

地层/岩性	参　数					备注
	最大值 $/\times 10^{-6}$	最小值 $/\times 10^{-6}$	背景值 $/\times 10^{-6}$	均方差 $/\times 10^{-6}$	统计个数 /个	
gn	40	16	23.3	5.6	1 337	
γ_3	84	18	26.8	6.8	698	
ρ	1 900	14	39.8	11.5	379	
Q	34	21	21.6	5.2	50	

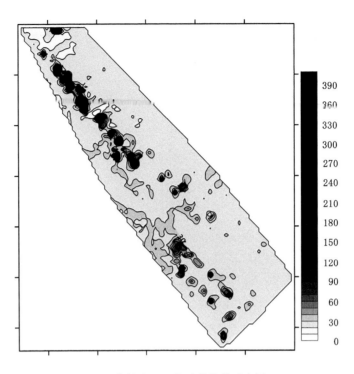

图 3　黄柏沟地区伽马等值线示意图

从表 1 可以看出,矿区内伟晶岩的背景值最高,背景值为 $39.8×10^{-6}$,放射性强度最大值为 $1\,900×10^{-6}$,远远高于其他岩性,说明该地区异常主要赋存在伟晶岩中。

通过图 2 与图 3 对比发现:

(1) 通过本次地面伽马总量测量,在本地区共发现异常高点 78 个,共圈定数十个异常高场区,发现异常伟晶岩脉数十条。其中,在 $\rho1$、$\rho2$ 号伟晶岩脉走向上圈定多个异常场和异常高场组成的异常段,且在该伟晶岩脉上共发现异常点约 30 个,地表放射性强度最高值为 $1\,900×10^{-6}$,一般在 $50×10^{-6}\sim100×10^{-6}$;而在 $\rho14$、$\rho16$ 号伟晶岩脉上的放射性异常段上共发现异常点 13 个,放射性强度最高值为 $1\,100×10^{-6}$,一般在 $45×10^{-6}\sim95×10^{-6}$。

(2) 放射性伽马异常一般分布于灰池子岩体外侧 $0\sim300$ m 范围内,且放射性异常场规模大、连续性好。放射性异常地段明显受伟晶岩脉控制,出露地表岩性的放射性强度高,具有良好的找矿效果。

(3) 矿区放射性异常沿北西-南东向展布,与花岗伟晶岩的脉体走向一致,且与脉体出露位置契合度好。

在分析研究区域地质背景和成矿地质条件的基础上[5],通过本次地面伽马总量测量工作已基本了解矿区内地表伽马场特征以及分布规律的基本情况。通过对已发现的异常点(带)以及圈定的伽马场与铀矿化之间的关系进行研究总结,并结合地质情况,最终将本矿区圈定一处成矿远景段。

2.2　伽马能谱剖面测量

伽马强度及其分布特征能够有效地指明测区内不同岩性中铀、钍、钾等放射性元素的分布情况和分布规律[6]。在工作区异常条件好的地段布置一条 $1:72\,000$ 地质物探伽马能谱综合剖面,剖面方向垂直含矿脉体。通过综合对比分析,本次开展的伽马能谱剖面测量(37 号)线布置在黄柏沟地区。通过对该地区伽马能谱剖面数据进行统计分析,计算得到不同岩性的伽马能谱参数特征,统计结果见表 2。

表 2　黄柏沟地区 37 号线各岩性的伽马能谱参数特征表

元素含量	参数	岩性			全线
		黑云斜长片麻岩	伟晶岩	中、粗粒花岗岩二长花岗岩	
U 含量/×10⁻⁶	最大值	8.00	127.40	6.20	127.40
	最小值	1.10	4.60	1.10	1.10
	平均值($\overline{X}$)	3.58	38.78	2.63	4.72
	标准偏差(S)	1.64	46.63	1.48	6.03
	变异系数(C_v)	0.46	1.20	0.56	1.28
Th 含量/×10⁻⁶	最大值	25.20	339.50	24.70	339.50
	最小值	4.50	7.40	8.30	4.50
	平均值($\overline{X}$)	15.23	57.64	12.24	15.87
	标准偏差(S)	4.50	100.35	4.00	7.73
	变异系数(C_v)	0.30	1.74	0.33	0.49
K 含量/%	最大值	5.10	6.90	4.20	6.90
	最小值	0.90	1.80	0.90	0.90
	平均值($\overline{X}$)	2.44	4.02	1.97	2.44
	标准偏差(S)	0.89	1.83	1.03	0.99
	变异系数(C_v)	0.36	0.46	0.52	0.41

注:计算 $\overline{X}$、S 时,剔除含量值 $\geq(\overline{X}+3S)$ 的测点。

　　通过研究黄柏沟地区 37 号线各岩性的伽马能谱数据(见表 2)以及地质物探伽马能谱综合剖面图(图 4)可看出:

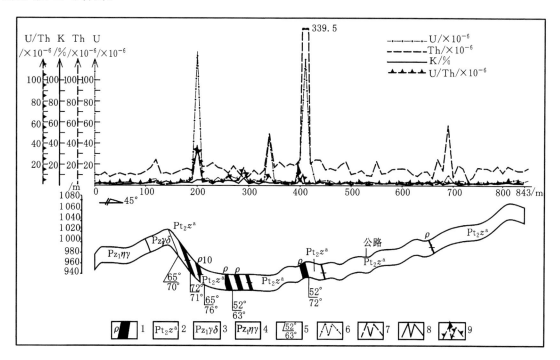

1—伟晶岩;2—中元古界峡河岩群寨根岩组 a 段;3—早古生代中、细粒花岗闪长岩;4—早古生代中、细粒二长花岗岩;
5—产状;6—U 含量曲线;7—Th 含量曲线;8—K 含量曲线;9—U 含量/Th 含量曲线。

图 4　黄柏沟地区 37 号线地质物探伽马能谱综合剖面图

(1) 在围岩(黑云斜长片麻岩)与岩体(二长花岗岩)中铀的平均含量普遍低于钍的平均含量,即 U 含量/Th 含量<1;而在伟晶岩中铀的平均含量一般高于钍的平均含量,在有些伟晶岩脉中铀、钍均出现高值,且含量相当,即 U 含量/Th 含量≥1。

(2) 在剖面中伟晶岩的铀、钍的平均值含量要明显高于其他岩性;而钾除了在伟晶岩中的含量稍高外,在其他岩性中的含量比较接近。

(3) 在剖面中伟晶岩除了铀、钍平均含量相对较高外,其标准偏差(S)、变异系数(C_v)也明显高于其他岩性,并均高于整条线的平均值。这说明在 37 号线剖面中,各岩性中的铀、钍元素不均匀分布,使得局部存在富集现象,且在伟晶岩中具有良好的找矿效果[7]。

(4) 在伽马能谱剖面曲线中,铀含量以及铀、钍含量比值能直接反映矿石中铀矿化的强弱;在 200 m 处(ρ10 号)铀、钍元素曲线变化明显,U 含量/Th 含量=3.81>1,U 含量为 127.4×10^{-6}。

综上所述,在矿区内伟晶岩中铀元素的平均含量高于其他岩性,围岩与岩体铀含量普遍较低;异常主要由铀矿化引起,铀矿化主要赋存在伟晶岩中,伟晶岩表现为富铀现象,而围岩与岩体主要表现为贫铀现象。

2.3 探槽伽马编录

根据地面伽马总量测量及伽马能谱剖面测量结果,在成矿有利地段布置若干探槽。通过对探槽进行伽马编录,并对所得数据进行统计分析,按相当铀含量 0.01%、0.03%、0.05% 等级绘制伽马照射量率等值线图[8]。此次探槽伽马编录工作均严格按照规范要求。

在异常地段的探槽揭露显示(探槽位置见图 2),各探槽中探测到较强的伽马异常。TC2301 号探槽伽马照射量率等值线图(见图 5)显示,在探槽中存在相当铀含量大于 0.01% 的铀矿化[9],异常

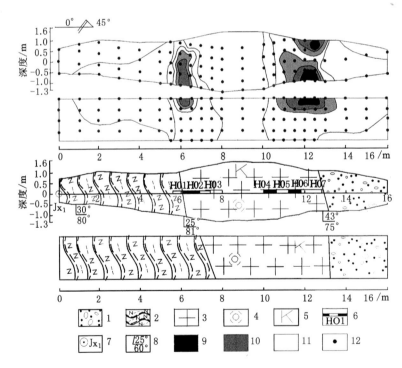

1—第四系;2—黑云斜长片麻岩;3—花岗伟晶岩;4—硅化;5—钾化;

6—取样位置及编号;7—基线点位置及编号;8—产状;9—相当铀含量大于 0.05%;

10—相当铀含量大于 0.03%;11—相当铀含量大于 0.01%;12—伽马测点位置。

图 5 黄柏沟地段 TC2301 号探槽伽马照射量率等值线图

地段相当铀含量达到 0.01% 以上,伽马强度一般在 $100 \times 10^{-6} \sim 300 \times 10^{-6}$,最高达 600×10^{-6},大于 100×10^{-6} 的异常高值区主要分布在伟晶岩脉中。在探槽 12~13 m 处,槽壁与槽底相交处相当铀含量大于 0.05%,且异常从槽壁到槽底有向下增高趋势,出现越往深处矿化越好的现象。

通过探槽取样分析(见表 3),TC2301 号探槽中铀含量在 0.001% ~ 0.050% 之间;矿区各探槽中均见品位达到矿化以上样品,且品位一般在 0.01% ~ 0.05% 之间,厚度一般为 0.57~0.94 m,可见最高品位为 0.143%、厚度为 0.79 m 的铀矿体;含矿伟晶岩脉中钾化、硅化强烈,岩石中矿物颗粒粗大,含有丰富的钾长石、石英以及黑云母等。

表 3 测区探槽部分样品化学分析

序号	样品编号	取样位置/m	分析结果			
			U/%	Th/%	Ra/$\times 10^{-9}$	K/%
1	TC2301-H01	5.60~7.40	0.001	—	—	—
2	TC2301-H02		0.019	—	—	—
3	TC2301-H03		0.013	—	—	—
4	TC2301-H04	10.00~12.80	0.003	—	—	—
5	TC2301-H05		0.022	0.012	—	—
6	TC2301-H06		0.020	0.010	6.21	4.97
7	TC2301-H07		0.050	0.036	2.20	4.88

通过本次在矿区开展的探槽揭露、探槽伽马编录以及取样分析等工作,不仅了解到矿区内的矿化体与围岩的接触关系以及界线的位置,同时还掌握了矿化体范围、厚度以及矿化体的矿化特点等;在客观、真实地反映出地质矿化现象的同时,也为研究铀矿地质特征以及指导下一步钻探工作提供了基础资料和可靠依据。

3 放射性 γ 测井

放射性 γ 测井在放射性铀矿勘查中是一种常用的地球物理方法。由于岩石中含有铀(U)、钍(Th)、钾(K)等天然放射性元素,所以通过用 γ 测井仪测量含矿岩石中发出的放射性射线强度,并通过 γ 测井解释结果来划分钻孔揭露的铀矿段的位置、厚度、品位,确定矿区铀矿特征,为估算资源量提供了基础资料。

在矿区各矿化较好地段布置钻探工程(钻孔位置见图 2),通过放射性 γ 测井,发现含矿岩层测井曲线起伏大(见图 6),放射性异常反应明显,显示岩层中铀(或钍)元素含量高。对放射性 γ 测井数据进行反褶积计算,在 ZK2301 钻孔中 19.75~26.75 m 之间,反褶积计算结果显示该段品位为 0.012 4%、厚度为 7 m,岩心取样分析结果显示(见表 4)该段(样品:H08~H14)平均品位为 0.012 7%;在 ZK0001 钻孔中 111.85~114.55 m 之间,反褶积计算结果显示该段品位为 0.019%,岩心取样分析结果显示(见表 4)该段(样品:H03~H05)平均品位为 0.017 3%。该地区累计实施的 13 个钻孔中,多个钻孔的含矿矿层品位达工业指标,其中达工业品位的钻孔 8 个,矿化孔 4 个,见矿率达 92.3%,可见品位最高达 0.067%、真厚度为 0.81 m 的工业铀矿体。

综上所述,对比该区所有钻孔放射性 γ 测井与岩心取样分析结果发现,放射性 γ 测井能够有效评价钻孔中岩矿层的位置、厚度以及含矿性,为该地区铀矿资源量估算以及铀矿资源评价提供有利依据。事实证明,该地区是一处铀矿成矿有利地段。

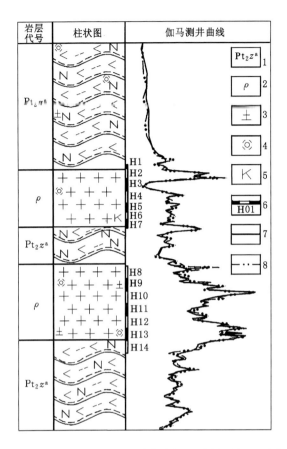

1—黑云斜长角闪片麻岩;2—花岗伟晶岩;3—高岭土化;4—硅化;

5—钾化;6—取样位置及编号;7—基本测井曲线;8—检查测井曲线。

图6 黄柏沟地区 ZK2301 钻孔柱状示意图

表4 测区钻孔岩心部分样品检测结果表

序号	钻孔	样号	检测项目			
			U 含量/%	Th 含量/%	Ra 含量/×10⁻⁹	K 含量/%
1	ZK2301	H08	0.011	—	—	—
2		H09	0.017	0.004	6.20	1.88
3		H10	0.011	—	—	—
4		H11	0.009	—	—	—
5		H12	0.024	—	—	—
6		H13	0.009	—	—	—
7		H14	0.008	—	—	—
8	ZK0001	H03	0.020	0.018	5.29	4.14
9		H04	0.021	0.015	5.94	1.46
10		H05	0.011	0.008	3.60	1.48

4 分析与结论

（1）本次矿区应用放射性物探测量方法，辅以样品分析、探槽揭露和钻孔验证，是寻找铀矿的有效工作手段，可在较短的时间周期内突出找矿效果。

（2）通过在黄柏沟地区开展的一系列的放射性物探工作，已基本查明矿区地表及浅层内放射性场特征，并且取得较好的找矿成果。通过此次工作，在矿区内的黑云母花岗伟晶岩脉中发现了连续性好的铀矿异常，并且异常受含矿构造控制明显。依据放射性物探方法的综合应用来分析判断黑云母花岗伟晶岩异常的控制因素，最终达到综合找矿目的。

（3）通过本次工作发现，在项目区开展的各项工作由于受到技术水平以及各类因素的限制不能达到深部找矿的目的，因此在下一步工作中，可以依据此次工作的研究成果结合其他物探方法，通过研究深部和隐伏矿体的特征、位置及形态，为该地区的深部铀矿找矿工作及工程部署提供依据。

参 考 文 献

[1] 李伍平,王涛,王晓霞,等.北秦岭灰池子复式岩体单颗粒锆石年龄[J].中国区域地质,2000,19(2):172-174.

[2] 卢欣祥,祝朝辉,谷德敏,等.东秦岭花岗伟晶岩的基本地质矿化特征[J].地质评论,2010,56(1):21-30.

[3] 卢欣祥.秦岭花岗岩[C]//叶连俊,等.秦岭造山带学术讨论会论文选集.西安:西北大学出版社,1991:250-260.

[4] 张盼盼,陈化凯,温国栋,等.河南省卢氏县灰池子岩体外围花岗伟晶型铀矿地质特征研究[J].矿床地质,2017,36(6):1425-1438.

[5] 中国核工业总公司.地面伽马总量测量规范:EJ/T 831—1994[S].1994.

[6] 石玉春,吴燕玉.放射性物探[M].北京:原子能出版社,1986.

[7] 杨彦超,曹秋义,卢辉雄,等.黑龙江奋斗地区地面伽马能谱异常特征及成因分析[J].矿产勘查,2017,8(5):875-880.

[8] 中国核工业地质局.铀矿地质勘查规范:DZ/T 0199—2015[S].北京:地质出版社,2015.

[9] 王强.上护林盆地93401矿化点物探成果与铀矿化关系[J].科技创新与应用,2013(31):82.

CSAMT 数据非线性共轭梯度 2D 反演在栾川鱼库钼矿勘查中的应用

司法祯[1,2],张 平[2],杨庆华[1,2],李志勋[1,2]

(1. 河南省地质调查院,河南 郑州 450001;

2. 河南省金属矿产成矿地质过程与资源利用重点实验室,河南 郑州 450001)

摘 要:本文介绍了可控源音频大地电磁(CSAMT)法的原理和野外工作方法;通过选取合理的初始模型参数,进行非线性共轭梯度 2D 反演,对 2D 反演视电阻率断面结合地质情况进行解译;总结了 CSAMT 数据非线性共轭梯度 2D 反演在栾川鱼库钼矿勘查中的应用效果。

关键词:可控源音频大地电磁法;非线性共轭梯度;栾川鱼库;钼矿

栾川鱼库钼矿床位于华北克拉通南缘,矿床的形成与燕山期岩浆-夕卡岩热液成矿作用有关,是近年来发现的大型隐伏钼多金属矿床[1]。可控源音频大地电磁(CSAMT)法是一种频率域的电磁测深勘探方法,具有勘探深度大、分辨率高、效率高的特点[2]。随着资源勘查逐步向深部发展,CSAMT 法的应用愈加广泛,在深部隐伏矿床的找矿勘探方面尤为重要。目前 CSAMT 数据 2D 反演有多种计算方法,主要有奥可姆法(OCCAM)、快速松弛法(RRI)、非线性共轭梯度法(NLCG)等,其中非线性共轭梯度法(NLCG)以其良好的稳定性和内存需求不高的特点,已经广泛应用于地球物理反演问题当中[3],也是 CSAMT 数据 2D 反演的最常用的方法之一。本文结合工作中 CSAMT 数据非线性共轭梯度 2D 反演结果在栾川鱼库钼矿勘查中的应用进行探讨。

1 CSAMT 法工作原理及工作方法

CSAMT 法是一种利用接地水平电偶源为信号源的频率域电磁测深法。以电磁波在均匀半空间介质中的传播规律和麦克斯韦方程组为基础,通过观测发射源在远区的水平电场分量 E_x 和垂直磁场分量 H_y 的比值来计算卡尼亚电阻率(视电阻率)。其公式如下:

$$\rho_s = \frac{1}{5f} \left| \frac{E_x}{H_y} \right|^2 \tag{1}$$

式中,ρ_s 为卡尼亚电阻率;f 为电磁波频率;E_x 为水平电场分量;H_y 为垂直磁场分量。

根据电磁波的趋肤效应理论,电磁波在均匀介质和非均匀介质中的有效探测深度可表示为:

$$H = 256 \sqrt{\frac{\rho}{f}} \tag{2}$$

式中,H 为有效探测深度;ρ 为地表电阻率;f 为电磁波频率。

基金项目:河南省地勘基金项目"冷水-赤土店钼铅锌多金属矿深部普查"。

作者简介:司法祯,男,1980 年生。学士,工程师,主要从事地球物理勘查方向研究。

当地表电阻率一定时,可以看出有效探测深度与供电频率成反比,高频时探测深度浅,低频时探测深度深。通过改变不同的供电频率,就可以探测到地下不同深度范围内电性体的分布特征。

在 CSAMT 法野外工作中,把观测区布置在以 A、B 发射偶极为上底的梯形区域内,测线到 A、B 的距离应大于 3 倍的趋肤深度,测线的长度应保持在梯形面积之内。A、B 发射偶极布线方向与测线方向平行。如图 1 所示。

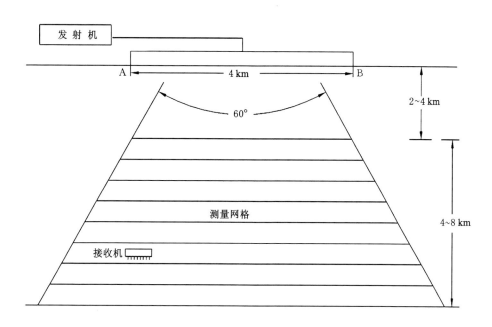

图 1　CSAMT 工作装置图

2　非线性共轭梯度法(NLCG)简介

常用的 CSAMT 数据 2D 反演方法有奥克姆(OCCAM)法、RRI 法、简化基奥克姆(REBOCC)法以及非线性共轭梯度(NLCG)法等。上述反演方法各有优缺点,如 OCCAM 法用线性高斯-牛顿法得到约束函数的最小值,对初始模型依赖程度小,收敛稳定,但需要计算雅可比矩阵,反演速度慢;RRI 法用前一次迭代模型的场量的横向梯度替代迭代后模型的场量的横向梯度,RRI 反演偏重于反演速度,但对较复杂的地电剖面反演效果较差;NLCG 法反演过程中避免了雅克比矩阵 G 和 G^T 的求取,而只需要求取 G 和 G^T 分别与任一个向量的乘积,并且这一乘积可以在一次正演过程中求取,大大降低了计算时间[4]。

NLCG 法是 CSAMT 数据 2D 反演的有效方法之一,通过该方法能避免直接计算雅克比矩阵,通过一次正演、两次"拟正演"能完成一次模型更新,节约了大量的计算时间,提高了反演的计算效率。NLCG 法属于确定性或非启发式反演方法,通过迭代过程来完成非线性反演。该方法用一个简单的线性搜索程序来代替沿目标泛函一给定的下降方向精确地求得它的极小值作为反演结果,在反演过程中不会陷入局部极值。

3 NLCG 法 2D 反演初始模型参数的选择

以河南栾川鱼库矿区 C00 线 CSAMT 数据为例,采用 WinGLink 软件进行 NLCG 法 2D 反演。NLCG 法 2D 反演虽然具有良好的稳定性、内存需求不高、效率高的特点,但该方法对初始模型依赖性较大,特别是网格的剖分、τ 值的选择、初始电阻率值的选择,直接影响了初始模型[4]。下面分述网格的剖分、τ 值的选择、初始电阻率值的选择。

3.1 网格的剖分

在 NLCG 法 2D 反演中,网格分布不均匀或者测点在网格中位置不适当,会造成测点偏离现象,从而影响反演精度[5]。因为 CSAMT 法在远区场或经过近场校正后数据满足平面波的要求,2D 反演时采用大地电磁反演理论,所以在 WinGLink 软件中 NLCG 法 2D 反演模型也必须满足网格分布均匀和测点在网格中心的要求。网格按照"相邻测点位置平均值法"进行剖分,图 2 是剖分结果示意图。在本例中,工作区地形变化剧烈,需要带高程输出网格数据进行剖分。

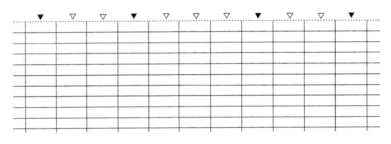

▼—实际测点,▽—通过添加网格线构成的视测点。

图 2 剖分结果示意图

3.2 τ 值的选择

τ 值是控制反演模型光滑参数,τ 值越大模型越光滑,τ 值越小模型越粗糙。图 3 是以 τ 值为参数的 RMS(有效值)变化曲线图,可见随着 τ 值的增大,RMS 收敛快,迭代 20 次后差距减小。图 4 是实测数据的不同 τ 值的反演结果,其中(a)、(b)、(c)、(d)图分别对应的 τ 值为 0.1、1、10、100;在网格和初始电阻率值相同(101 Ω·m)的条件下,进行 30 次反演迭代,RMS 分别等于 4.67、4.32、4.18、4.52。由图 4 所示反演结果结合测线地质信息,本次反演初始参数 τ 值选择为 1。

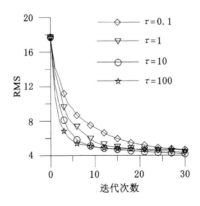

图 3 不同 τ 值的 RMS 曲线对比

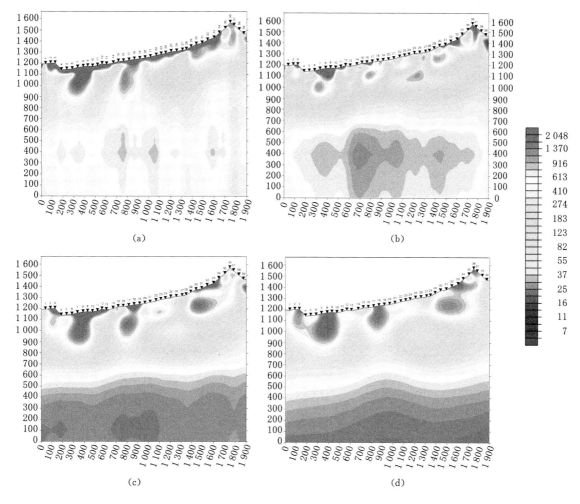

图 4   不同 τ 值的反演结果

3.3   初始电阻率值的选择

在 NLCG 法 2D 反演中,对初始均匀半空间模型电阻率值的选择不同,会对反演曲线拟合度和模型光滑度影响不同。图 5 是以初始电阻率值为参数的 RMS 变化曲线图,可见随着初始电阻率值的增大,RMS 收敛快,迭代 15 次后差距减小。图 6 是实测数据的不同初始电阻率值的反演结果,其中(a)、(b)、(c)、(d)图分别对应的初始电阻率值为 51 Ω·m、101 Ω·m、202 Ω·m、405 Ω·m;在网格和 τ 值相同($\tau = 1$)的条件下,进行 30 次反演迭代,RMS 分别等于 4.53、4.32、4.22、4.22。由图 6 可以看到,反演结果形态、细节不同,在结果的选择上参考测线所在工区的物性信息,本次反演选择初始电阻率值为 101 Ω·m。

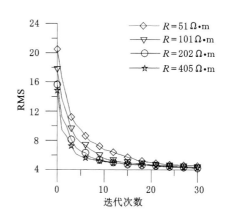

图 5   不同初始电阻率值的 RMS 曲线对比

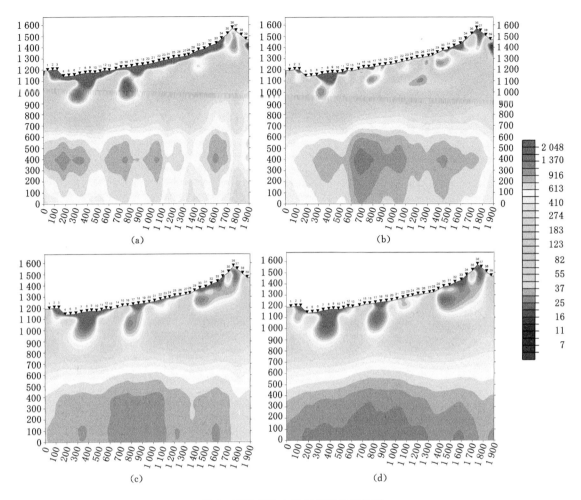

图 6　不同初始电阻率值的反演结果

4　反演结果与验证

栾川鱼库矿区出露地层主要为栾川群三川组及煤窑沟组夕卡岩、钙(碳)质片岩、黑云母大理岩、白云石大理岩、花岗斑岩、辉长岩等。以往重磁、化探与钻探资料显示,中-深部可能存在与成矿有关的酸性侵入花岗岩[6]。

由 NLCG 法 2D 反演的 CSAMT 测深视电阻率反演断面(见图 6)可见,该断面地表平均高程在 1 200 m 以上,而在高程 700 m 以下出现近水平的高阻体,紧邻高阻体上部存在厚度约 200～300 m 的视电阻率梯度渐变带,渐变带等值线平缓连续,视电阻率从约 100 Ω·m 到几百欧米渐变。渐变带上方视电阻率高、等值线起伏不连续,反映了浅部地层岩性变化及构造特征。根据 CSAMT 结果,结合以往资料推断断面下部高阻体为隐伏花岗岩体的可能性较大,高阻体上方视电阻率渐变带则是岩体顶部外接触蚀变带的反映。

在该视电阻率的演断面 250 m、700 m 和 1 100 m 处分别布置了 ZK0001、ZK00005、ZK00009 3 个钻孔进行验证,钻孔位置及验证结果如图 7 所示。3 个钻孔均在深部见到了花岗斑岩体及在岩体内、外接触带上见到厚度达数百米的伴生有黄铁矿的钼矿化体,其中,ZK0001 处钼矿化体厚度累计大于 200 m,岩体顶界面在高程 800 m 附近;ZK0005 及 ZK0009 处钼矿化体累计厚度大于 400

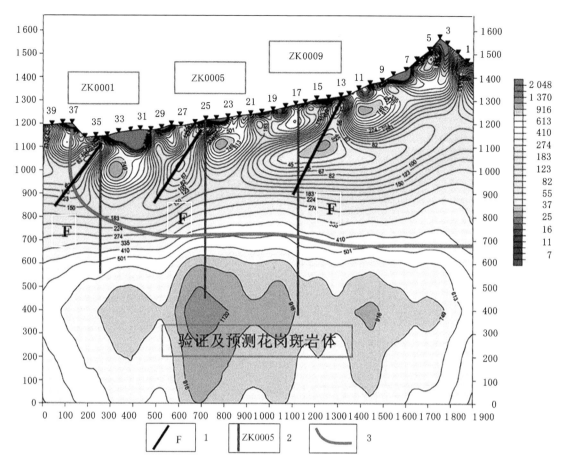

1—断层;2—钻孔位置及编号;3—花岗岩体顶界面。

图 7 钻孔位置及验证结果图

m,岩体顶界面在高程 700 m 附近。3 个钻孔在岩体外接触带见到的钼矿化体多为辉钼矿化大理岩(夕卡岩化明显),平均含钼 0.04%～0.06%;在岩体内接触带见到的钼矿化体多为辉钼矿化花岗斑岩,平均含钼 0.05%～0.1%,内接触带的斑岩型钼矿的钼含量明显高于外接触带。

5 结论

CSAMT 本身具有静态效应、场源效应等因素,需要在反演处理时反复尝试不同参数,结合地质、物性、测井等信息进行综合解释。本次 NLCG 法 2D 反演的 CASMT 解释成果经过钻孔验证效果较好,主要得益于网格的剖分、τ 值的选择、初始电阻率值的选择合理,其中网格剖分选择了带地形的均匀网格,τ 值选择 1,初始电阻率值选择 101 Ω·m。可见在栾川地区开展深部隐伏斑岩型矿床勘查中,基于非线性共轭梯度 2D 反演的 CSAMT 法可以起到很好的找矿效果。

参 考 文 献

[1] 贾文娟,王功文,韩江伟,等.河南栾川鱼库 Mo 矿床黄铁矿热电性特征及成矿规律[J].现代地质,2016,30(6):1209-1218.

[2] 石昆法.可控源音频大地电磁法理论与应用[M].北京:科学出版社,1999:12-29.

[3] RODI W,MACKIE R L. Nonlinear conjugate gradients algorithm for 2-D magnetotelluric inversion[J]. Geophysics,2001,66(1):174-187.

[4] 杨承志,邓居智,陈辉,等.背景电阻率对音频大地电磁法二维非线性共轭梯度反演结果的影响研究[J].工程地球物理学报,2013,10(2):138-143.

[5] 陈小斌,赵国泽.自动构建大地电磁二维反演的测点中心网格[J].地球物理学报,2009,52(6):1564-1572.

[6] 马振波,燕长海,宋要武,等.CSAMT 与 SIP 物探组合法在河南省栾川山区隐伏金属矿勘查中的应用[J].地质与勘探,2011,47(4):654-662.

EH-4电磁成像技术在豫西北架山钼金矿勘探中的应用

谭和勇[1,2],叶　萍[3],孙　丹[1],彭江涛[1],苏永峰[1]

(1. 河南省地质调查院,河南 郑州　450001;

2. 河南省金属矿产成矿地质过程与资源利用重点实验室,河南 郑州　450001;

3. 河南省地质科学研究所,河南 郑州　450001)

摘　要:本文介绍了 EH-4 电磁成像系统数据采集和数据处理方法及其在豫西北架山矿区探测构造深部延伸情况的应用。经钻孔验证后显示:EH-4 电磁成像技术能明显区分矿化蚀变构造带和围岩。该区矿化形态呈脉状,存在高极化率、低阻异常,低阻约在 5～100 Ω·m。矿床实例研究表明:EH-4 连续电导率成像仪测量所得的二维视电阻率-深度剖面图能清晰反映地下不同地质体的精细电阻率结构,判读含矿构造带以及矿化异常在空间上的展布,可有效探测深部构造,对深部找矿具有一定的指导作用。

关键词:EH-4 电磁成像技术;钼金矿;深部构造;北架山矿区

近年来,国内大部分地质找矿工作中采用 EH-4 大地电磁系统对地表以下的未知地质体进行解译和推测。该系统具有勘探深度大、反映成果直观、轻便高效等优点,很适合我国目前矿产勘探的现实需求[1-5]。北架山矿区位于嵩县北架山一带,处于熊耳山钼多金属成矿带的东段,出露地层为中元古界熊耳群鸡蛋坪组,岩浆活动强烈,北东向、近东西向断裂发育。该区的断裂至少经历了三期构造运动,断裂空间展布情况复杂,成矿地质条件极为有利。北架山矿区位于 1:5 万水系沉积物测量的甲级异常处[6],该甲级异常以 Mo、Au 元素异常为主。通过前期工作,在区内发现了 4 条钼金矿化带(见图1),矿化带均赋存在近东西向的次级断裂带内。通过 EH-4 技术在北架山矿区钼金矿床的实际应用,发现该矿床深部存在明显的地球物理异常,表明该矿床具有良好的找矿前景。

1　地质概况

北架山钼金矿区地处华北板块南缘-熊耳山多金属成矿带东段。矿区出露岩性主要为中元古界熊耳群鸡蛋坪组的安山岩、流纹岩,经后期构造、岩体入侵形成碳酸盐化及构造角砾岩。

区域性的马超营断裂从矿区南部通过,总体走向为 270°～300°,断面多向北倾斜,倾角 55°～80°;断裂西段切割熊耳群,由十数条小断裂组成,影响宽度在 3 km 左右。受其影响,区内构造以断裂为主,断裂构造主要呈北西西向延伸,规模较大,延伸远。主要控矿断裂为次级断裂构造破碎带(F₁～F₄),它们与主断裂近于平行,但规模相对较小。矿区金矿体主要赋存在次级断裂构造破碎带中。矿区西部有燕山期花岗岩五丈山岩体出露,岩体受北西向构造控制明显,长轴走向和区域构造线方向一致。

Ⅰ号钼金矿体呈脉状赋存在构造蚀变带 F₁ 中,构造蚀变带长 1 700 m,宽 40～60 m,走向

基金项目:"河南省熊耳山-外方山地区金多金属矿整装勘查区矿产调查与找矿预测"(编号 121201004000160901-18)。

作者简介:谭和勇,男,1978 年生。高级工程师,主要从事地质与矿产勘查工作。

110°,为脆性断裂带。矿体地表由 7 个探槽控制,控制矿体长度约 1 400 m;矿体呈脉状、透镜状,赋存标高为 500～570 m,埋深为 0～300 m,平均厚度为 9.13 m,单工程矿体厚度为 1.13～20.80 m;矿体总体产状 25°∠75°,地表产状变化较大,局部产状较缓,深部产状陡倾,走向上相对稳定;矿体地表单工程 Mo 品位为 0.033～0.140%,Au 品位为 0.136～0.658 g/t(图 1)。

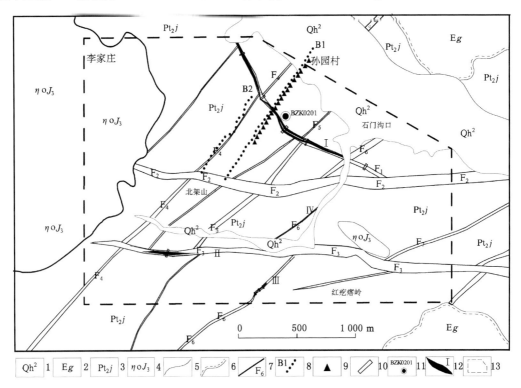

1—第四系全新统;2—古近系高峪沟组;3—中元古界鸡蛋坪组;4—五丈山岩体;5—地层界线;

6—不整合界线;7—断层及编号;8—激电中梯测线及编号;9—EH-4 测点;

10—探槽;11—钻孔;12—矿体及编号;13—矿区范围。

图 1 北架山矿区地质及物探布置

2 工作区地球物理特征

工作区钼金矿化以硅化破碎带为主,富含黄铁矿、磁铁矿、方铅矿等金属硫化物。据以往电法测量资料,矿体与各类围岩有明显的导电性和激电特征差异,矿(化)体及碎裂岩一般表现为低阻、高极化,围岩表现为高阻、低极化地质体,花岗岩具有低阻、低极化特征(见表 1)。因此,EH-4 测量为矿体深部验证提供依据是可行的。

表 1 北架山矿区岩(矿)石物性统计[6]

岩性	标本块数	电阻率/(Ω·m)
钼金矿石及矿化岩石	30	69～147
流纹岩	33	878～1 449
安山岩	26	948～1 570
花岗岩	22	45—145
蚀变碎裂岩	47	44～78

3 工作方法

3.1 工作布置

在北架山矿区最有利矿化段布置了 2 条激电中梯测线：B1、B2 线。根据 B1、B2 线的极化率和地质实际情况，又在 B1 线安排了 18 个点的 EH-4 大地电磁测深剖面，以了解主矿脉的深部延伸情况（见图 1）。

3.2 数据处理

本次测量数据处理主要包括野外现场实时采集和室内处理，采用了现今较为先进的处理方法，为获取可靠的数据处理结果提供了保障。

3.2.1 野外实时采集

在野外实时采集数据由仪器自带程序实时自主完成。野外实时采集的目的有二：一是控制采集数据质量，减少人为干涉或误差；二是将采集的时间域数据转换为频率域数据进行保存。

3.2.2 室内数据处理

室内数据处理包括预处理和反演处理两部分。预处理主要是排除干扰，为以后的反演处理做准备。主要工作包括：① 根据野外记录，将每条剖面数据进行拼接，同时检查数据文件与原始记录中各种参数的一致性；② 对每条剖面数据在时间序列进行逐点、逐段的数据挑选，剔除那些存在明显干扰信号的时间序列段，以减少随机干扰信号对数据的影响。

反演处理是采用先进的反演处理软件对预处理后的数据进行反演计算。首先，对预处理后的数据进行统一整理，将数据作相应的格式转换，转换成 WINSUFER、Excel 等格式。第二，按反演软件的参数设置要求，根据本地区实际情况设定各项反演参数，并根据计算结果的均方根误差评判反演结果的质量。第三，将反演结果与定性分析结果进行对比分析，当反演电阻率断面图所反映的电性层与定性分析结果一致时，才可以提取反演结果，进行图件绘制[7]。

本次 EH-4 电磁测量数据处理采用系统自带基于 DOS 界面的数据采集和处理软件 GRAPHER 绘制各测线的测线视电阻率、视极化率剖面图。利用乌鲁木齐金维图文信息科技有限公司的"地学信息处理研究应用系统"GeoIPAS 软件进行剖面的平面图、剖面图的制作[8-9]，整个数据处理过程中数据参数设置为默认，满足规范要求，通过二维反演处理得到的带地形的二维视电阻率-深度剖面图，能清晰地反映地下不同地质体的精细电阻率结构。

4 电磁测深资料解释

本次 EH-4 电磁测量解释工作是在掌握一定的地质、化探资料的基础上，利用实测的电磁测深曲线及反演的电阻率曲线（见图 2、图 3）进行定性和定量分析，进而进行地质推断解释的。通过对 B1、B2 测线进行 EH-4 连续电导率剖面测量及反演计算，获得的异常形态总体上与出露的岩石岩性、接触带及断裂破碎带位置等基本对应。

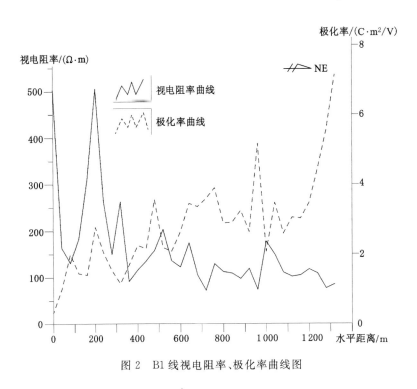

图 2 B1 线视电阻率、极化率曲线图

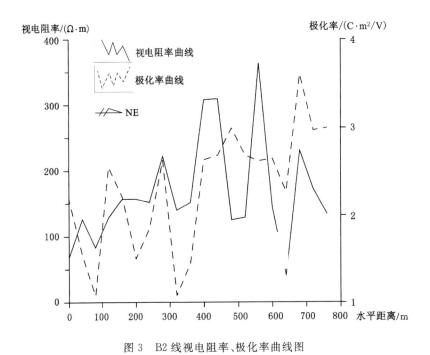

图 3 B2 线视电阻率、极化率曲线图

由图 2、图 3 可知,B1 线背景场整体中等,电阻率在 $100\sim250$ $\Omega \cdot m$ 之间变化,极化率平均值为 2%,变化幅度较小,但在 1 200 m 后极化率急剧变化,结合地质实际情况,选择在 $380\sim1$ 320 m 处进行激电测深工作。B2 线背景场整体中等,电阻率一般在 $100\sim300$ $\Omega \cdot m$ 之间变化,极化率平均值为 2%左右,变化幅度较小。

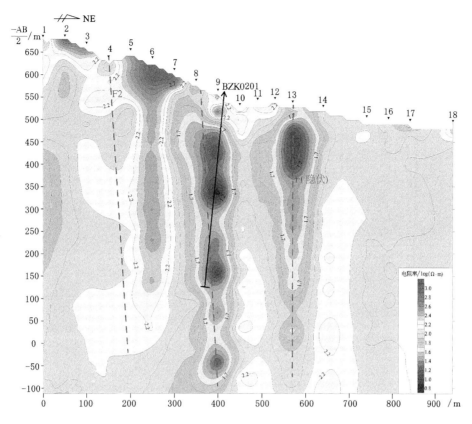

图 4　北架山矿区 EH-4 激电测深反演电阻率剖面图

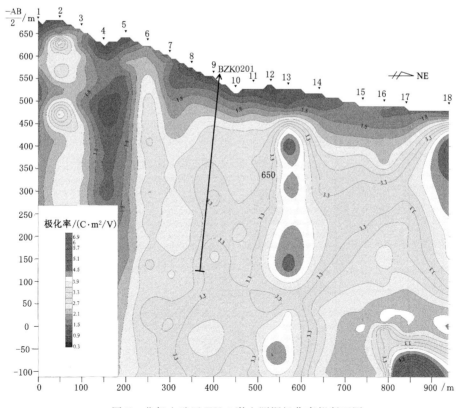

图 5　北架山矿区 EH-4 激电测深极化率拟断面图

在北架山矿区 EH-4 激电测深反演电阻率剖面图及极化率拟断面图上(见图4、图5),在剖面距离 150 m 处,即地质上划定的含矿破碎带,海拔 100～500 m 范围内为一低阻夹层,电阻率在 4～50 Ω·m 之间变化,其电阻率等值线呈马鞍状,推断为破碎带 F_2;在海拔 300～400 m 区段该低阻夹层缺失,表现为整合的高阻,近地表该低阻夹层显现,但不是很明显。

在剖面距离200～300 m 处,海拔 0～600 m 之间,电阻率在 160～1600 Ω·m 之间变化,为一中高极化率、高阻异常,呈近于直立的带状。通过地质填图投影到测深剖面上,推测为五丈山岩体支脉或熊耳群鸡蛋坪组岩性的电阻率差异不大、没有明显反应所致。

在剖面距离 350～450 m、540～610 m 处,海拔－100～500 m 区段存在 2 个低阻带,电阻率在 0～50 Ω·m 之间变化,其电阻率等值线较陡,呈漏斗状,推断的断裂对应已知的破碎带 F_1 及隐伏的破碎带 F_2。基于以上分析,推断含矿破碎带在该电阻率测深剖面上有反映,但中间有一段缺失。对于该段的缺失,可能是小规模的构造运动使得该段含矿破碎带运移,所以没有明显显现。

5 验证结果

B1 线剖面在相对距离 400 m 处有地质上划定的含矿破碎带,结合前期的地表探槽揭露,发现了钼、金矿化蚀变线索。根据推断的构造位置及场地条件,钻井位置最终选择在 B1 线的 400 m 处,斜孔 85°,开孔方位角 200°,目标是海拔 100～350 m 范围内一低阻层,设计孔深 400 m,以获得地表含矿地质体在深部的延伸为目标,最终以 415.55 m 终孔[10]。

验证结果:0～21 m 为第四纪残坡积物;21～40 m 为安山岩;35～47 m 处见有较强的黄铁矿化现象;40～63 m 为断层破碎带,岩石中见有大量的黄铁矿,黄铁矿呈团粒状、不规则条带状,蚀变后形成褐铁矿,见有轻微的绿帘石化、碳酸岩化,其中在 43～48 m 处见有较强的钼矿化,钼品位为 0.033%～0.168%;63～320 m 为灰色、浅灰黑色安山岩与灰白色流纹岩互层,局部岩石破碎呈碎粒状,指示有小型断层破碎;320～337 m 为碎粒岩,原岩为灰白色流纹岩,呈碎粒状,钙质胶结,见有较强的黄铁矿化现象,岩石中有石英脉杂乱穿插,石英脉中见有黄铁矿及零星的鳞片状辉钼矿;337～415 m 为灰白色流纹岩与青灰色安山岩互层。

6 结论

(1) Ⅰ号钼金矿体所在的构造破碎带是由多期构造活动叠加而成,地质条件复杂,破碎带的地表产状无法指明其实际展布情况。而大地电磁测深方法勘探深度大,受场地影响小,能够直观反映含矿破碎带在地下深部的空间展布情况。

(2) EH-4 电磁成像技术能明显区分构造蚀变带和围岩。构造蚀变带存在高极化率、低阻异常,低阻约在 5～100 Ω·m,其等值线较陡,呈漏斗状,是地表断裂在地下的直观反映,也是该地区隐伏断裂的物探证据。

(3) 北架山矿区的工作成果表明,EH-4 电磁成像技术能够探测出地表的含矿破碎带在深部展布的位置,对钻孔的布设起到了指导作用。

(4) 通过地表工作及深部钻探验证,证明在北架山地区具备寻找大型钼金矿的潜力。

参 考 文 献

[1] 刘春明,柳建新,李夕兵.EH-4 野外工作方法的研究与应用[C]//第八届中国国际地球电磁学讨论会论文集,2007:104.
[2] 李富,王永华,吴文贤.EH-4 电磁成像系统在隐伏构造探测中的应用[J].中国地质,2009,36(6):1375-1381.

［3］杨永千,王明明,赵天平,等.EH-4在姚冲钼矿区含水层识别中的应用[J].物探与化探,2014,38(4):820-824.

［4］肖朝阳,黄强太,张绍阶,等.EH4电磁成像系统在金矿勘探中的应用:以黄金洞金矿为例[J].大地构造与成矿学,2011,35(2):242-248.

［5］申萍,沈远超,刘铁兵,等.EH4连续电导率成像仪在隐伏矿体定位预测中的应用研究[J].矿床地质,2007,26(1):70-78.

［6］李肖龙,黄丹锋,孙丹,等.河南省熊耳山-外方山地区金多金属矿整装勘查区地质调查与找矿预测报告[R].河南省地质调查院,2019.

［7］陈庆凯,席振铢.EH4电磁成像系统的数据处理过程研究[J].有色矿冶,2005,21(5):7-9.

［8］张莹,张胜业.EH-4资料处理解释系统的研究[J].工程地球物理学报,2005,2(4):311-315.

［9］化希瑞,汤井田,朱正国,等.EH-4系统的数据二次处理技术及应用[J].地球物理学进展,2008,23(4):1261-1268.

［10］谭和勇,孙丹,郭波,等.河南省熊耳山地区矿产远景调查报告[R].河南省地质调查院,2015.

城市地质调查中三维地质建模关键技术和方法研究

乔天荣[1]，马培果[2]

（1. 河南省地质调查院，河南 郑州　450001；

2. 郑州麦普空间规划勘测设计有限公司，河南 郑州　450001）

摘　要：本文通过对城市地质调查中三维地质建模关键技术的研究，将直观的表达方式引入城市地质工作成果表达中，不仅提高了成果的社会化服务能力，也提升了对城市地质工作的综合评价能力，对我国的新型城镇化建设和城市地质工作起到支撑作用。结合当前高速发展的现代信息技术，进一步探讨三维地质建模在未来城市地质调查工作中的应用，为未来城市地质工作发展提供一些科学依据。

关键词：城市地质；三维；地质建模；科学依据

引言

三维地质建模这一概念最早由加拿大学者霍尔丁（Houlding）于1994年提出，他指出三维地质建模是用三维数据模型，包括以钻孔数据、图形数据、体元数据以及三维网格数据等为数据源的数据流，对地质结构进行描述[1]。虽然三维地质建模方法和技术已得到较广泛的应用，但模型可信度仍是制约其应用的瓶颈之一。如何改进建模技术和方法，充分利用多元数据及专家经验进行综合解译和联合约束，提高三维地质模型可信度，满足城市规划、管理和建设的需求，需要对城市地质调查中三维地质建模关键技术和方法深入开展研究。

1　三维地质模型

三维地质模型是用来描述地质体的几何形状及其内部各种物理化学参数的分布情况的计算机模型，同时将地质、测井、地球物理资料和各种解释结果或者概念模型综合在一起生成三维定量随机模型。

2　三维城市地质模型的建立

城市地质工作要支持城市空间开发利用、地质资源调查、地质环境监控、地质灾害防治等多个方面。传统的城市地质建模模式是根据某一特定需求进行数据采集，然后按需求建成相应的专业模型，如水文地质模型、地热地质模型、工程地质模型等[2]，如图1所示。这一工作模式的主要弊端是要进行大量的重复性工作，浪费了人力资源，降低了效率，提高了成本。

基金项目：河南省地质科研基金项目"河南省空间规划地质要素与三维网格剖分研究"（编号：豫地矿文[2018]30号）。

作者简介：乔天荣，男，1979年生，河南鄢陵人。学士，高级工程师，主要从事地质测绘、地理信息系统应用、三维GIS技术及地下空间规划等方面的研究。

新兴的城市地质建模工作模式是利用采集的所有数据为每个城市建立一个尽可能完备的基础三维地质模型,并存储于云端,通过 Web 进行可视化,服务于各个专业领域的应用,如图 2 所示。

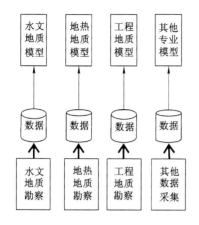

图 1　传统的城市地质建模工作模式

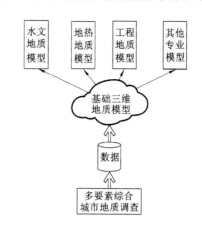

图 2　新型的城市地质建模工作模式

由于每个专业领域的需求都不一样,所遇地质情况或复杂或简单,所需描述程度或简单或精细,所研究的目标区域或大规模或小尺度,所以基础三维地质模型(见图 3)应具备以下特点:

(1) 完备。可以将已有多源数据中蕴含的地质信息充分地表达出来,可以满足各专业领域的需求。

(2) 大规模、高精度。满足各专业领域对于任意区域大小、任意网格规模以及任意精细程度的需求。

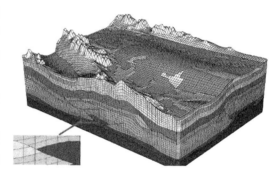

图 3　基础三维地质模型

(3) 维护成本低,可以进行局部更新。当数据有所更新时,将整个模型进行更新是非常耗时耗力的,所以整个基础模型支持局部更新。

3　三维地质模型的关键技术

(1) 多源数据融合技术

要能利用各种来源的数据进行地质建模,无论是地球物理数据、地球化学数据还是钻孔数据。

(2) 复杂地层、断层建模技术

处理任意复杂地质情况,如地层尖灭、透镜体、复杂逆断层等,建立完备的基础三维地质模型。

(3) 网格剖分技术

能够在复杂地质构造模型约束下进行大规模三维体网格生成,以此作为属性模型的基础。所生成的网格需要准确匹配地质构造模型的几何形状,在地层断裂和尖灭处不能出现锯齿效应等严重偏离构造模型几何形态的现象。

(4) 高精度网格拼接技术,支持多人并行工作

一个人建一个城市的基础地质模型要耗费大量时间且几乎不可行,所以需要高精度网格无缝拼接技术,支持多人并行工作,并使整个模型支持任意局部的调用。

(5) 与地下建筑物融合技术

若想支持城市规划中的应用,则需要对自然物体和人造物体进行统一建模,将人造物体网格与地质模型网格进行融合,使数值模拟技术的普及应用成为可能。

（6）可视化技术

通过 LOD(多细节层次)多分辨率显示,满足用户对不同尺度、不同精度模型的需求;能够支持互联网用户通过浏览器对大规模的构造模型和属性模型进行三维可视化;不能要求用户安装插件,可支持主流浏览器;实现自由观察、自由剖切和挖取等交互功能。[3]

（7）分布式数据库大规模模型网格数据管理技术

基于云平台,通过分布式数据库管理大规模、高精度的地质构造模型和基于三维体网格的属性模型,实现任意局部的下载和更新。

4　三维地质模型建模方法

目前国内外已有的三维建模方法按照建模所使用的数据源大体可分为基于钻孔数据建模、基于剖面数据建模、基于三维地震资料建模以及基于多源数据建模四类。钻孔数据建模是将标准化后的钻孔数据入库,建立钻孔模型,继而通过分层信息计算机自动建立模型的过程。该方法自动化程度较高,但是建模精度较低,只适用于地质现象非常简单的地区[4]。剖面数据建模是通过相互交叉的剖面模型,逐层生成地层曲面,并构建地质体的过程。该方法可在建模过程中增加控制点,控制地层走势,精准度相对较高,但仍不能解决透镜体、地层倒转等复杂地质问题。三维地震资料建模需要结合多种物探资料由软件自动构建而成。该方法所需资料获取较复杂且无法人工干预。多源数据建模是结合钻孔数据、平面数据、剖面数据、等值线数据等众多地质成果数据,通过人机交互的方式构建模型。该方法适用于地质条件复杂地区的建模,精准度较高。

基于这些建模方法,通过局部的、精细的地质描述数据约束构建相应的地质界面模型,基于这些地质界面模型可以从区域地质格架中剥离出来各个地质体模型。

4.1　钻孔建模

钻孔是最常见的地质勘察技术手段,从钻孔数据出发建立地质模型也是最常见和最基本的三维地质建模方法之一。该方法对经过标准化的 Excel 格式的钻孔数据入库,建立钻孔模型;然后通过钻孔坐标及分层数据,快速建立起地层分层的基本参考信息,建立地层面及地质体[5]。图 4 所示为河南省地质调查院近年开展郑州市城市地质调查项目施工和收集到的郑州航空港区部分钻孔数据生成的模型。钻孔建模方法自动化程度极高,可用于大规模钻孔的快速建模;但这种建模方式交互程度低,一般只适用于简单的工程类模型,无法处理断层或倒转褶皱等复杂地质现象。

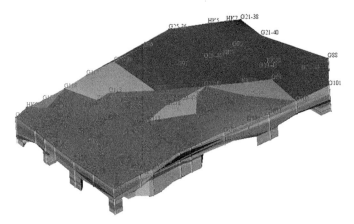

图 4　郑州航空港区部分钻孔数据生成的地质模型

4.2 交叉折剖面建模

通过引入剖面中空间要素之间的拓扑关系生成基于边界表达的三维地质模型的方法,在用户少量干预下,可以建立绝大多数复杂地质模型[6]。该方法主要包括剖面数据准备、地质界面建模、建模区边界面建模、地质界面修正及光滑、封闭成体五个步骤,不但实现了高精度三维地质模型的自动、快速构建,而且扩大了建模可利用的数据源,由更多的资料参与建模,构建的模型质量得以提高。图5所示为河南省地质调查院开展郑州市城市地质调查项目郑州航空港区部分施工的剖面数据经过人工少量干预生成的地质模型。

图 5 郑州航空港区剖面数据生成的地质模型

4.3 多源交互复杂地质体建模

实际地质专业探测成果包括钻孔数据、剖面数据、平面地质图、等值线等多样化数据,因此不同地质体应采用不同建模方法,最后进行多模型融合,实现多源交互复杂地质体建模。具体方法是:从地质图、剖面图中提取断裂数据,生成的断层面控制着地层界线的伸展位置及范围;将复杂褶皱、透镜体、岩体等轮廓线插值填充生成体模型,嵌入地质模型中,从而形成合理的复杂地质体模型。建模过程伴随着地质解译过程,数据丰富,模型精度高,交互程度高,能处理各类复杂地质情况,建模结果符合建模者设想。但该建模方法处理数据较为复杂,建模过程需要较多的人工干预。

分区交互式建模方法是在剖面划分的每个小单元网格内构造面体,并采取层层构建的思想,自上而下(或自下而上)选择每一个层面的顶(底)部轮廓线进行构建。如果地层完全跨越一个或若干个单位网格,那么地层顶面边界由4条剖面对应的地层线构成[7]。本文采用约束 Delaunay 三角化的方法构建顶面,该方法是在地层边界线所组成的多边形区域内插值若干离散点,并将这些离散点按照 Delaunay 规则等进行三角剖分,形成连续而不重叠的三角面片网,以此来描述地层表面。如果地层在某个或若干个剖面网格内尖灭,则结合钻孔、剖面、纸质资料以及野外勘察经验,确定尖灭线走势,构建地层顶底板,并封闭造体。当单元格内存在断层时,必须优先构建断层面。利用地质图和地层剖面上的地层线,形成网格内的断面;再利用断层面和剖面的约束来构建其他地层界面。

众所周知,一般情况下地层与地层之间是相互依存、紧密结合的。在建模过程中,如果把一个个地层单独建立,就会出现地质体之间在空间关系上的分离、重叠或是交叉。要想保证地质体在空间关系上的唯一性,就要解决相邻地层顶底板共用的问题。相邻地层的顶底板有"包含""被包含""相交"3种关系,以自下而上构建模型的方式分别对3种位置关系进行阐述。以上只是通过清晰、单一的地质现象阐述相邻地质面之间的空间关系,但是在实际建模过程中,会遇到很多复杂地质结构,甚至基岩出露、透镜体、断层等地质问题。[8]把握好地质面间空间位置的逻辑关系的大原则,多做辅助线,按照从线到面、从面到体、从局部到整体的方式进行构建,复杂的问题都会得到解决,这里不再赘述。当每个单元格内地质界面构建完成后,将相同地层的地质界面进行闭合处理,生成单独的地质块体,每个块体都具有一定的地层属性(岩性、岩相时代),将单元格内具有相同地质属性的相邻块体进行合并,最终形成以地层为单位的地质体模型,这些地质体的属性是从弧段属性传递到面属性,再传递给块体模型的。如图6所示。

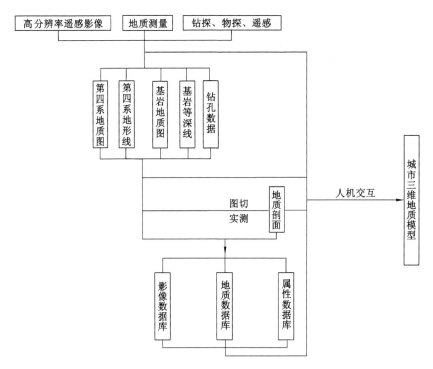

图6　构建城市三维地质模型流程图

5　讨论

　　本文通过多源数据分区交互式的建模方法构建了郑州航空港区部分三维地质模型,说明了该方法的建模流程,并重点阐述了在建模过程中如何解决剖面交叉处一致性检查、断层构建以及相邻地层顶底共用的问题。首先,这三个问题的处理方法能够极大地提高建模人员的工作效率;其次,分区建模用剖面模型将建模地区分成若干个小格子,即增加了若干个边界约束,这样不仅能给地质人员、建模人员提供更多的地质剖面作为参考,增加建模准确性,也能提高模型精度;再次,该建模方法有利于模型的后期维护。随着地质调查成果的不断完善,可对与实际不符的模型区块单独进行调整,不涉及相邻区块单元,降低了后期模型更新的工作量。[9]但在建模的过程中,也发现了几点需要注意之处。

　　(1)在建模过程中,对于比较薄的地层,由于三角网格的生成规律可能会出现局部底部高于顶部的情况。建议多增加几条辅助线,控制三角网生成高度。

　　(2)地质模型分为第四系和基岩两个部分。第四系水平堆积,基岩垂直分布。在第四系底面(即基岩顶面)构建的时候,要解决共面的问题,逻辑关系非常复杂,容易混乱。本文采用的方法是:将基岩地质图模型面面合并成一个大面,再确定第四系底面地质分界线,用分界线去分割该大面,可得到第四系地层底面。

（3）模型建立后，通过切割模型发现有些地质体会有不封闭的情况。如果此时修改模型，可能会导致相邻地质模型重新构建。建议构建地质模型后及时进行地质体封闭检查，避免增加工作量。

（4）三维模型中的地质图是通过克里金插值得到的。插值方式不同，得到的结果也不同。所以剖面模型和地质图模型在 Z 值上可能有细微差别。如果以剖面模型为准，则在分区建模过程中，每格地层边界必由剖面上的地层线组成，由于剖面线严格控制地层面的高程，导致合并后的地质体表面呈小格子状，不够美观。本文建议直接用地质图模型与根据剖面构建的地质体底面结合构建地质模型，使得地质模型在整体上看起来自然、美观。[10]

6　结论

本文通过对城市地质调查中三维建模关键性技术和方法分析，证明城市三维地质模型建设方法和展示方式总体上是可行的、实用的，能够为城市地下空间规划与开发提供科学的依据和直观的展示。但是，由于地下空间对象隐蔽性的限制，三维模型建设方法还需要进一步加强准确性，这是下一步研究的重点内容。随着我国城市化的快速推进以及城市地质调查工作的大范围开展，本文研究成果将为城市地质三维建模工作提供有利的借鉴。

参 考 文 献

[1] 曲红刚,潘懋,刘学清,等.城市三维地质建模及其在城镇化建设中的应用[J].地质通报,2015,34(7):1350-1358.
[2] 王丽芳.厦门三维地质建模方法研究及其在工程应用[J].地质灾害与环境保护,2016,27(4):84-90.
[3] 卢鹏飞,龙奎,杨春,等.重庆都市经济圈城市地质三维地质结构模型构建方法[J].地质学刊,2017,41(1):79-84.
[4] 尚浩.济南城市地质三维地质结构模型构建方法[J].中国水运,2017,17(12):114-115.
[5] 丛威青,潘懋,庄莉莉,等.三维 GIS 技术在城市地下空间规划中的应用分析[J].工程勘察,2008(增刊1):289-294.
[6] 曹炳霞,王前进.三维地质建模精度的影响因素研究[J].矿山测量,2015(1):45-48.
[7] 郁军建,王国灿,徐义贤,等.复杂造山带地区三维地质填图中深部地质结构的约束方法:西准噶尔克拉玛依后山地区三维地质填图实践[J].地球科学:中国地质大学学报,2015,40(3):407-418.
[8] 向中林,王妍,王润怀,等.基于钻孔数据的矿山三维地质建模及可视化过程研究[J].地质与勘探,2009,45(1):75-81.
[9] 窦帆帆,林子瑜.GOCAD 在三维地质建模中的应用进展综述[J].中国锰业,2017,35(4):147-149.
[10] 许珂,刘刚,翁正平,等.数字城市三维模型的地上下一体化剪切方法[J].地质科技情报,2014,33(2):196-204.

"高分二号"遥感影像在矿山地质环境动态监测中的应用

郑 凯

(河南省地质环境监测院/河南省地质环境保护重点实验室,河南 郑州 450016)

摘 要:"高分二号"(GF-2)卫星是国家高分辨率对地观测系统重大专项首批启动研制的卫星。本文阐述利用不同时段的"高分二号"卫星遥感影像数据,对矿区生态环境现状、矿山修复治理工程施工进度、修复治理效果进行动态监测的原理、技术路线和影像变化信息提取的方法。

关键词:高分二号卫星遥感影像;动态监测;变化信息提取

党的十八大以来,习近平总书记从生态文明建设的宏观视野提出了"山水林田湖草是生命共同体"的论断,矿山生态地质环境恢复治理越来越受到人们重视。原国土资源部于 2010、2012、2016 年先后发布实施了《全国矿山地质环境保护与恢复治理规划》《全国"矿山复绿"行动方案》《矿山地质环境保护规定》等法规和行动方案,矿山地质环境问题严重、影响范围广的矿山开采地区均纳入矿山环境恢复治理重点工程。

1 遥感动态监测的原理

遥感动态监测是基于同一区域不同时间段的图像存在着光谱特征差异的原理,识别矿山土地覆盖和生态环境的状态或变化的过程,其本质是对图像系列时域效果进行量化,通过量化多时相遥感图像空间域、时间域、光谱域的耦合特征[1],获得矿区开采状况和引发的生态环境问题等内容。矿产资源动态监测包括监测矿区内的矿产开发点的分布、位置、数量、矿种、开采方式;固体废弃物的堆放情况;矿产开采引发的地质灾害分布情况;矿产开发引发的生态环境效应,主要为土地覆盖的变化如耕地、植被破坏及生态治理、复垦等[2]。

1.1 卫星遥感影像的选择

在卫星遥感影像上进行图斑采集,需减少小图斑的遗漏、降低图斑分类判读误差和图斑误判误差。小图斑的遗漏主要与卫星空间分辨率的大小有关;图斑分类判读误差主要由于同类别图斑色彩和纹理不相似或不同类别图斑色彩和纹理相似造成的;图斑误判误差主要由于一些自然地貌以及人类活动影响造成影像误判。

"高分二号"卫星是我国自主研制的首颗空间分辨率优于 1 m 的民用光学遥感卫星,搭载有 2 台高分辨率 1 m 全色、4 m 多光谱相机,具有亚米级空间分辨率、高定位精度和快速姿态机动能力等特点,有效地提升了卫星综合观测效能,达到了国际先进水平。"高分二号"卫星于 2014 年 8 月 19 日成功发射,8 月 21 日首次开机成像并下传数据,2015 年 3 月 6 日正式投入使用。它是我国目前分辨率最高的民用陆地观测卫星,星下点空间分辨率可达 0.8 m,精度满足 1∶10 000 矿山地质

作者简介:郑凯,男,1993 年生,河南郑州人。学士,助理工程师,主要从事矿山遥感动态监测工作。

环境遥感解译的工作要求。"高分二号"卫星参数和轨道参数见表1、表2。

表1 "高分二号"卫星参数指标

平台	有效载荷	波短号	光谱范围/μm	空间分辨率/m	幅宽/km	侧摆能力	重访时间/d
高分二号	全色相机	1	0.45～0.90	1	45（2台相机）	±35°	5
	多光谱相机	1	0.45～0.52	4			
		2	0.52～0.59				
		3	0.63～0.69				
		4	0.77～0.89				

表2 "高分二号"卫星轨道参数指标

参数	指标
轨道类型	太阳同步回归轨道
轨道高度	631 km（标称值）
轨道倾角	97.908°
降交点地方时	10:30 AM
侧摆能力（滚动）	±35°,机动35°的时间≤180 s

1.2 遥感动态监测的技术路线

采用"高分二号"卫星3个时相的资料,作为各监测周期（每一监测周期为一轮次）的影像数据源,并分别对这3个监测周期的卫星影像进行了辐射校正、几何校正,满足精度后进行影像融合、正射校正;以处理过的"高分二号"正射影像为底图,采用人机交互解译、野外核查的方法,确定3个时相同一位置的不同样本图斑,建立解译标志;通过对比分析和统计汇总后,实现动态监测。具体技术路线见图1。

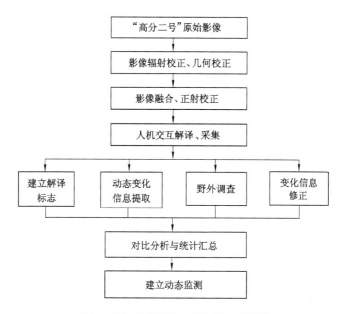

图1 矿山地质环境动态监测技术路线

1.3 变化信息提取的方法

变化信息提取的主要方法包括差异主成分法、多波段主成分变换、主成分差异法、光谱特征变异法。其中差异主成分法、多波段主成分变换、主成分差异法合称为主成分分析法[3]。

（1）差异主成分法。两时相的影像经纠正、配准融合及精确的空间叠置之后，先对影像作相差取绝对值处理，从而得到一个差值影像。差值影像集中了原两时相影像中绝大部分的变化信息，而滤除了影像中相同的背景部分，在此基础上，再对差值影像作 PCA（主成分分析）变换。由 PCA 的特性知道，变换结果的第一分量集中影像的主要信息，而其他分量则反映了波段的差异信息。因此，差值影像作 PCA 变换之后的第一分量应该集中了该影像的主要信息，即原两时相影像的主要差异信息。这个分量可以被认为是变化信息而被提取出来，从而生成变化模板，作为指导下一步变化类型确认和边界确定的参考信息。

（2）多波段主成分变换。将前后时相的多光谱影像与全色影像组合成一个影像文件，再对其进行主成分变换。由于变换结果前几个分量集中了两个影像的主要信息，而后几个分量则反映出了两个影像的差别信息，因此可以抽取后几个分量进行波段组合产生出变化信息。

（3）主成分差异法。该方法和差异主成分法的不同之处在于影像作 PCA 变换与差值处理的顺序不一样，要求先对两时相的影像作 PCA 变换，然后对变换结果作差值，取差值的绝对值作为处理结果。两个影像分别作 PCA 变换时，前面的分量集中了影像里的主要信息，因此在作影像差值时，前面分量对应之差也就反映了原始影像中对应的变化信息。两时相影像作 PCA 变换后相差的第一分量已经涵盖了几乎所有的变化信息，可以认为这一分量属于影像的变化信息。

（4）光谱特征变异法。两时相影像融合后不一致的信息光谱表现得与正常地物有所差别，此时称地物发生了光谱特征变异。

2 遥感监测的技术要点

2.1 采集治理前各破坏区域并建立解译标志

在第一轮次卫星正射影像上采用人机交互解译的方法采集露天采场坑底区、露天采场边坡区、矿山道路区、工业广场区、渣堆区的影像特征，经外业百分百核实后，确定其位置、属性和范围，并建立解译标志。见图 2。

图 2 钼矿露天采场典型影像

（河南洛阳矿业集团镇平有色矿业有限公司楸树湾铜钼矿）

2.2 采集矿山治理过程变化图斑并建立解译标志

在第二轮次卫星正射影像上采用人机交互解译的方法采集治理过程中破坏区域图斑变化的特征、形状来监测工程进度;对地面塌陷、易发崩塌和滑坡的地方建立固定解译标志,定期监测其特征变化,防止事故发生,保障作业人员的生命安全。见图3。

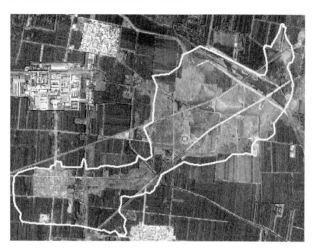

图3 地面塌陷典型影像

(焦作煤业集团赵固(新乡)能源有限责任公司赵固一矿)

2.3 采集矿山治理后现状图斑并建立解译标志

在第三轮次卫星正射影像上,依据同一区域不同时相的影像特征,进行治理后变化信息的分析采集,比如人工植被绿化、还耕还林、塌陷地复垦、道路平整、排水系统等图斑,并建立解译标志,经过对比分析确定修复工程是否按照要求完工。治理后影像图如图4、图5所示。

图4 新乡市排土场再利用工程

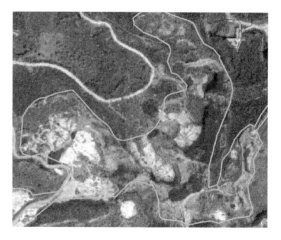

图5 新乡市国家矿山公园

3 结论

利用不同时段"高分二号"卫星影像数据进行矿山地质环境动态监测,与传统的监测方法相比,数据准确、用时较短、反馈迅速、节约人力,能够较好地反映矿区内破坏现状、变化情况、施工进度及修复后效果展示等,可以在矿山治理中大力推广。

参 考 文 献

[1] 甄娜,郑凯.河南省矿山地质环境动态监测报告(2019年度)[R].河南省地质环境监测院,2019.

[2] 孙丹峰,周光源,杨冀红.苏锡常地区土地利用动态遥感监测应用研究[J].遥感技术与应用,2001,16(2):77-80.

[3] 尚长生.浅谈遥感技术在矿山地质环境调查中的应用[J].山西科技,2004,19(6):103-104.

[4] 王绪龙.济南市土地利用动态遥感监测技术方法研究[D].济南:山东师范大学,2006.

高精度卫星遥感数据
在新郑市矿山地质灾害调查中的应用

刘　莹[1],张　晨[2],刘　鹏[3],徐红超[1],陆永红[3]

(1. 河南省核工业地质局,河南 郑州　450000;

2. 河南省有色金属地质矿产局第六地质大队,河南 郑州　450000;

3. 河南省国土资源科学研究院,河南 郑州　450000)

摘　要:本文以地质环境复杂和采矿活动频繁的新郑市为研究区,利用"高分二号"卫星遥感影像,通过对研究区的遥感影像进行一系列处理,叠加分析收集的采、探矿和地质灾害数据,建立起新郑市地面塌陷及地裂缝、崩塌、滑坡、泥石流等矿山地质灾害的遥感解译标志,对地质灾害(隐患)点进行解译和野外实地调查工作,解译结果大部分得到了野外工作的有效验证。结果表明:"高分二号"(GF-2)卫星遥感数据不仅能在矿山地质灾害调查中降低成本、提高效率,而且能有效地反映地质灾害(隐患)监测与调查情况,为防治矿山地质灾害的发生和保护矿山生态环境提供强大的数据支持。

关键词:"高分二号"卫星影像;矿山地质灾害;遥感解译;新郑市

1　问题的提出

伴随着国民经济发展对矿产资源的需要的大幅度增加,长期大规模的采矿活动导致矿山土地毁损、植被和地质景观破坏、生态环境恶化,甚至出现严重影响人民生命安全和生产安全的灾害性地质现象,常见的地质灾害有滑坡、泥石流、崩塌、地面缝和地面塌陷等。因此,及时、准确地进行矿山地质灾害调查、地质环境监测预警和灾害的评估与防治显得十分重要。

传统的依靠工作人员收集历史资料、野外实地踏勘等地质灾害调查方法不仅调查速度慢,而且成本高、效率低。卫星遥感技术的快速发展,使卫星遥感数据的空间和光谱分辨率越来越高,收集的信息具有实时性好、成本低、速度快、信息量丰富、动态性强、多时相性等优势[1],同时利用 GIS(地理信息系统)和 GPS(全球定位系统)等技术手段,可以实现远距离、快速获取受灾矿山地貌、地质环境的情况和地质灾害的分布信息,大大提升了地质灾害调查与监测的效率和质量[2]。因此,卫星遥感技术作为一种有效的技术手段在矿山地质灾害调查与监测领域得到了广泛的推广和应用。

"高分二号"(GF-2)卫星是我国自主研发的首颗空间分辨率达到亚米级的民用遥感卫星,还具有宽覆盖、高定位精度和高稳定、快速姿态机动能力等特点。其遥感卫星数据更新快、覆盖面广、质优价廉,得到国土系统的大力推广,将在矿山地质灾害调查与监测中发挥重要的作用[3-4]。

为此,应用"高分二号"卫星数据对矿山地质灾害调查应用研究,建立地质灾害遥感调查工作流程,为矿山地质灾害动态监测与治理工作提供有效的数据势在必行。

作者简介:刘莹,女,1987 年生,河南郑州人。硕士,工程师,研究方向为遥感测绘与地质矿产技术应用。

2 研究区、遥感数据与数据处理平台选取

2.1 以煤炭和非金属露天矿山为主体的新郑研究区在河南中部具有代表性

新郑研究区位于河南省中部,其地理范围处于北纬 34°16′~34°39′,东经 113°30′~113°54′之间,总面积约 873 km²。区内大地构造位置处于华北地台南缘、嵩箕台东部;出露地层有太古界登封岩群,元古界嵩山群变质岩系,古生代石灰岩、页岩和煤系地层,中、新生代砂岩、黄土及松散堆积物等;地势呈西高东低,中部高,南北低,地貌类型有山地、丘陵、岗地和平原等;气候属暖温带大陆性季风气候,气温适中,四季分明,年平均气温 14.3 ℃;流经的主要河流为双洎河、黄水河(古溱水)、莲河。区内矿产资源较为丰富且分布集中,矿种类型多样,包括煤、黏土矿、石灰岩、红硅石、硅石、铁矿、磷矿、白云岩矿、建筑石料等,还赋存着丰富的地热、矿泉水资源。其中煤矿资源储量大且开采力度大,矿山生态环境受损、地质灾害频发。

2.2 "高分二号"卫星遥感数据具有宽覆盖、高定位精度和高稳定快速姿态机动能力

本次选取 2018 年的"高分二号"卫星多源遥感影像数据、优于 10 m 分辨率的 DEM 数据和基础地理地形图数据、矿产资源开发和地质环境数据,对新郑市的矿山地质灾害进行遥感解译和调查。共采用 6 景"高分二号"卫星遥感数据,其全色影像分辨率 1 m,多光谱影像分辨率 4 m[5],具体参数见表 1。

表 1 "高分二号"卫星遥感数据主要参数

内 容	参 数	
发射时间	2014 年 8 月 19 日	
轨道高度	631 km	
采样间隔	全色:1 m,多光谱:4 m	
光谱范围	全色	0.45~0.90 μm
	多光谱	0.45~0.52 μm
		0.52~0.59 μm
		0.63~0.69 μm
		0.77~0.89 μm
空间分辨率	全色	1 m
	多光谱	4 m
幅宽	45 km(2 台相机组合)	
重访周期(侧摆时)	5 d	
覆盖周期(不侧摆)	69 d	

2.3 基于 ENVI、ArcGIS、MAPGIS 集成构建数字增强-地理信息-机助制图技术平台

遥感影像处理软件 ENVI 5.1 实现遥感数据处理的过程包括图像预处理、几何校正、图像融合、图像镶嵌、图像增强和人机对话信息提取;ArcGIS 实现 DEM(数字高程模型)数据和基础地理地形图数据、矿产资源开发和地质环境数据与遥感解译成果融合及校正;MAPGIS 实现最终成果图件输出。

3　遥感影像处理技术要点

3.1　图像预处理

图像预处理的目的主要是消除各种扰动因素,去伪存真,最大限度地放大有用信息。首先在挑选满足生产需求的数据时,一般优先选择无云和积雪覆盖、影像完整清晰无重叠、相片内部与相邻片无偏光、偏色的原始遥感影像;其次在保留足够信息和图像清晰的前提下为提高有薄云或雾气的原始影像质量进行大气校正,即对大气、薄云、雾霾进行去除处理,并对图像的噪声和条带进行去除处理与自动合并;最后利用遥感软件平台对收集的数据中辐射度畸变大的原始图像进行辐射度几何纠正处理[6]。

3.2　几何校正

本文采用的遥感图像几何校正采用地形图校正。以 1∶5 万地形图为基准对原始遥感影像进行校正,在原始遥感影像上选择如道路交叉口、河流拐弯处等地物标志明显且清晰的突变点作为控制点。1 景"高分二号"影像控制点的数目一般在 15 个左右,控制点分布要尽量均匀,通过控制点让地形图与遥感影像建立几何变换函数,进行重采样、重新匹配像元亮度值,从而完成几何校正。校正后使遥感图像具备相应的坐标系统和投影参数等地理编码,能够实现精确定位地物坐标。

3.3　图像融合

图像融合就是将传感器获得同一景物的遥感数据进行空间配准,将各数据中的优势或互补性进行有效结合,从中提取新数据形成一幅更能表达该目标图像信息的技术[7]。本文采用的"高分二号"遥感数据的全色波段分辨率为 1 m,但对地物的反映是一个灰度值,而多光谱影像含有丰富的光谱信息,但空间分辨率只有 4 m,将高分辨率全色影像与低分辨率多光谱影像进行融合,使融合后新图像既保留多光谱信息又提高空间分辨率,达到突出地物要素信息的效果。本文根据研究区矿山地质环境的特点,采用 HIS 法进行图像融合,形成真彩色图像,提高了地物的识别能力,便于开展后续的综合分析[8]。

3.4　图像镶嵌

图像镶嵌就是把研究区内的 4 景"高分二号"影像进行无缝拼接和镶嵌,从而组成一幅更大的影像图。在处理过程中,不同影像镶嵌时要调节色调和消除接边线,实现相邻影像的色调一致和接边线模糊化,使生成的影像能清晰地满足整个区域内地质灾害调查与监测的需要。

3.5　图像增强

图像增强是为了能够更清晰地反映矿山地质灾害地物的边界和特征信息,在色调不失真的情况下对遥感影像的颜色、形状、灰度等参数进行增强变换。本文通过对遥感图像进行灰度增强来提高像元间的对比度,进行彩色增强使图像更贴近自然色来满足人们视觉要求,从而提高矿山地质灾害的目视解译的判别力与精度。

4 地质灾害遥感解译技术要点

4.1 遥感解译标志建立

新郑市矿山地质灾害主要为地面塌陷、地裂缝、崩塌、滑坡、泥石流,其中地面塌陷最为突出。

（1）地面塌陷及地裂缝

地面塌陷主要是新郑市长期的煤矿地下开采引起的。在煤矿开采区,含水层遭到破坏,导致地面出现塌陷,同时地裂缝也会伴生出现,这些地质灾害主要分布在采矿区作业活动的四周或塌陷盆地的四周和外围。此外,露天开采场和排土场的边坡失稳也会造成卸荷型地裂缝现象出现。

地面塌陷的直接解译标志是沉陷带、塌陷坑、地裂缝的集中分布,间接解译标志是以地下开采为主的能源矿山、金属矿山的集中分布。在遥感影像上地面塌陷坑一般呈圆形或椭圆形的碟状洼地,纹理较粗糙,色调与周边地物色调差异明显,植被覆盖不均匀且覆盖率低,地裂缝呈暗色并呈带状、线状的形态,一般沿着直线或舒缓的曲线延伸,有平行排列型、折线型和蠕虫型,规模大的宽到十米甚至几百米[10]。由于煤矿的长期地下开采导致地面下沉形成洼地与积水,随着周边土地压占与破坏严重,洼地与积水的面积不断扩大,导致矿区附近居民开始搬迁,居民点密度降低,植被景观也发生变化。

在采矿塌陷区数量上,新郑市有8处,主要分布在新郑市的龙湖镇、辛店镇、观音寺镇的煤矿周边及采石场;在采矿塌陷区规模上,大型采矿塌陷区2处,中小型采矿塌陷区6处。图1所示为地面塌陷、地裂缝地质灾害遥感影像,图2所示为煤矿引起的地裂缝。

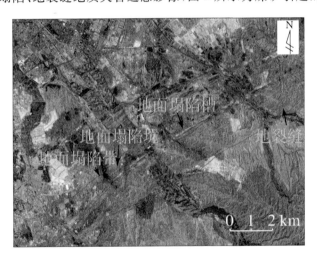 

图 1 地面塌陷、地裂缝遥感影像   图 2 煤矿引起的地裂缝

（2）山麓岩土体崩塌

崩塌是一般发生在遥感图像上地形切割强烈、岩石破碎的浅山丘陵区较陡斜坡上的岩土体在重力作用下突然脱离山体崩落、滚动、堆积在坡脚的地质现象[11]。在露天开采过程中,开挖形成的临空面和爆破造成的边坡失稳,均易造成崩塌现象。

崩塌体在遥感图像上的主要解译标志是崩塌体位于陡坡地段,其高差较大且坡角大于45°,陡坡周围易堆积成岩堆或倒石堆,其表面坎坷不齐且结构粗糙,受光照方向的影响易形成阴影区域。露天开采面崩塌形成的崩塌体呈现出月牙形和弧形形状,峭壁和陡岩的底部形成点状、圆状的锥形,堆积体色调多呈浅白色、灰白色,与周围深色调的地物易形成明显的色调差。

崩塌是新郑市矿山开采活动中常见的地质灾害,研究区共解译崩塌地质灾害4处。在崩塌位置上,主要位于新郑市西南部中低山区,属于箕山东段余脉,地形起伏大、坡陡谷深,特别是千户寨、观音寺岳口村山区及旅游景区附近居民点成为危险地带;在崩塌规模上,主要以中小型崩塌为主。崩塌地质灾害遥感影像如图3所示,岳口村崩塌毁坏房屋如图4所示。

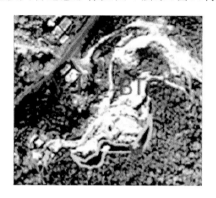

图3 崩塌遥感影像

图4 岳口村崩塌毁坏房屋

（3）废弃矿山采空区滑坡

滑坡是指斜坡上的土体和岩体,受河流冲刷、雨水浸泡、地下水活动、地震和人工切坡等因素的影响,在重力作用下沿着一定的软弱面或软弱带,整体或者分散地顺坡向下滑动的自然现象[12]。新郑市矿区中历史遗留的采石场、石料厂比较多,由于过去不合理的开采方式加上过去废石堆、矿渣等固体废弃物随意堆放,受到雨水冲刷后易引发滑坡。

滑坡在遥感影像上的解译标志主要分为两种情况:一是滑坡已下滑到一定位置处于暂时稳定状态,滑坡与周围地物影像特征相同,但是滑坡后缘为白色、灰白色等浅色调的色调差异,呈规则的圆弧状、门状形态;二是滑坡体下滑已完全脱离母体,滑坡体呈长条舌状、扇形状,滑坡前缘有土夹碎石、纹理粗糙,后缘有拉张裂缝[13]。

滑坡是新郑市采石场、石料厂等开采活动中常见的地质灾害,研究区共解译滑坡地质灾害3处。在滑坡位置上,主要位于新郑市西南部箕山东段余脉,嵩山余脉风后岭也是滑坡潜在危险地带;在滑坡规模上,主要以中小型滑坡为主。滑坡地质灾害遥感影像如图5所示,滑坡现场如图6所示。

图5 滑坡遥感影像

图6 滑坡现场

（4）废弃渣堆与泥石流

泥石流常发生在山区或沟壑地区,在强降雨作用下山坡上的岩土体或碎屑物随水流搬运到沟谷地区,在沟谷中会携带大量的泥沙、石块和巨砾等固体物质的特殊洪流[14]。新郑市的泥石流主要是山区石料厂的废弃物顺坡堆排,加上暴雨、雪或其他自然灾害引发的洪流,大多为沟谷型泥石流。

泥石流在遥感解译上的主要特征表现为:影像上泥石流的形成区、流通区和堆积区分布明显,其中,形成区在影像上色调浅,呈现勺状、瓢状、漏斗状,坡体植被稀疏;流通区成不规则条带状,末端有色调灰白的堆积物且纹理粗糙;堆积区通常呈扇形,往往有水体流域边界。

泥石流在新郑市地质灾害中较少发生,研究区共解译泥石流地质灾害2处,主要位于新郑市西南部箕山东段余脉、辛店镇始祖山南山角的大槐树村,是泥石流的危险地带;在泥石流规模上主要是小型泥石流且出现频率低。泥石流地质灾害遥感影像如图7所示。

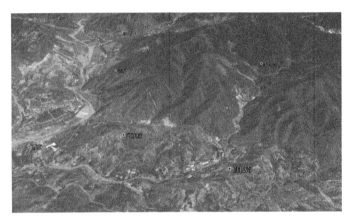

图7　泥石流沟平面分布卫星影像图

4.2　遥感解译过程与地理信息系统数据融合

解译工作的关键是建立遥感解译标志。本次研究基于"高分二号"影像,在不同地质灾害的影像上形状、色调、影纹、位置呈现出不同,可建立矿山地质灾害的直接解译标志[9];也可根据野外调查了解区域矿山地质环境的条件,运用相应的内在关系分析建立间接解译标志,进行地质灾害解译。

对原始遥感影像处理后,利用ArcGIS软件将采矿权、地质环境问题数据与遥感影像叠加分析处理;根据地质灾害的遥感特征,采取人机互动为主、目视解译为辅的方法进行室内初步解译;再结合外业踏勘核实了解的地质地貌环境特征,找出研究区地质灾害点的共性特征,从而建立遥感解译标志,对本区域的地质灾害和隐患点进行调查与监测。

4.3　野外验证与遥感解译成果可靠性分析

本次利用ArcGIS软件建立矿山地质灾害遥感解译标志,对新郑市矿山地质灾害进行遥感解译,解译出地质灾害及其隐患点共21处,其中,地面塌陷、地裂缝8处,崩塌4处,滑坡3处,泥石流2处,尾矿库粉尘污染2处,煤矸石自燃2处。对解译点进行野外实地验证,野外核查确认地质灾害及隐患点达18个,验证率为85.71%,遥感解译成果大部分得到验证(见表2)。

表 2　矿山地质灾害遥感解译图斑统计表

序号	类型	遥感解译	野外调查	解译精度
1	地面塌陷、地裂缝	8	7	87.50%
2	崩塌	4	3	75.00%
3	滑坡	3	2	66.67%
4	泥石流	2	2	100.00%
6	尾矿库粉尘污染	2	2	100.00%
7	煤矸石自燃	2	2	100.00%
合计		21	18	85.72%

5　结论

（1）本文以新郑市为例，采用"高分二号"卫星遥感影像，通过对影像进行几何校正、影像融合、镶嵌配准等一系列处理，再结合采矿权、探矿权等数据和野外踏勘的基础信息，建立矿山地质灾害解译标志对新郑市的矿山地质灾害进行遥感解译，并对解译结果进行了野外核查验证。室内解译出矿山地质灾害（隐患）21 处，野外验证 18 处，验证比率为 85.71％。这表明遥感解译成果大部分符合野外验证情况，"高分二号"影像能监测和调查地质灾害（隐患）点的情况。

（2）新郑市市长期大规模的煤炭地下开采致使矿山地质环境相对脆弱，矿山地质灾害主要以采空区的地面塌陷、地裂缝为主，伴有西南部山区的崩塌、滑坡和泥石流。矿山地质灾害的发生不仅与当地的地形地貌及矿产开发强度有关，还与降雨的强度和持续时间有关，在夏天暴雨时节易形成地质灾害链。因此，加强矿山地质灾害的监测、调查和防治，对矿山开采的整治和生态环境的保护起着重要的作用。

（3）运用高精度遥感卫星影像进行矿山地质灾害调查与监测，与传统野外勘察方法相比不仅效率高、成本低，而且可以比较准确地圈定出地质灾害（隐患）点，大大降低了工作量；再结合研究区的地形地貌特征，能更准确地预测地质灾害的发生及分析出该地区地质灾害分布特征和规律，为今后矿山地质环境保护与矿山地质灾害调查及防治提供参考和帮助。

参 考 文 献

[1] 吴蔚,李婧玥,王诜.卫星遥感数据在矿山地质灾害调查中的应用[J].资源信息与工程,2018,33(5):158-160.

[2] 张玉山.遥感技术在地灾救援中的应用[J].城市建设理论研究(电子版),2016(14):21-23.

[3] 崔恩慧,吴佳栋,高剑.高分二号开启我国高分辨率遥感卫星应用时代[J].太空探索,2014(10):6-9.

[4] 范敏,孙小飞,苏凤环,等.国产高分卫星数据在西南山区地质灾害动态监测中的应用[J].国土资源遥感,2017,29(增刊 10):85-89.

[5] 梁树能,魏红艳,甘甫平,等."高分二号"卫星数据在遥感地质调查中的初步应用评价[J].航天返回与遥感,2015,36(4):63-72.

[6] 张忠阳,郦淑俊.影像地图集的设计与研制[J].现代测绘,2011,34(3):55-56.

[7] 贾永红,李德仁,孙家柄.多源遥感影像数据融合[J].遥感技术与应用,2000,15(1):41-44.

[8] 张鸿晶.遥感技术在贵州六盘水水城-钟山区煤炭矿区矿山地质环境调查中的应用[J].资源信息与工程,2017,32(3):49-50.

[9] 濮静娟.遥感图像目视解译原理与方法[M].北京:中国科学技术出版社,1992:1044-1110.

[10] 周学珍.遥感技术在矿山地质灾害监测中的应用:以陕西神府煤矿区为例[J].能源环境保护,2013,27(1):52-55.

［11］沈金瑞.自然灾害学［M］.长春:吉林大学出版社,2009.

［12］唐亚明,张茂省,薛强,等.滑坡监测预警国内外研究现状及评述［J］.地质论评,2012,58(3):533-541.

［13］赵晓燕,谈树成,李永平.高精度卫星遥感技术在昆明市矿山地质灾害调查中的应用［J］.云南地理环境研究,2017,29(4):6-10.

［14］赵鑫,程尊兰,刘建康,等.云南东川地区单沟泥石流危险度评价研究［J］.灾害学,2013,28(1):102-106.

基于地形等高线分析坡度坡向

李玮玮,王　雷,刘建廷

（河南省有色金属地质矿产局第四地质大队,河南 郑州　450016）

摘　要：地形要素中坡度和坡向是描述地形的两个重要指标,在地质、水文、地貌类型等分析中应用广泛。在地理信息系统(GIS)中,地形的坡度和坡向信息可以通过数字高程模型(DEM)计算得到。基于地形等高线线性内插生成不规则三角网(TIN),建立 DEM 进而提取地形坡度、坡向信息,具有快速、计算量小等优势,在地质、测绘、农业等行业中具有实用价值。

关键词：等高线；DEM；坡度；坡向；GIS

1　研究背景

数字高程模型(DEM)是一种重要的数据组织形式,具有空间位置特征和高程属性特征,是一定范围内规则格网点的平面坐标(X,Y)及其高程(Z)的数据集,是地形表面形态属性信息的数字表达[1]。利用 DEM 数据快速提取坡度、坡向等地形因子,进行水系、水文、通视等分析,在地理信息系统(GIS)中具有重要意义。

等高线是海拔高度相同点的连线,在地形图中用于表示地面起伏和高度。等高线在地质中用途广泛,根据等高线疏密程度可以判断缓陡坡；利用等高线形状及高程值判别山谷、山脊、山峰、盆地、鞍部等地形；等高线数值用于判断地势、河流的流向、分布；在等高线的基础上绘制剖面图,可直观地表示某条线上的地面起伏和坡度陡缓等。在对等高线和 DEM 的研究中发现,利用等高线进行数据采集(包括采样和测量),内插生成 DEM 具有快速、计算量小等优势,在地质、测绘、农业等行业中具有实用价值[2]。

本研究通过矢量化地形图提取等高线,基于 GIS 软件将等高线数据内插生成不规则三角网 TIN,基于 TIN 生成 DEM,最后对 DEM 进行坡度、坡向分析,为研究区域地形地貌、规划设计、农业生产等提供依据。

2　DEM 研究方法

国内外学者对 DEM 进行了广泛的研究,胡勇修等使用 Jx4 数字摄影测量系统,采用立体相关法制作大比例尺数字高程模型 DEM[3]；符校基于机载激光点云数据制作 DEM,并对点云数据的质量和精度进行评价[4]；高一平等基于 GIS 平台利用 SRTM(航天飞机雷达地形测绘使命)数据制作太原市 DEM、地形坡度分级图[5]；宋燕等利用 SPOT5 HRS 卫星条带影像制作等高线、DEM[6]；刘欣欣等基于 1∶1 万地形图生成 5 m 分辨率 DEM,分析不同算法、不同地形对提取坡度精度的影

作者简介：李玮玮,女,1989 年生。硕士,助理工程师,从事地质、测绘相关工作。

响[7];刘学军等通过理论分析 DEM 坡度、坡向误差,并通过实验澄清坡度、坡向计算模型上的矛盾观点[8];杨勤科等引入数字图像处理方法,研究 DEM 类型对坡度影响、坡度衰减原理、坡度变换方法[9]。

通过研究发现,目前获取 DEM 数据源主要有三种:一是全野外测量数据,二是矢量化地形图,三是摄影测量和遥感技术。其中矢量化地形图具有成本低、耗时短、更新周期短等优势,应用较为广泛[10]。矢量化地形图的技术路线为先对地形图进行空间校正、矢量化提取等高线,再选择内插算法构建 TIN,最后生成不同分辨率的规则格网 DEM。

随着信息技术的不断发展,计算机处理大量矩阵更为高效,DEM 数据作为一种基础的栅格数据,在测绘、地质等行业中得到了广泛的应用。在测绘领域中,可以基于 DEM 数据提取等高线、生成正射影像图等;在军事上,制作电子沙盘、导航等;在工程中,计算土方量、体积等;在地质行业中,生成坡度、坡向图等;在地貌学中,通过对比地形,建立流量计侵蚀模型分析水文等。

3 实验分析

本次实验基于 GIS 软件对 1∶5 万地形图进行校正、矢量化,利用等高线内插生成 TIN 构建 DEM,进行坡度、坡向分析生成坡度、坡向图。这种方法具有投入少、设备简单、获取数据快等优势,通过分析地形数据,为区域规划设计、地质分析研究提供依据。

3.1 地形图几何校正、等高线矢量化

在 ArcGIS 软件中加载 1∶5 万地形图,通过地形图配准、几何校正将地形图校正到实际位置。对地形图进行矢量化、赋予高程属性值,进行属性、线条完整性等检查,保证等高线的闭合性和完整性,生成等高线如图 1 所示。

3.2 等高线生成 TIN、DEM

DEM 主要有三种模式:不规则三角网模型 TIN、规则格网 GRID、等高线描述法模型。其中不规则三角网模型 TIN 是将一系列折点(点)组成连续的三角形,三角网的形状和大小取决于不规则分布的采样点的密度和位置。TIN 用于描述不同层次分辨率的地形表面,具有压缩数据、能够更好地表达地形特征线等优势[1]。

三角形的插值方法有很多种,其中 Delaunay 三角测量法划分三角形的原理为:三角网中最小角最大,最大限度地保证网中三角形满足近似等边性,避免出现过于狭长、尖锐的三角形[11]。实验基于 Delaunay 三角测量法内插生成 TIN,在 ArcGIS 软件中设置采样距离将 TIN 转为栅格,实现 TIN 构建 DEM。基于等高线内插生成的 DEM 如图 2 所示,区域高程值范围为[500,1 400],地势总体呈南高北低。

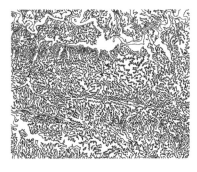

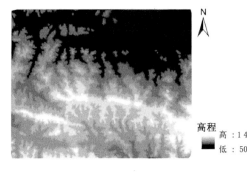

高程 高:1 400 低:500

图 1　等高线　　　　　　　　　　　图 2　DEM

3.3 DEM 提取坡度、坡向

坡度、坡向是反映地形的两个重要因子。先基于 DEM 提取坡度、坡向信息,再根据分级标准对坡度、坡向进行分级,生成专题图,计算区域的最大、最小坡度和平均坡度以及坡向、坡位等属性数据,在水文分析、土壤侵蚀模拟、地貌类型划分等工程中有重要作用[12]。

坡度是具有方向与大小的矢量,表示地面的倾斜程度。根据坡度的大小分为平、缓、斜、陡、急、险六级,具体描述如表 1 所示。在 ArcGIS 软件中基于 DEM 建立坡度模型提取坡度,根据坡度分级标准生成坡度图,并分析各坡度面积占比,结果如图 3 所示。从图中可知,该区域坡度以一级平地形和六级险地形为主,一级坡度约占该区域总面积的 58.58%,有利于农田、林业的水利化和机械化;六级坡度约占该区域总面积的 41.38%,应警惕崩塌、滑坡等地质灾害的发生。

表 1　坡度分级表

坡度等级	倾斜程度	坡度/(°)
一级	平	<5
二级	缓	5~<15
三级	斜	15~<25
四级	陡	25~<35
五级	急	35~<45
六级	险	≥45

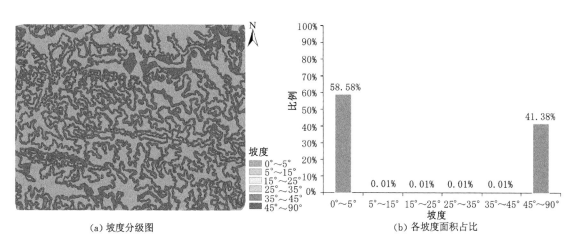

（a）坡度分级图　　（b）各坡度面积占比

图 3　坡度图

坡向是指坡面法线在水平面上的投影方向,是斜面倾角的正切值,表示该点高程值改变量的最大变化方向[13]。坡向一般分为东、南、西、北、东北、东南、西北、西南、无(平地)九个方位。在 ArcGIS 软件中基于 DEM 建立坡向模型提取坡向信息,并分析各坡向面积占比,结果如图 4 所示。从图中可知,无坡向土地分布广泛且较为集中,约占该区域总面积的 57%。在各坡向中,阳坡具有气温高、蒸发强等因素,适宜发展农业、林业,研究地形阳坡可为农业、林业发展提供基础信息。一些研究将东南、南、西南称为阳坡,西北、北、东北称为阴坡,将东、西坡称为半阳坡[13],则该区域阳坡面积占比为 15%。

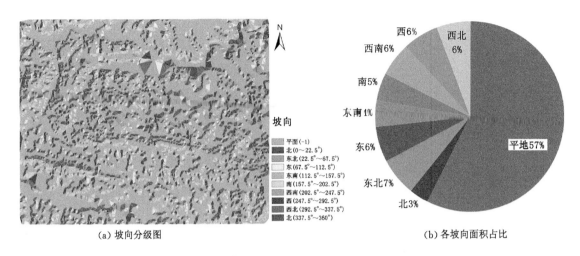

| (a) 坡向分级图 | (b) 各坡向面积占比 |

图 4 坡向图

4 结论

本文通过理论研究和实验分析,探讨地形等高线和坡度、坡向的关系。基于 GIS 数据处理和空间分析功能,对 1∶5 万地形图提取等高线,建立 TIN、DEM 数据,生成地形坡度、坡向图,得出以下结论:

(1) 实验区域最小高程 500 m,最大高程 1 400 m,地势总体是南高北低。

(2) 实验区域坡度以平缓、险地形为主,平缓区域地形起伏小,有利于农业、林业的水利化和机械化;坡度倾斜较大的险地形,应警惕崩塌、滑坡等地质灾害的产生。

(3) 实验区域中无坡向土地分布广泛且较为集中,占该区域总面积的 57%,且阳坡面积占比为 15%。

通过研究地形等高线提取坡度、坡向,分析各坡度、坡向等级及面积占比,为测绘工程、地质研究、农林业等工作提供了基础数据,具有一定的指导和实践意义。但是由于研究数据的限制,本文对等高线的自动提取、DEM 数据的精度、坡度和坡向算法等未进行深入的研究,未来还需进一步分析。

参 考 文 献

[1] 茆德柱. TIN 模型的构建方法研究[D]. 南京:河海大学,2007.

[2] 姜栋,赵文吉,朱红春,等. DEM 地形信息提取对比研究:以坡度为例[J]. 测绘科学,2008,33(5):177-179.

[3] 胡勇修,陈翠婵. 基于大比例尺数字高程模型 DEM 制作方法的经验和体会[J]. 测绘与空间地理信息,2013,36(7):187-189.

[4] 符校. 机载激光雷达技术在数字高程模型制作中的应用:以惠州大亚湾区数字高程模型制作为例[J]. 经纬天地,2018(4):47-52.

[5] 高一平,张锦. 基于 DEM 的区域地形坡度分级探讨[J]. 河北遥感,2012(2):15-16,17.

[6] 宋燕,闵晓凤,刘秀梅. 利用 SPOT5 HRS 条带影像制作 DEM 及等高线的技术方法[J]. 测绘技术装备,2008,10(1):43-45.

[7] 刘欣欣,陈楠,朱海金. 基于 DEM 的坡度精度研究[J]. 人民黄河,2013,35(2):131-133,137.

[8] 刘学军,龚健雅,周启鸣,等. 基于 DEM 坡度坡向算法精度的分析研究[J]. 测绘学报,2004,33(3):258-263.

[9] 杨勤科,贾大韦,李锐,等. 基于 DEM 的坡度研究:现状与展望[J]. 水土保持通报,2007,27(1):146-150.

［10］王新.基于地形图的 DEM 的构建及其精度分析［D］.郑州:解放军信息工程大学,2001.

［11］焦卫东,曾岚风.基于外符合精度的 RTK 高程拟合三角形网格法［J］.中国民航大学学报,2020,38(1):34-37.

［12］朱雷,秦富仓,苏江.基于 ArcGIS 9.3 的等高线生成 DEM 及坡度坡向分析［J］.内蒙古林业调查设计,2014,37(2):125-128.

［13］温美丽,陈瑜,何小武,等.基于 GIS 的崩岗分布及坡向选择性验证［J］.中国水土保持科学,2018,16(3):1-7.

基于面向对象高分遥感影像矿区的提取研究

李玮玮[1],胡明玉[2],李　雁[3]

(1. 河南省有色金属地质矿产局第四地质大队,河南 郑州　450016;
2. 河南省有色金属地质勘查总院,河南 郑州　450052;
3. 西安航天天绘数据技术有限公司,陕西 西安　710100)

摘　要:遥感技术能够快速、实时地提供矿区的空间分布特征,对矿区变化检测、矿山环境恢复治理等有着重要意义。随着高分影像、信息提取算法的发展,面向对象分类法综合考虑地物的光谱、纹理、相邻关系等特征,充分利用高分影像的丰富信息,提高地物分类精度。本文通过研究栾川县矿区高分影像,结合面向对象法对矿区进行分割、分类提取,基于支持向量机(SVM)提取矿区,研究结果表明面向对象法对提取矿区具有优势。

关键词:遥感;高分影像;面向对象法;SVM;提取矿区

1　研究背景

矿产资源是经济发展的重要物质基础,在社会发展中具有重要的推动作用。然而矿业经济的发展造成地表破坏、开发混乱、生态破坏等问题,矿产开采区域面临资源与环境的压力。遥感技术具有快速、大尺度、不受地面条件限制等优点,尤其是随着传感器及运载平台的发展,航空飞机、卫星平台、激光雷达等方式提高了遥感数据的获取能力,利用遥感技术提取矿区信息、分析矿区土地利用现状及变化、研究矿山生态环境,对矿区变化检测、矿山环境恢复治理等有着重要意义。本次研究通过分析栾川县矿区高分遥感影像,基于面向对象法对矿区进行分割、分类提取,研究表明高分辨率的遥感影像基于面向对象法提取矿区具有优势。

2　研究方法

根据遥感影像提取矿区主要有目视解译和计算机解译两种方式,其中计算机解译包括像素法解译、面向对象法解译。

2.1　目视解译

遥感影像上目标地物呈现特定的灰度、亮度、形状等特征,专业人员通过直接观测或借助判读仪器提取目标地物就是目视解译。但是由于遥感影像成像原理不同,目标地物在黑白全色、彩色红外、热红外等影像上表征各异,专业人员在进行目视判读的过程中,解译精度、解译时长等受解译经验、解译标志等影响较大,这限制了目视解译的发展。

作者简介:李玮玮,女,1989年生。硕士,助理工程师,从事地质、测绘相关工作。

2.2　计算机解译

计算机解译是以计算机系统为支撑,通过模式识别、人工智能等技术,根据遥感影像中目标地物的颜色、纹理、形状、空间位置等影像特征,结合专家知识库中目标地物的解译经验和成像规律进行分析,实现对遥感影像的解译[1]。计算机解译包括像素法解译、面向对象法解译。

像素法解译是对单个像元的光谱信息进行分类,适用于中低分辨率的影像。但是由于像素法未能考虑与邻域像素的关系,分类结果容易产生错分、椒盐噪声等效应。随着高分辨率影像的发展,像素法的分类精度和效率已不能满足需求。

随着高分时代的到来,影像分辨率越来越高,空间信息更加丰富,面向对象法解译弥补了像素法解译的不足,综合考虑目标地物的光谱、纹理、拓扑关系、类间关系、相邻关系等特征,处理单元不是单个像素,而是由若干像元组成的影像对象,充分利用高分辨率遥感影像丰富的信息,提高了解译的精度。面向对象法解译的原理是:先通过分割遥感影像生成影像对象,再对影像对象进行监督或非监督分类。其中,支持向量机(SVM)是一种基于统计学理论的监督分类,在小样本学习、非线性、高维数据模式识别中具有学习速度快、精度高等优势[2]。SVM通过寻找一个既能保证分类精度,又能使两类数据之间间隔最大化的超平面进行监督分类,即同时实现最小化经验误差和最大化分类间隔[3]。

2.3　遥感影像提取矿区的研究进展

很多学者对遥感影像提取矿区进行研究,从目视解译、像素法解译到面向对象法解译不断取得新的进展。丁娟等基于遥感软件对矿区遥感影像进行土地利用分类,并通过目视解译建立工矿用地、塌陷坑、塌陷湖、有林地等解译标志[4];向阳等提出改进UNet孪生网络结构对矿区"高分一号""资源三号"遥感影像进行变化检测,获取矿区地表变化信息[5]。朱青等利用Landsat-8(美国陆地卫星)多光谱影像建立了矿区、裸地、城镇和农村居民点等6类地物解译标志,基于CART决策树对稀土矿区进行分类,并利用2期遥感影像对稀土开采区面积进行变化检测[6];刘花等利用3期高分辨率遥感影像,基于面向对象分类、目视解译对矿区生态环境进行监测[7];姜雪利用1 m的IKONOS遥感影像,建立矿区地物分类规则,基于面向对象法提取工矿用地、建设用地、水域等地物[8];张云英对"高分一号"(GF-1)遥感影像,基于面向对象法提取尾矿及周围地物,并与基于像素法的最大似然分类进行对比,通过实验得出面向对象法提取精度优于像素法[1];肖博林基于支持向量机(SVM)对高光谱影像分类,并通过实验数据集进行验证[3]。

本次研究基于高分辨遥感影像,采用面向对象法对矿区影像进行分析。面向对象法包括影像分割与分类,即先设置合适的尺度、参数分割影像对象,再结合影像对象的光谱、空间特征、纹理和对象之间的拓扑关系进行分类,通过SVM实现矿区的提取。

3　实验分析

数据源:选取2018年6月获取的栾川县"高分一号"遥感影像,经正射校正、图像融合等数据处理生成2 m分辨率的影像。栾川县东部遥感影像、矿区遥感影像如图1所示,研究矿区位于东经111°46′～111°47′,北纬33°47′～33°48′。

目视解译矿区遥感影像,该区域有林地、尾矿库、露天矿区、裸地等地物,其中尾矿库为山谷型。在遥感影像上,矿区高地势尾矿库呈扇形分布,亮度较低;中间地势呈高亮显示;低地势坝体呈蓝色。

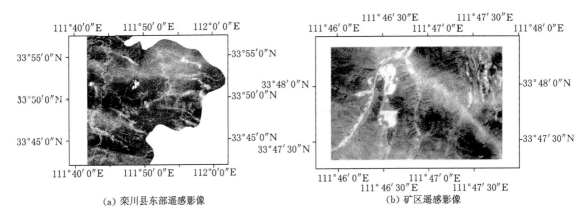

(a) 栾川县东部遥感影像   (b) 矿区遥感影像

图 1　高分遥感影像

3.1　影像分割

面向对象法影像分析,首先进行影像分割,分割时综合考虑光谱和形状因子,设置分割参数生成同质性高(或异质性低)的影像对象。面向对象分割算法包括多尺度分割、棋盘分割、四叉树分割等。本次研究采取多尺度分割算法,多尺度分割是基于异质性最低、自上而下的区域合并算法[9]。多尺度分割由尺度参数和同质性系数两部分构成,尺度参数决定分割阈值,尺度越大分割所形成的多边形数目越少、多边形面积越大;同质性系数决定分割的标准,包括光谱信息和形状信息,同质性公式为[1,9]:

$$f = w_{color} h_{color} + (1 - w_{color}) h_{shape} \tag{1}$$

式中,w_{color} 为光谱异质性权重,取值范围为 $[0, -1]$;h_{color} 为光谱异质性,h_{shape} 为形状异质性,且 $h_{spectal} + h_{shape} = 1$。

对尾矿库进行多尺度分割实验,分割尺度分别设置为 40、80、120、160、200,形状因子为 0.1,紧致度为 0.5,分割结果如图 2 所示。

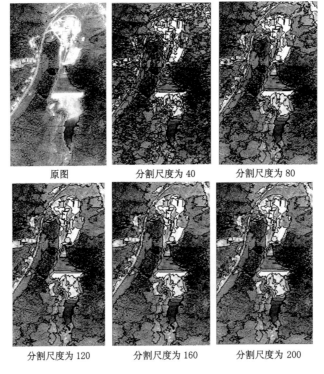

原图　　　　　分割尺度为 40　　　　　分割尺度为 80

分割尺度为 120　　　　分割尺度为 160　　　　分割尺度为 200

图 2　多尺度分割对比图

通过实验分析,分割尺度为 80、120、160 时,分割效果比较理想,影像对象面积较大且多边形分割结果较为完整,林地、矿区地物能很好地分割开来。分割尺度为 160、200 时,分割效果基本一致,说明当分割尺度设置大于 160 时,已经不能再分割出异质性的影像对象。通过比较分析,当分割尺度设置为 120、160 时,水体与林地没有实现完全分割,因此分割尺度最终设置为 80。

3.2 影像分类

面向对象法通过多尺度分割生成同质的影像对象后,再结合影像对象的光谱、空间特征、纹理和对象之间的拓扑关系进行分类。通过实验分析,选择光谱平均值、亮度值、标准差及纹理灰度共生矩阵的对比度、逆差距作为特征参数,各特征参数描述及公式如下。

平均值:影像对象全部像素的平均反应,公式为[9]:

$$\overline{C}_L = \frac{1}{n} \sum_{i=1}^{n} C_{Li} \tag{2}$$

式中,n 为像素个数;C_{Li} 为第 i 个像元在第 L 层的光谱值。

亮度值:影像对象在所有波段上的光谱值平均值之和,公式为[9]:

$$B = \frac{1}{n_L} \sum_{i=1}^{n_L} C_i \tag{3}$$

式中,n_L 为总层数;C_i 为第 i 层的光谱平均值。

标准差:反映影像对象像素均匀灰度值的离散水平,公式为[1]:

$$\sigma = \frac{1}{n-1} \sum_{i=1}^{n_L} (C_{Li} - C_i) \tag{4}$$

式中,C_{Li} 为光谱值;C_i 为光谱平均值。

纹理灰度共生矩阵对比度:反映影像清晰度和纹理沟纹深浅程度,公式为[9,10]:

$$CON = \sum_{i=1}^{k} \sum_{j=1}^{k} (i,j)^2 G(i,j) \tag{5}$$

式中,$G(i,j)$ 为灰度共生矩阵的元素;i 为矩阵元素的行向量,j 为矩阵元素的列向量。

纹理灰度共生矩阵逆差距:反映影像纹理的同质性,公式为[9,10]:

$$HOM = \sum_{i=1}^{k} \sum_{j=1}^{k} G(i,j) \frac{1}{1+(i-j)^2} \tag{6}$$

选取特征参数后,基于 SVM 提取矿区、林地、其他地物(以裸地为主),其中矿区又根据地物特征分为三部分提取:亮度较低的高地势扇形区域,高亮度的中间地势及露天矿的建筑物,呈蓝色的低地势坝体。矿区分类对比如图 3 所示。分类结果显示,矿区轮廓基本上提取出来,其中尾矿库的坝体提取较为完整。

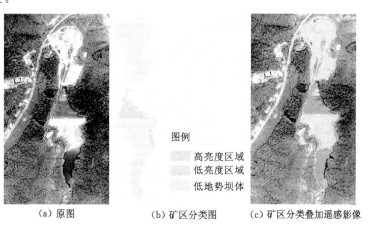

(a)原图　　　　(b)矿区分类图　　　(c)矿区分类叠加遥感影像

图例
　高亮度区域
　低亮度区域
　低地势坝体

图 3　矿区分类对比图

将上述三部分分类结果合并为矿区地物,矿区、林地、其他地物(以裸地为主)三类地物分类对比如图4所示。分类对比结果显示,由于同物异谱、异物同谱现象,尾矿库的扇形区域与裸地在光谱值、纹理值等方面有很大的相似性,造成了少量的错分。

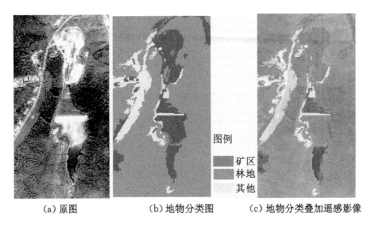

(a) 原图　　　　　　(b) 地物分类图　　　　　(c) 地物分类叠加遥感影像

图4　地物分类对比图

4　结论

通过分析矿区在高分影像上的特征,基于面向对象法对矿区进行分割、分类研究,得出以下结论:

(1)通过实验确定矿区分割尺度及分割参数,分割尺度最终设置为80,形状因子为0.1,紧致度为0.5,实现了矿区、林地、裸地等地物较好的分割结果。

(2)通过分析矿区光谱、纹理、几何特征,选择平均值、亮度值、标准差、纹理灰度共生矩阵的对比度、纹理灰度共生矩阵的逆差距5种特征建立模型,基于SVM提取矿区、林地、其他地物(以裸地为主)三类地物,研究结果表明面向对象法对提取矿区具有优势。

(3)尾矿库扇形区域与裸地在光谱、纹理等特征上有很大的相似性,在一定程度上降低了分类的精度。由于提取矿区对地质分析、矿山变化检测等有着重要意义,基于高分影像提取矿区需要进一步优化特征模型算法,不断提高分类精度。

参 考 文 献

[1] 张云英.基于GF-1遥感影像矿区的信息提取与建模[D].唐山:华北理工大学,2016.

[2] 邓曾,李丹,柯樱海,等.基于改进SVM算法的高分辨率遥感影像分类[J].国土资源遥感,2016,28(3):12-18.

[3] 肖博林.基于支持向量机的高光谱遥感影像分类[J].科技创新与应用,2020(4):22-24.

[4] 丁娟,徐跃通,杨燕杰,等.基于Erdas和Arc/Info的矿区遥感影像信息提取技术[J].矿业研究与开发,2008,28(3):43-45.

[5] 向阳,赵银娣,董霁红.基于改进UNet孪生网络的遥感影像矿区变化检测[J].煤炭学报,2019,44(12):3773-3780.

[6] 朱青,林建平,国佳欣,等.基于影像特征CART决策树的稀土矿区信息提取与动态监测[J].金属矿山,2019,515(5):161-169.

[7] 刘花,刘朱婷.矿区生态环境高分辨率遥感监测:以莲花山矿区为例[J].广东化工,2018,45(17):51-52.

[8] 姜雪.基于高分辨率遥感影像的矿区土地利用/土地覆盖信息提取技术研究[D].北京:首都师范大学,2007.

[9] 李玮玮.基于倾斜摄影三维影像的建筑物震害提取研究[D].北京:中国地震局地震预测研究所,2016.

[10] 侯群群,王飞,严丽.基于灰度共生矩阵的彩色遥感图像纹理特征提取[J].国土资源遥感,2013,25(4):26-32.

基于蚀变信息和高分遥感的铝土矿采矿区圈定研究

胡明玉[1,2]，成静亮[1,2]，李玮玮[3]

(1. 河南省有色金属地质勘查总院，河南 郑州　450052；

2. 中原地矿云大数据中心，河南 郑州　450000；

3. 河南省有色金属地质矿产局第四地质大队，河南 郑州　450016)

摘　要：本文利用 Landsat-8(美国陆地卫星)OLI(陆地成像仪)遥感数据，通过"比值运算＋主成分分析"法及"掩膜运算＋Crosta"法对陕州区-渑池县铝土矿矿带的铝土矿蚀变信息进行提取，然后在"高分二号"(GF-2)遥感影像上根据铝土矿蚀变信息指示区域对铝土矿采矿区进行圈定。研究结果表明："比值运算＋主成分分析"法与"掩膜运算＋Crosta(克罗斯塔)"法均只能提取部分铝土矿蚀变信息，两种方法相结合提取铝土矿蚀变信息可以起到较好的补充作用；根据"比值运算＋主成分分析"法及"掩膜运算＋Crosta"法的蚀变信息，并利用高空间分辨率遥感影像，对于大区域范围内圈定铝土矿采矿区具有较好的指导作用。

关键词：铝土矿；蚀变信息提取；OLI 数据；GF-2 影像；采矿区圈定

1　研究背景

我国铝土矿资源丰富，华北地台等多地成矿区具有较好的铝土矿成矿条件，其中豫西-晋南成矿条件较好。河南省郑州-三门峡-平顶山三角区域内约 1.8 万 km² 范围产出我国著名的铝土矿、黏土矿带，其中铝土矿矿床规模大，矿石具有高铝、高硅、低铁和共生矿产多的特点[1-2]。

基于遥感数据提取矿化蚀变信息已经有 40 多年的历史，随着遥感技术应用的不断发展，目前利用 ETM＋(增强专用绘图仪)、OLI 及 ASTER(卫星传感器)等数据提取铝土矿蚀变信息的研究已经相当广泛，其理论和技术已日趋成熟[3-7]。然而采用常规的地质工作方法进行矿产勘查耗费大量的人力、物力，不仅成本高，而且效率低。因此，本文利用遥感技术探测铝土矿蚀变信息，再利用高空间分辨率遥感影像进行铝土矿采矿区圈定，并对利用铝土矿蚀变信息和高空间分辨率遥感影像进行铝土矿采矿区圈定的可行性进行分析，以期提供一种有利于提高野外铝土矿采矿区圈定工作效率的方法。

2　研究区概况

陕州区和渑池县隶属于河南省三门峡市，地理位置为 111°01′~112°02′E，34°25′~35°06′N。陕州区、渑池县位于华北地台南缘，主要出露地层为中元古代-新生代沉积地层及部分火山岩地层，形成了丰富的沉积矿产。在三门峡陕州区-渑池县东西长约 90 km 范围内，均有上石炭统本溪组铝土矿含矿

作者简介：胡明玉，女，1991 年生。硕士，助理工程师，主要从事地质遥感等方面研究工作。

岩系的分布,有大小铝土矿床 20 余处,被称为陕-渑铝土矿成矿带,它是豫西主要的富铝土矿成矿带[8]。陕州区-渑池县成矿带的铝土矿主要为一水硬铝石、高岭石、伊利石等,其中一水硬铝石含量为 55%～85%[9,10]。本次研究的区域主要为陕州区与渑池县交界处的铝土矿成矿区,如图 1 所示。

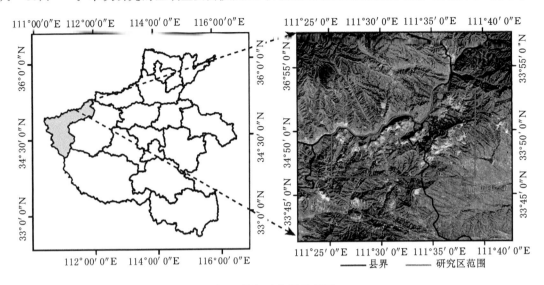

图 1   研究区范围示意图

3   数据来源与研究方法

3.1   数据来源及预处理

有研究表明,相较于 ETM＋,OLI 能够更加清晰、准确地反映铝土矿的空间分布[10],因此本次研究中将选取 OLI 数据进行"比值运算＋主成分分析"法以及"掩膜运算＋Crosta"法两种铝土矿蚀变信息提取。本次研究中所使用的 Landsat-8 OLI 卫星遥感影像(时间为 2015 年 12 月 26 日)来自地理空间数据云(http://www.gscloud.cn/sources/),所使用的高空间分辨率遥感影像为 GF-2 遥感影像(时间为 2016 年 3 月),其空间分辨率为 1 m。

由于大气吸收和散射作用造成传感器最终测得的地面目标的总辐射亮度存在辐射量误差,故需要对 OLI 数据进行大气校正[11],经过大气校正后消除了大气散射作用的影响。

3.2   研究方法

研究区矿物主要由一水硬铝石、高岭石、伊利石组成,含少量蒙脱石、针铁矿、水云母、石英等,区内铝土矿主要为一水硬铝石,次为高岭石等 Al-OH 类蚀变矿物[8-10]。图 2 所示为富含羟基离子(－OH)的一水硬铝石、高岭石、蒙脱石等蚀变矿物在 $0.76\sim0.9$ μm 和 $1.55\sim1.75$ μm 处存在反射峰,在 $0.45\sim0.52$ μm 和 $2.08\sim2.35$ μm 处存在吸收谷。这些不同波段范围内的反射及吸收特征是提取羟基蚀变信息的光谱理论基础。

目前国内外对矿化蚀变信息提取的研究,以主成分分析法、比值法、光谱角填图等为主。在植被覆盖较密集的地区,通常使用多种方法以提取弱化的矿化异常信息。有研究表明,"比值运算＋主成分分析"法能够在一定程度上抑制植被信息,"掩膜运算＋Crosta"法可以克服水体植被和水体等不必要信息的干扰[12-14]。因此,本研究中将结合以上两种方法进行铝土矿蚀变信息提取,再利用高空间分辨率遥感影像进行铝土矿采矿区圈定。

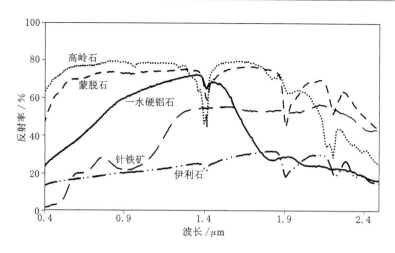

图 2　典型蚀变矿物波谱曲线

3.2.1　"比值运算＋主成分分析"法

铝矿物的化学式为 AlO(OH)，可见，铝土矿化的矿物质是羟基矿物。由于含羟基离子的矿物在 Landsat-8 OLI 的第 7 波段表现为强吸收性，而在第 6 波段表现为高反射性，OLI 6/OL1 7 突出了羟基蚀变信息，OLI 4/OLI 5 突出了植被信息[13-16]，因此选择 OLI 6、OL1 7 波段和 OLI 4、OLI 5 波段进行比值运算，并对两幅波段比值影像进行主成分分析处理。图 3 所示为"比值运算＋主成分分析"法各主成分。

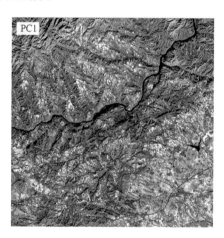

图 3　"比值运算＋主成分分析"法各主成分图

"比值运算＋主成分分析"法的特征向量显示，PC2 主要反映 OLI 6/OLI 7 即羟基蚀变信息，所以本次研究选择 PC2 进行铝土矿蚀变信息提取。

表 1　特征向量矩阵表

主成分	OLI 5/OLI 4	OLI 6/OLI 7
PC1	0.999 99	0.004 386
PC2	−0.004 386	0.999 99

3.2.2　"掩膜运算＋Crosta"法

大多数水体的反射光谱特征表现为 OLI 3＞OLI 6，因此，本次研究利用 OLI 3/OLI 6＞M 的结果对水体进行掩膜处理[14]。植被在近红外波段具有高反射特征,在红色波段具有高吸收特征,因此可以利用植被比值指数 OLI 5/OLI 4>N 对植被进行掩膜处理。M 及 N 值根据比值影像灰度值来确定,本次研究中分别选取 $M=20$ 和 $N=1.5$。经过上述掩膜处理后,水体和植被地区得到一定的抑制,见图 4。

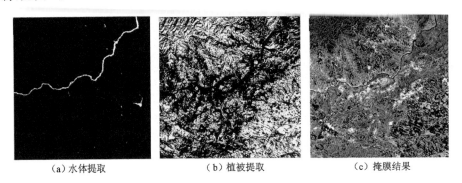

（a）水体提取　　　　（b）植被提取　　　　（c）掩膜结果

图 4　水体提取、植被提取及掩膜结果图

羟基矿物的光谱特征为:在 0.45~0.52 μm 和 2.08~2.35 μm 表现出明显的吸收特征,在 0.76~0.9 μm 和 1.55~1.75 μm 表现出较高的反射性[10,14]。上述四个波谱范围分别对应于 OLI 数据的 OLI 2、OLI 7、OLI 5 和 OLI 6 波段。因此,基于各波段所反映的羟基矿物波谱特征,选择 OLI 2、OLI 5、OLI 6、OLI 7 波段进行主成分分析。图 5 所示为"掩膜运算+Crosta"法各主成分。

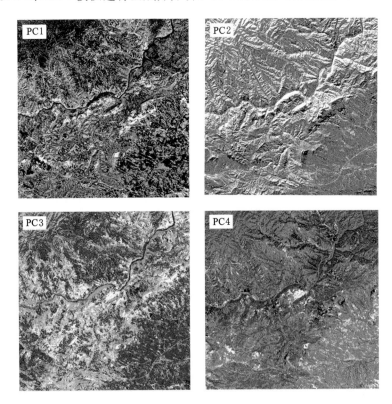

图 5　"掩膜运算+Crosta"法各主成分图

Crosta 法羟基主成分分量的判断准则是:构成该主成分分量的特征向量,其 OLI 6 系数应与 OLI 5、OLI 7 系数的符号相反,OLI 2 系数与 OLI 6 系数一般相同[13,14,17]。根据该判断准则,表 2 中的 PC4 代表了羟基蚀变信息主成分分量,所以本次研究中选择 PC4 进行铝土矿蚀变信息提取。

表 2　特征向量矩阵表

主成分	OLI 2	OLI 5	OLI 6	OLI 7
PC1	0.194 19	0.512 21	0.652 79	0.523 256
PC2	0.700 296	0.514 575	−0.453 492	−0.197 848
PC3	0.596 306	−0.659 223	−0.026 695	0.457 309
PC4	−0.341 020	0.195 653	−0.606 216	0.691 323

4　结果与分析

根据遥感影像设置相应阈值对"比值运算＋主成分分析"法的 PC2 以及"掩膜运算＋Crosta"法的 PC4 进行羟基蚀变信息提取,并分别叠加在遥感影像上(见图 6)。羟基蚀变信息的空间分布表明:"比值运算＋主成分分析"法提取的羟基蚀变区与"掩膜运膜＋Crosta"法提取的羟基蚀变区分别对应于不同位置铝土矿采矿区。

▓ 蚀变信息　　　　　　　　　　　　　▓ 蚀变信息
（a）"比值运算+主成分分析"法　　　　（b）"掩膜运算+Crosta"法

图 6　"比值运算＋主成分分析"法与"掩膜运算＋Crosta"法蚀变信息分布图

由于"比值运算＋主成分分析"法能提取大部分的铝土矿蚀变区,"掩膜运算＋Crosta"法亦能提取部分铝土矿蚀变区,为了减少未能识别的蚀变信息,将两种方法所提取的羟基蚀变区结果进行合并。

将羟基蚀变信息叠加在 GF-2 遥感影像上[见图 7(a)],根据蚀变信息指示区域在 GF-2 遥感影像上对铝土矿采矿区进行圈定,结果表明:研究区内除了极少数采矿区未能根据蚀变信息圈定外,其余大部分采矿区均能根据蚀变信息指示结果圈定。

将研究区内采矿区分布范围外的蚀变信息指示区域面积和圈定采矿区面积进行统计分析,定义误判率 W 来表示信息提取准确度[13]。

$$W = \frac{S_1}{S} \times 100\% \tag{1}$$

式中,S、S_1 分别为圈定采矿区面积和采矿区分布范围外的蚀变信息指示区域面积。

计算结果显示两种方法提取的蚀变信息合并结果的误判率为 4.6%,说明羟基蚀变信息指示区域在很大程度上能在野外找到相应采矿区。

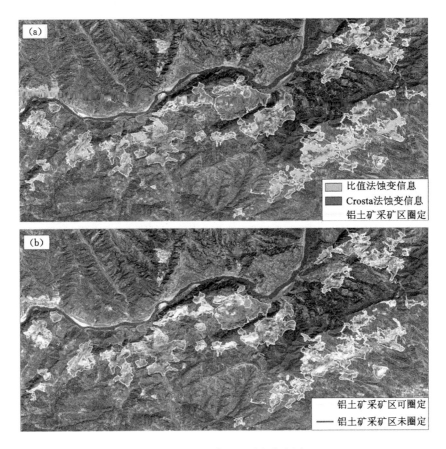

图 7   铝土矿采矿区圈定分布图

综上表明,结合"比值运算＋主成分分析"法和"掩膜运算＋Crosta"法的羟基蚀变信息提取方法,对于大区域范围内圈定铝土矿采矿区信息具有较好的指导作用,有助于提高圈定铝土矿采矿区的效率。

5   结论

本次研究利用"比值运算＋主成分分析"法与"掩膜运算＋Crosta"法提取铝土矿蚀变信息,然后在高空间分辨率的遥感影像上根据蚀变信息指示区域对铝土矿采矿区进行圈定。研究结果表明:

(1)"比值运算＋主成分分析"法与"掩膜运算＋Crosta"法均只能提取部分铝土矿蚀变信息,两种方法相结合提取铝土矿蚀变信息可以起到较好的补充作用。

(2)研究区内除了极少数采矿区未能根据羟基蚀变信息圈定外,其余大部分采矿区均能根据羟基蚀变信息指示结果圈定。

(3)结合"比值运算＋主成分分析"法和"掩膜运算＋Crosta"法的羟基蚀变信息提取方法,并利用高空间分辨率遥感影像,对于大区域范围内圈定铝土矿采矿区具有较好的指导作用。

(4)本次研究中由于条件限制未能进行实地核查,后续研究中将尽可能地进行实地查验,进一步提高研究结果的准确性与客观性。

参 考 文 献

［1］陈旺.豫西石炭纪铝土矿成矿系统［D］.北京：中国地质大学（北京），2009.

［2］梁涛,卢仁,白凤军,等.豫西陕县-渑池-新安-济源铝土矿稀有、稀散、稀土元素的矿化［J］.地质评论,2013,59
（增刊）：511-512.

［3］邓吉秋,谢杨,张宝一,等.ETM＋图像锰矿化蚀变信息提取与找矿预测［J］.国土资源遥感,2011,23（1）：
102-105.

［4］成功,朱战军,高泽润.ETM＋与ASTER数据在老挝红土型铝土矿勘查中的应用［J］.轻金属,2012（10）：6-10.

［5］彭光雄,王明艳,陈锋锐,等.基于独立分量分析的铝土矿蚀变信息遥感提取方法［J］.中国有色金属学报,2012,
22（3）：895-902.

［6］陈绪慧,胡丹娟,袁立男.基于两种方法的铝土矿蚀变信息提取［J］.黑龙江工程学院学报,2015,29（2）：22-26.

［7］吴志春,叶发旺,郭福生,等.主成分分析技术在遥感蚀变信息提取中的应用研究综述［J］.地球信息科学学报,
2018,20（11）：1644-1656.

［8］贺淑琴,郭建卫,胡云沪.河南省三门峡地区铝土矿矿床地质特征及找矿方向［J］.矿产与地质,2007,21（2）：
181-185.

［9］翟东兴,刘国明,陈德杰,等.河南省陕-新铝土矿带矿床地质特征及其成矿规律［J］.地质与勘探,2002,38（4）：
41-44.

［10］成功,曾令瑶,陈松岭.OLI与ETM＋数据在豫西沉积型铝土矿找矿中的对比研究［J］.轻金属,2014（11）：
7-11.

［11］韦玉春,汤国安,汪闽,等.遥感数字图像处理教程［M］.北京：科学出版社,2019.

［12］沈利霞,刘丽萍,苏新旭,等.不同植被覆盖率地区遥感矿化蚀变提取研究［J］.现代地质,2008,22（2）：
293-298.

［13］罗一英,高光明,于信芳,等.基于ETM＋的几内亚铝土矿蚀变信息提取方法研究［J］.遥感技术与应用,2013,
28（2）：330-337.

［14］郭娇.贵州省道真县隆兴-大竹园地区遥感地质解译及铝土矿化异常信息提取研究［D］.昆明：昆明理工大
学,2016.

［15］贺金鑫,姜天,董永胜,等.基于Landsat 8的辽宁弓长岭区遥感蚀变信息提取［J］.吉林大学学报（地球科学
版）,2019,49（3）：893-901.

［16］梅安新,彭望璓,秦其明,等.遥感导论［M］.北京：高等教育出版社,2001.

［17］吕凤军,郝跃生,石静,等.ASTER遥感数据蚀变遥感异常提取研究［J］.地球学报,2009,30（2）：271-276.

生活饮用水中挥发性酚测定方法的比较

冯兰慧,王　娟,来克冰

(河南省岩石矿物测试中心,河南 郑州　450000)

摘　要:本文对两种挥发性酚测定方法——4-氨基安替比林三氯甲烷萃取分光光度法和流动注射-4-氨基安替比林分光光度法进行了比较。两种方法的精密度(RDS 值)分别为 1.44％和 0.57％,回收率在 92.56％和 102.82％之间。从标准曲线斜率比较可知,流动注射-4-氨基安替比林分光光度法标准曲线斜率高于 4-氨基安替比林三氯甲烷萃取分光光度法标准曲线斜率,因此,流动注射-4-氨基安替比林分光光度法更为灵敏。

关键词:挥发酚;4-氨基安替比林三氯甲烷萃取分光光度法;流动注射-4-氨基安替比林分光光度法;方法比较

酚类属于原生质毒,其毒性作用是与细胞原浆中蛋白质发生化学反应,形成变性蛋白质,使细胞失活。被酚类污染后的水饮用后会引起头疼、贫血、出疹、精神不安等各种神经系统症状和食欲不振、呕吐、反胃、腹泻等消化系统症状。

挥发性酚的测定是各类水质监测的重要检测指标之一。《生活饮用水标准检验方法 感官性状和物理指标》(GB/T 5750.4—2006)和《水质 挥发酚的测定 流动注射-4-氨基安替比林分光光度法》(HJ 825—2017)针对水中挥发性酚有两种检测方法:4-氨基安替比林三氯甲烷萃取分光光度法和流动注射-4-氨基安替比林分光光度法,本文对这两种方法做了准确性和灵敏度比较,结果表明这两种方法都具有较高的准确性,但流动注射-4-氨基安替比林分光光度法更为灵敏。

1　实验部分

1.1　仪器

UV1902PC 型分光光度计,BDFIA-8000 流动注射仪。

1.2　试剂

1.2.1　4-氨基安替比林三氯甲烷萃取分光光度法试剂

氯仿;硫酸铜溶液:称取 10 g 硫酸铜溶于纯水并稀释至 100 mL;氨水-氯化铵缓冲溶液:称取 20 g 氯化铵溶于 100 mL 氨水($\rho_{20}=0.88$ g/mL)中(pH=9.8);4-氨基安替比林溶液:称取 2 g 4-氨基安替比林溶于纯水中,并稀释至 100 mL,临用时配置;铁氰化钾溶液:称取 8 g 铁氰化钾溶于纯水中,并稀释至 100 mL,临用时配置;硫酸溶液(1+9)。

1.2.2　流动注射-4-氨基安替比林分光光度法试剂

磷酸溶液:磷酸[$\rho(H_3PO_4)=1.69$ g/mL]与水体积比为 1:10;铁氰化钾缓冲溶液:称取 2 g

---

作者简介:冯兰慧,女,1991年生。大学本科,助理工程师,主要从事化学检测工作。

铁氰化钾、3.1 g 硼酸和 3.75 g 氯化钾溶于适量水中,溶解后移入 1 000 mL 容量瓶中,加入 47 mL 1 mol/L 氢氧化钠溶液,用纯水定容至标线混匀;4-氨基安替比林溶液:称取 0.32 g 4-氨基安替比林用纯水稀释至 500 mL。

取挥发性酚(国家质控样编号为 GSB 07-3180-2014 200359)作为待测样品,用 10 mL 干燥洁净移液管准确量取 10 mL 浓样至 1 000 mL 容量瓶中,用纯水定容,保证其值为(0.063 2±0.004 4 mg/L)。

1.3 实验步骤

1.3.1 4-氨基安替比林三氯甲烷萃取分光光度法测定挥发性酚步骤

(1)水样处理

量取 250 mL 水样置于玻璃器皿中,利用甲基橙为指示剂以硫酸溶液调节 pH 在 4.0 以下(水样由橘黄色变为橙色),加入 5 mL 硫酸铜溶液及数粒玻璃珠,加热蒸馏。待馏出样品 90％左右停止蒸馏,稍冷后向蒸馏瓶中加入 25 mL 纯水,继续蒸馏至收集到 250 mL 蒸馏液。

(2)比色

将处理好的水样倒入 500 mL 分液漏斗,另取 1 μg/mL 酚标准使用液 0 mL、0.5 mL、1 mL、5 mL、10 mL、20 mL,分别置于已经预先加入 100 mL 蒸馏水的 500 mL 分液漏斗内,而后补加纯水至 500 mL。向各个分液漏斗内加入 2 mL 氨水-氯化铵缓冲溶液,1.5 mL 4-氨基安替比林溶液,1.5 mL 铁氰化钾溶液,每加入一种试剂后都要充分混匀。准确静置 10 min,加入 10 mL 三氯甲烷震摇 2 min 静置分层。将三氯甲烷萃取液放至干燥比色管中,于 460 nm 波长用 2 cm 比色皿以三氯甲烷为参比测量吸光度。

1.3.2 流动注射-4-氨基安替比林分光光度法测定挥发性酚步骤

按照说明书安装分析系统,调试仪器,设定工作参数。按照仪器规定顺序打开机器和工作站,以实验用水代替试剂检查整个检测管路的密闭性和液体流动的顺畅性。待基线稳定后将管路放入相应试剂瓶,再次待基线稳定。于一组容量瓶中分别配置浓度为 0 mg/L、0.002 mg/L、0.004 mg/L、0.008 mg/L、0.016 mg/L、0.020 mg/L、0.040 mg/L、0.100 mg/L、0.200 mg/L 的酚标准溶液。取适量酚标准系列溶液于样品杯中,按照浓度由低到高依次进样分析,得到不同浓度挥发酚溶液的峰面积(响应值),以对应的响应值为纵坐标,以挥发性酚浓度为横坐标,绘制校准曲线。

2 结果与讨论

2.1 标准曲线的绘制

4-氨基安替比林三氯甲烷萃取分光光度法测定结果见表 1,根据表 1 绘制标准曲线见图 1。

表 1 4-氨基安替比林三氯甲烷萃取分光光度法测定结果

响应值吸光度 A	0	0.008 5	0.016 7	0.083 0	0.160 1	0.305 4
质量 m/μg	0	0.5	1.0	5.0	10.0	20.0

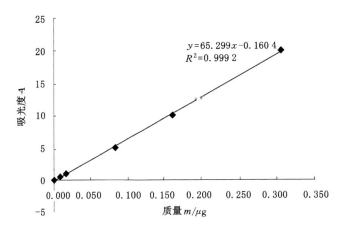

图1 4-氨基安替比林三氯甲烷萃取分光光度法标准曲线

由图1可见,4-氨基安替比林三氯甲烷萃取分光光度法测定回归方程为 $y=65.299x-0.160\ 4$,相关系数为 $R^2=0.999\ 2$,线性关系良好。

流动注射-4-氨基安替比林分光光度法测定结果见表2,根据表2绘制标准曲线见图2。

表2 流动注射-4-氨基安替比林分光光度法测定结果

响应值	0.091 67	0.561 02	1.004 17	1.956 65	4.028 82	4.975 79	9.930 04	24.623 7	48.810 2
浓度 $\rho/(\mu g/mL)$	0	0.002	0.004	0.008	0.016	0.020	0.040	0.100	0.200

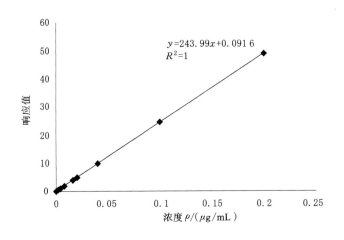

图2 流动注射-4-氨基安替比林分光光度法标准曲线

由图2可见,流动注射-4-氨基安替比林分光光度法测定回归方程为 $y=243.99x+0.091\ 6$,相关系数为 $R^2=1$,线性关系良好。

由表1和表2可知,流动注射-4-氨基安替比林分光光度法标准曲线斜率高于4-氨基安替比林三氯甲烷萃取分光光度法标准曲线斜率,因此,流动注射-4-氨基安替比林分光光度法更为灵敏。

2.2 加标回收实验

取稀释后的质控样250 mL,按照1.3.1节所述以4-氨基安替比林三氯甲烷萃取分光光度法测定比色,平行测定6次,结果见表3。

表 3　4-氨基安替比林三氯甲烷萃取分光光度法测定样品回收率试验结果

测量次数	1	2	3	4	5	6
吸光度 A	0.236 0	0.234 1	0.232 5	0.230 3	0.231 8	0.226 4
加标量/(mg/L)	0.063 2	0.063 2	0.063 2	0.063 2	0.063 2	0.063 2
测得量/(mg/L)	0.061 0	0.060 5	0.060 1	0.059 5	0.059 9	0.058 5
回收率/%	96.52	95.73	96.09	94.15	94.78	92.56
计算结果/(mg/L)	0.061 0	0.060 5	0.060 1	0.059 5	0.059 9	0.058 5

取适量稀释后的质控样于样杯中,按照 1.3.2 节所述以流动注射-4-氨基安替比林分光光度法测定,平行测定 6 次,结果见表 4。

表 4　流动注射-4-氨基安替比林分光光度法测定样品回收率试验结果

测量次数	1	2	3	4	5	6
响应值	15.910 09	15.724 79	15.946 54	15.770 25	15.911 15	15.817 65
加标量/(mg/L)	0.063 2	0.063 2	0.063 2	0.063 2	0.063 2	0.063 2
测得量/(mg/L)	0.064 83	0.064 07	0.064 98	0.064 26	0.064 84	0.064 45
回收率/%	102.58	101.38	102.82	101.68	102.59	101.98
计算结果/(mg/L)	0.064 83	0.064 07	0.064 98	0.064 26	0.064 84	0.064 45

由表 3 和表 4 可知,两种方法测定样品回收率在 92.56% 和 102.82% 之间,可以满足分析测试的要求。

2.3　精密度试验

4-氨基安替比林三氯甲烷萃取分光光度法对样品平行测定 6 次,相对标准偏差为 1.44%;流动注射 4-氨基安替比林分光光度法对样品平行测定 6 次,相对标准偏差为 0.57%。结果表明两种方法重现性较好。流动注射-4-氨基安替比林分光光度法相对标准偏差更低,精密度更高。两种方法数据对比见表 5。

表 5　两种方法测定结果精密度对比

方法	平均值($n=6$)	S	RDS%
4-氨基安替比林三氯甲烷萃取分光光度法	0.059 9	0.000 9	1.44
流动注射-4-氨基安替比林分光光度法	0.064 6	0.000 4	0.57

2.4　空白实验

取无酚纯水 250 mL,按照 1.3.1 节所述以 4-氨基安替比林三氯甲烷萃取分光光度法测定比色,平行测定 6 次,结果见表 6。

表 6　4-氨基安替比林三氯甲烷萃取分光光度法测定样品空白试验结果

测量次数	1	2	3	4	5	6
吸光度 A	0.003 4	0.003 9	0.002 8	0.002 9	0.003 03	0.003 2
计算结果/(mg/L)	0.000 25	0.000 37	0.000 10	0.000 12	0.000 13	0.000 20

取适量无酚纯水放入样品杯,按照 1.3.2 节所述以流动注射-4-氨基安替比林分光光度法测定,平行测定 6 次,结果见表 7。

表 7　流动注射-4-氨基安替比林分光光度法测定样品空白试验结果

测量次数	1	2	3	4	5	6
响应值	0.247 16	0.136 01	0.157 91	0.142 04	0.108 66	0.236 2
计算结果/(mg/L)	0.000 64	0.001 8	0.000 27	0.000 21	0.000 44	0.000 59

由表 6 和表 7 可知,两种方法测定空白值都在 1/2 检出限以下,可以满足分析测试的要求。

3　结论

从上述结果可以看出,4-氨基安替比林三氯甲烷萃取分光光度法和流动注射-4-氨基安替比林分光光度法准确性和精密度都很高,分析结果无显著性差异。4-氨基安替比林三氯甲烷萃取分光光度法使用的试剂是三氯甲烷、4-氨基安替比林、铁氰化钾溶液。流动注射-4-氨基安替比林分光光度法使用的试剂是磷酸、4-氨基安替比林、铁氰化钾缓冲溶液。由于三氯甲烷容易挥发且不稳定,因而流动注射法更为稳定,且对人体危害较小。由标准曲线斜率和精密度可知流动注射-4-氨基安替比林分光光度法更灵敏。

参 考 文 献

[1] 中华人民共和国卫生部.生活饮用水标准检验方法 感官性状和物理指标:GB/T 5750.4—2006[S].北京:中国标准出版社,2007.

[2] 江苏省环境监测中心.水质 挥发酚的测定 流动注射-4-氨基安替比林分光光度法:HJ 825—2017[S].北京:中国环境出版社,2017.

微动勘查技术在城市地下空洞探测应用研究

董　耀[1,2]，李　恒[1,2]，王　巍[1,2]，任　静[1,2]，高鹏举[3]

(1. 河南省航空物探遥感中心，河南 郑州　450053；

2. 河南省固体矿产地球物理探测工程技术研究中心，河南 郑州　450053；

3. 中国地质科学院勘探技术研究所，河北 廊坊　065000)

摘　要: 微动勘查技术是在城市地质中应用的一种新方法。该方法从采集的天然场源微动信号中提取瑞雷波频散曲线，通过 ESPACE(扩展空间自相关)法进行反演，获取视横波速度，进而分析地下介质的结构特性。本文选择郑州某地铁线作为地下空洞试验模型，垂直地铁布置测线，开展微动勘查技术在城市地下空洞探测应用研究，分析该方法的适用性，取得了较好的成果。

关键词: 城市地质；空洞探测；直线型观测系统；视横波速度

引言

随着城市化和城市群(带)迅速发展，我国对城市空间、资源和环境的需求日益增大，城市灾害和生态恶化不断加剧，使得资源短缺、环境恶化等一系列城市地质问题日益突出，严重制约了城市的可持续发展。开展城市地质调查，查明城市空间、资源、环境、灾害等问题，成为当前国家经济建设和社会发展亟待解决的重要问题。当前城市地质勘探面临着强电磁干扰、震源干扰等问题，快捷有效的地球物理勘探方法很少，主要局限于地震波的方法，如浅层反射、折射、单点映像、微动等。

微动勘查技术是通过天然源微动信号提取频散曲线(相速度)等，经反演获取相应深度视横波速度，进而刻画视横波速度结构图、剖面图，分析地质体与围岩(土)的波速差异，查明或解决有关城市工程地质问题的物探技术方法[1-3]。不同于传统的瞬变电磁、地质雷达、电阻率法等物探技术，微动勘查技术不受场地电磁干扰及高低速夹层、低阻高导层屏蔽作用影响，适合城市闹市区电复杂场地和电磁环境，是一种环保、抗干扰能力强、探测深度大、适用范围广的新型物探技术，具有良好的工程应用前景[4-6]。

本文的研究区选择在郑州某地铁线上，试验的天然源面波微动测线垂直地铁线布置，分析、研究微动勘查技术在城市地质调查中的适用性和有效性，以利于该技术的进一步推广应用。

1　微动勘查技术原理

微动是一种没有特定震源的微弱振动，存在于地球表面的任何地点、任何时刻，其振幅约为 $10^{-4} \sim 10^{-2}$ mm[7]。微动震源一般划分为人类活动和自然场两大类。人类活动包括各种机械振动、道路交通等，产生的信号频率大于 1 Hz，为高频信号源，通常被称为常时微动；自然场主要为海

基金项目:河南省地矿局科研项目(豫地矿科研〔2018〕11号)和河南省航空物探遥感中心自主科研项目(豫航物遥〔2018〕25号)。

作者简介:董耀，男，1987年生，河南新蔡人。硕士，工程师，毕业于中国地质大学(北京)，研究方向:地震、电磁法、重力勘探等。

浪对海岸撞击、河水流动、风、雨、气压变化等,频率小于 1 Hz,为低频信号源,也叫长波微动[8-9]。震源距离台阵较近时,微动波场包含体波和面波;震源距离台阵较远时,微动波场主要为面波信息。

微动,在美洲,称作被动源面波;在日本,称作微动;在欧洲,称作环境随机振动;在我国,称为微动、天然源、地脉动或者背景噪声。尽管名称各异,但其实质相同。

微动由体波和面波组成(见图1),其中面波的能量占信号能量的 70% 以上,实际应用中常利用面波信息中的瑞雷波。

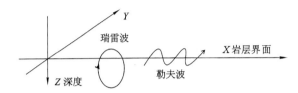

图 1　微动信息组成形式

瑞雷波沿着地层界面传播,其质点振动轨迹为逆时针椭圆,椭圆长、短轴之比为 3：2。瑞雷波的基本性质有:

(1)瑞雷波在不均匀介质中传播时产生频散现象,体波在不均匀介质中传播时以极化群形式出现,无频散现象,所以此特性是提取瑞雷波信号的先决条件。

(2)地层瑞雷波相速度与横波相速度相近,可以利用瑞雷波相速度反演估算横波相速度。

(3)瑞雷波振幅随深度的增加呈指数级衰减,影响深度约为一个波长,其能量主要集中在半个波长范围内,所以某个波长相速度基本上等于半个波长内各地层的横波相速度加权平均值[7]。

基于瑞雷波的以上性质,微动勘查技术具有充分的理论依据。

2　试验数据采集

试验数据采集取决于观测系统选择与观测时间。

(1)观测系统。根据所选处理方法的不同,台阵的布设方式也不相同。频率-波数(FK)法的台阵布设可以是不规则形状,也可以是直线型或 L 形、T 形等;而扩展空间自相关(ESPACE)法可以处理圆形台阵数据,且该方法在中深地层至浅地层方面应用效果较好。根据场地条件不同可选择不同的观测系统,目前使用、研究圆形台阵观测系统的较多。本次试验研究工作重点对直线型排列的微动勘查技术进行研究,直线型排列在城市地质调查中便于快速进行数据采集工作。

(2)观测时间。根据《城市工程地球物理探测标准》(CJJ/T 7—2017)及其他相关文献,微动勘查的观测时间不少于 15 min,本次工作对其观测时间做进一步研究。

试验选择郑州地铁 2 号线某段,将其设计为地下空洞研究模型,选择电容式宽频带检波器(频带范围 20～200 Hz)进行试验研究,采用国产 Mole 地震数据采集站进行数据采集,试验点观测时间 20 min。观测系统选用直线型排列,13 个检波器接收,检波器间距为 2 m;点距为 2 m,单点采集 20 min。

3　微动数据处理分析应用研究

3.1　数据处理

提取瑞雷波频散曲线的方法为频率-波数(FK)法和扩展空间自相关方(ESPACE)法。

空间自相关法是将地震面波不同方向的源波叠加,并假设微动面波信息在时间、空间上的平稳随机分布。在采集的地震数据中,面波的能量占到 70% 左右,一般是基阶振动模式占优势。在满足上述条件时即可采用空间自相关法提取频散曲线。

频率-波数(FK)变换通过估算概率密度函数,扩展二维空间结合波数矢量,确定功率谱峰值波数矢量 K 值,进而求得某一频率对应的相速度及方位角;依次计算,可得到不同频率对应的相速度及方位角,进而获取实测频散曲线。扩展空间自相关(ESPACE)法假设将 A_i 点视为空间坐标原点,依次计算第 B_i、B_{i+1} 及 B_{i-1} 个相邻测点两两空间自相关系数(见图2),得出的空间自相关系数与频率 ω 有关,并且呈零阶第一类 Bessel 函数形式变化。通过波数与相速度函数关系,得出对应频率的相速度,进而得到整个微动信号频带范围内的 $f\text{-}c$ 频散点,将其光滑处理后,即可得到微动频散曲线。

$\cdots B_{i-2} \qquad B_{i-1} \quad A_i \; B_i \quad B_{i+1} \quad B_{i+2}\cdots$

图 2 测点检波器相对位置

将上述两种方法提取的频散谱进行对比分析(见图3),最终整个项目选择了 ESPAC 法[见图3(b)],该方法获取的频散谱连续性较好,信息较为丰富。ESPAC 法应用到不同观测半径的多重阵列(直线与圆形台阵)中,提高了数据处理的效率,只需台阵、台站坐标即可,适合城市地质调查工作(检波器偏移问题解决)。

分析图3(b)可知,微动面波信息频带范围主要在 2~50 Hz 范围内,频散信息丰富。其中,微动面波频率在 20~50 Hz 范围内,显示城镇人为活动等丰富的高频信息;微动面波频率在 5~20 Hz 范围内,中低频信息源较为稳定,频散信息较为稳定;微动面波频率小于 5 Hz,多解性增强,推测低频信息来源于远处周围断裂活动、潮汐的影响,信息来源方向性不确定,较为丰富,也可能是测线较短(观测系统较小),难以接收稳定的低频带微动面波信息。

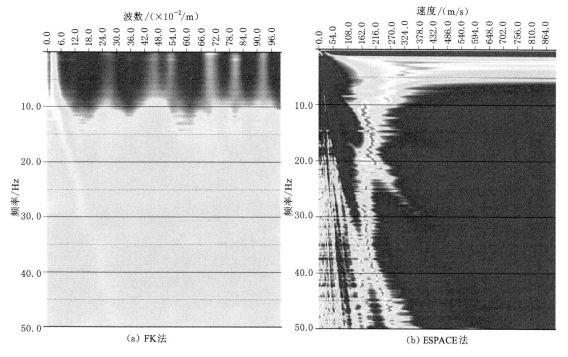

(a) FK法   (b) ESPACE法

图 3 FK 法及 ESPACE 法获取频散曲线图

3.2 速度结构反演

对于速度结构反演,若要确定较为理想的反演速度结构,需要近似真实情况的初始模型;否则,可能得到一个与实际情况误差较大的反演结果。

首先设置初始模型,搜集地铁勘探孔地质资料(横波速度等),因此在设置参数的时候需要考虑实际情况进行模型设置。地层密度 ρ、泊松比 σ 对频散曲线的反演影响很小,因此本次模型将密度

ρ、泊松比 σ 均设置为常数,主要参数为横波速度。根据钻孔资料,模型将地层分为 10 层,确定最优模型参数如表 1 所示。

表 1　根据钻孔资料整理的初始模型参数

层数	地层深度/m	横波速度/(m/s)
1	1.53	159
2	5.10	238
3	6.80	252
4	9.50	310
5	10.80	369
6	14.00	386
7	15.50	332
8	19.50	401
9	27.80	413
10	39.00	470

整体来看,模型的反演速度结构与视横波速度结构一致性较好(见图 4),频散曲线拟合效果较好。

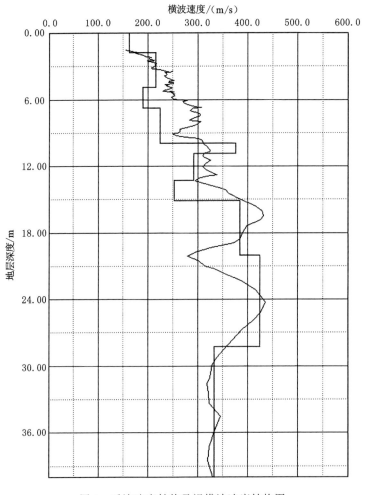

图 4　反演速度结构及视横波速度结构图

本次试验研究工作获得视横波速度剖面如图 5 所示,由图可知:微动剖面视横波速度值由浅入深逐渐增大,最小值为 170 m/s,最大值为 350 m/s,等值线形态似层状稳定。地表以下,视横波速度小于 300 m/s,地层厚度约为 13～18 m,推断解释为第四系全新统,其下地层为第四系上更新统。图中从左到右,0～2 m 为紫荆山南路辅路,2～20 m 为绿地,结合已知资料,地铁中轴线从 8～10 m 位置穿过,视横波速度横向发生变化较大;在 4～12 m 位置、深度 13～18 m 范围内出现中速异常带,速度值为 220～270 m/s,推测地铁隧洞位置,符合地质认识。

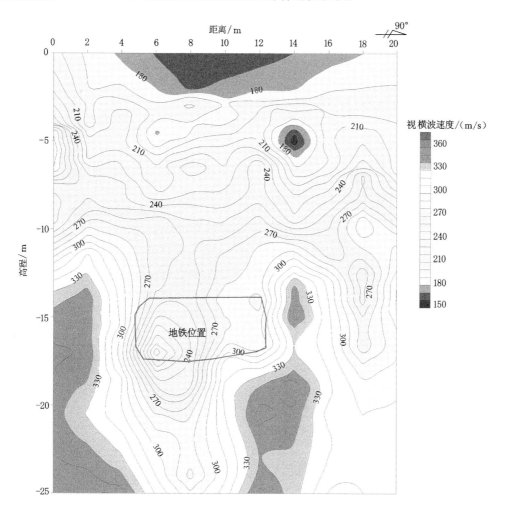

图 5　视横波速度剖面图

4　讨论

本次试验研究工作,选择了郑州地铁 2 号线某段作为已知城市地质调查中的地下空洞模型。采用最新的电容式宽频带检波器,观测系统选用直线型排列,13 个检波器接收,检波器间距为 2 m;点距为 2 m,单点采集 20 min,这样换点速度较快,只需要移动一个检波器即可。

通过 ESPACE 法反演,获取视横波速度,进而分析地下介质的结构特性,得出地铁地下空洞引起的低速异常区域与已知地铁位置吻合,取得较好的成果,从而确定了该方法的适用性。该方法的缺点:设备成本高,同时在城市地质调查中外业生产速度较慢,难以适应紧急工程勘察的进度要求;优点:在城镇复杂环境下能够取得较好效果,值得进一步研究、推广和应用。

参 考 文 献

[1] OKADA H. Theory of efficient array observations of microtremors with special reference to the SPAC method [J]. Exploration Geophysics,2006,37(1):73-85.

[2] 高艳华,苗澍航,刘丹,等.微动探测技术及其工程应用进展[J].科学技术与工程,2018,18(23):146-155.

[3] 徐佩芬,李世豪,杜建国,等.微动探测:地层分层和隐伏断裂构造探测的新方法[J].岩石学报,2013,29(5):1841-1845.

[4] 沈雨忆,李井冈,王秋良,等.基于SPAC法勘探武汉市江夏区地下岩溶结构[J].大地测量与地球动力学,2018,38(5):482-486.

[5] 丁连靖,冉伟彦.天然源面波频率-波数法的应用[J].物探与化探,2005,29(2):138-141,145.

[6] 杨坤.地铁盾构施工不良地质体微动探测技术研究及应用[J].市政技术,2018,36(5):82-86.

[7] 程建设,李鹏.微动勘探技术在水库大坝隐患探测中的应用[J].人民长江,2017,48(3):57-60.

[8] 彭明刚.微动探测技术在地铁盾构区间孤石探测中的应用[J].价值工程,2018,37(27):198-199.

[9] 董耀,高鹏举,金路,等.微动探测在城市地质勘查中的应用研究[J].能源与环保,2019,41(12):88-92.

物探方法在铜铅锌化探异常上的找矿效果

楚卢凯[1],蔡仲明[1,3],司法祯[2,3],杨瑞西[2,3]

(1. 河南省地质科学研究所,河南 郑州　450001;2. 河南省地质调查院,河南 郑州　450001;

3. 河南省金属矿产成矿地质过程与资源利用重点实验室,河南 郑州　450001)

摘　要:本文对西藏嘉黎县昂张 Pb-Zn-Ag 综合化探异常进行查证。用 1∶5 000 磁法扫面快速圈定隐伏岩体边界与容矿构造,并且部分磁异常可指示含磁(黄)铁矿铅锌矿体位置。结合土壤化探、地质路线成果,在成矿靶区开展 1∶5 000 激电中梯扫面,发现激电异常 3 处,经地质验证为矿异常。垂直矿化带布设激电测深剖面,确定极化体空间分布形态;经地质槽探工程揭露、地质钻孔验证,在工作区找出一个中型铅锌银多金属矿床。

关键词:铅锌银多金属矿;磁法;激电中梯;激电测深

本次工作的化探异常区位于西藏念青唐古拉山中段,海拔 5 100～5 700 m,大地构造位置处于冈瓦纳北缘晚古生代-中生代冈底斯-喜马拉雅构造区,昂龙冈日-班戈-腾冲岩浆弧带内[1]。矿区紧邻纳木错-嘉黎断裂带北侧[2-4],成矿条件较为有利,在其周围已发现了拉屋铜锌多金属矿、尤卡朗银铅矿、亚贵拉铅锌矿等一大批铜铅锌多金属矿(区)点。为扩大找矿成果,对该 Pb-Zn-Ag 综合化探异常进行查证。矿区内山高谷深,交通不便,地质工作程度较低。在土壤化探、地质路线成果基础上,开展 1∶5 000 磁法面积测量,圈定隐伏岩体边界,划定成矿靶区。在成矿靶区上开展 1∶5 000 激电中梯面积测量,发现激电异常 3 处;对发现的异常进行槽探施工,结合地表探槽见矿情况,垂直异常走向布置激电测深剖面 6 条;依据激电测深成果资料,布置钻孔 15 个。在工作区发现铅锌银多金属矿体 14 个,共估算(333)+(334₁)矿石量 437.25 万 t,铅锌、银资源量均达到了中型矿床规模。上述成果证明了,常规磁法、电法在自然条件恶劣的高寒地区,在发育冻土层(电流屏蔽)、砾石坡(接地困难)以及山高坡陡(布直线难)等电法不利工作区,能提供重要的找矿信息。

1　成矿地质背景

昂张矿区位于冈底斯成矿带中东段的古露-尤卡乡铅锌银成矿带内[2],紧邻纳木错-嘉黎断裂带北侧。区内出露地层仅有中侏罗统马里组,岩浆岩为早白垩世中酸性侵入岩,构造主要为北东东向和北西向脆性断裂,矿(化)体均分布于中酸性侵入岩体外接触带马里组中,并受北东东向和北西向断裂构造带控制。

1.1　地层

矿区内出露地层为中侏罗统马里组,岩性主要为变质粉砂岩、变质石英杂砂岩、变质泥岩、砂质板岩,偶夹有透镜状灰岩;产状总体呈南倾的单斜产出,走向近东西,出露厚度大于 735 m,未见顶、底。岩层粒度由下向上总体呈由细到粗的变化规律,分为三层:① 变质粉砂岩层:主要岩性为变质

基金项目:西藏冈底斯成矿带地质矿产调查评价子项目"西藏嘉黎县昂张铅锌矿普查"(编号:1212010818063)。

作者简介:楚卢凯,男,1977 年生,河南宝丰人。专科,助理工程师,从事固体矿产地球物理勘查工作。

粉砂岩,局部夹变质石英杂砂岩、变质粉砂质泥岩;② 变质石英杂砂岩层:分布于矿区中部,下部以变质石英杂砂岩为主,局部过渡为变质石英粉砂岩;③ 砂质板岩层:分布于矿区南部,岩性为砂质板岩。

矿区内第四系分布于河谷两侧的山脚地带及低缓山坡上,主要为含黏土的砂砾石堆积,厚度为1~10 m,局部大于 20 m。部分地区堆积体之间填充物较少。

1.2 岩浆岩

矿区内岩浆岩十分发育,沿矿区中部自东向西有大面积的中酸性侵入岩出露,呈岩株状产出,其边部有岩枝和岩脉穿插于马里组。主要岩石类型为黑云母花岗闪长岩,次为黑云母二长花岗岩,副矿物中有磁铁矿。

1.3 构造

矿区内断裂构造主要有 4 条,其中 F_1、F_2、F_3 断裂总体呈北东东向展布于矿区东北部一带,三者大致平行产出;F_4 断裂呈北西向展布于矿区西南部。断裂构造性质为压扭性,破碎带宽度 2~90 m 不等,倾角为 $67°\sim82°$,向深部有变陡趋势。上述 4 条断裂构造均为区内的控矿构造,控制了矿化体的产出位置、形态及规模。

2 地球物理特征

2.1 岩(矿)石物性特征

2.1.1 岩(矿)石磁性特征

磁法作为一种经济、快捷、高效的物探方法,在圈定隐伏岩体、断裂构造、间接找矿等方面,效果显著[5-12]。在本次研究工作中,先后在矿区内对岩性进行了磁参数的测定,统计结果见表1。

表 1　昂张矿区主要岩(矿)石磁性参数

岩石名称	标本块数 n	磁化率 $\kappa/(\times10^{-5}SI)$		剩余磁化强度 $Jr/(\times10^{-3}A/m)$		备注
		变化范围	平均值	变化范围	平均值	
石英砂岩	30	25~797	421	92~182	168	
砂质板岩	30	295~477	386	611~1067	839	
花岗岩	40	54~41 151	2 612	21~25 957	1 475	实测
含铁矿化岩石	29	359~47 139	15 984	85~175 905	56 914	
铅锌银矿石	15	820~29 082	11 144	144~84 424	22 988	

矿区内石英砂岩磁化率最大为 797×10^{-5} SI,平均值为 421×10^{-5} SI,剩磁最大为 182×10^{-3} A/m;砂质板岩最大磁化率为 477×10^{-5} SI,平均值为 386×10^{-5} SI,剩磁最大为 $1\,067\times10^{-3}$ A/m,平均值为 839×10^{-3} A/m,可以看出沉积地层为弱磁性。花岗岩磁化率最大为 $41\,151\times10^{-5}$ SI,最小为 54×10^{-5} SI,平均值为 $2\,612\times10^{-5}$ SI,剩磁最大为 $25\,957\times10^{-3}$ A/m,平均值为 $1\,475\times10^{-3}$ A/m,可以看出花岗岩中磁性物分布极不均匀,有强磁性部分,大多为弱、中磁性,反映了岩体磁性物分布不均匀的特征。含铁矿化岩石磁化率最大为 $47\,139\times10^{-5}$ SI,平均值为 $15\,984\times10^{-5}$ SI,剩磁最大为 $176\,905\times10^{-3}$ A/m,平均值为 $56\,914\times10^{-3}$ A/m,为强磁性岩石。铅锌银矿石磁化率最大为 $29\,082\times10^{-5}$ SI,平均值为 $11\,144\times10^{-5}$ SI,剩磁最大为 $84\,424\times10^{-3}$ A/m,平均值为

22 988×10^{-3}A/m,为强磁性矿物,其中磁性物分布也不均匀。感磁较大的矿石,其剩磁往往也较大。含铁矿化和硫化物矿化的岩层层位能引起场值较大的磁性异常。

总之,沉积地层磁化率较低;侵入岩体磁化率变化范围较大,反映岩体从中心相到边缘相磁性分带不均匀的特征;含铁、铅锌矿化带磁化率明显偏高,但分布不均匀。

2.1.2 岩(矿)石电性特征

激电方法在以往地球物理勘探中取得了良好的应用效果[10-19],为更好地解释异常,对矿区内电性参数进行测定,统计结果见表2。

表 2 昂张矿区主要岩(矿)石电性参数

岩石名称	标本数量	电阻率 ρ/(Ω·m)		极化率 η/%	
		变化范围	平均值	变化范围	平均值
石英砂岩	30	1 638～633 902	19 154	0.20～1.28	1.09
砂质板岩	30	3 835～105 421	16 482	0.46～2.08	1.74
花岗岩	40	1 425～85 531	12 061	0.30～4.19	2.39
铅锌矿化矿石	29	21～6 440	1 370	1.19～7.80	7.17
含铁矿化矿石	15	35～7 531	2 545	2.15～11.31	8.90

矿区内石英砂岩电阻率高,变化范围在1 638～633 902 Ω·m之间,极化率较弱,小于1.28%,为高阻低极化率岩石;砂质板岩电阻率变化范围为3 835～105 421 Ω·m,极化率较弱,最大为2.08%,平均值小于2%,为高阻低极化率岩石;花岗岩电阻率相对地层较低,变化范围为1 425～85 531 Ω·m,极化率变化范围较大,在0.3%～4.19%之间,应与岩体硫化物含量分布不均匀有关,也说明矿物质来源与岩体关系密切;铅锌矿化、矿石电阻率全区最低,平均值小于2 545 Ω·m,但极化率较大,最大达11.31%,为低阻高极化率岩石。

矿区矿脉受区内构造带控制,构造带中多含水,低阻高极化特征更明显。从地质路线观测,矿区内未见有碳质干扰层。这些条件为激电方法在区内找矿提供了很好的地质条件。

2.2 物探异常特征

2.2.1 磁异常特征

磁法测量按100 m×20 m网度布点。矿区内最低磁负异常为−461 nT,最高磁正异常为1 184 nT。磁场特征分3个区域,Ⅰ区在测区北部,为大面积磁场变化平缓的负磁背景磁场,对应了马里组。在低缓的负磁背景上,有2个孤立高磁异常点,在高磁异常点上发现了矿脉,矿脉含磁性物不均匀。Ⅱ区在测区中东部,范围较大,均值约200 nT,呈东西带状,西部宽约1.2 km,东部较窄,异常梯度变化较缓,大致对应了岩体的产出部位,在岩体中心部位有多个高磁异常中心。Ⅲ区在测区东南部,为大面积相对高磁异常区,磁场变化平缓,对应中侏罗统马里组砂质板岩地层;在F_4断裂含矿带上磁场变化不明显,仅在F_4与岩体接触部位磁场值略偏高。

2.2.2 激电中梯异常特征

激电中梯测量方法成熟、高效,在以往地球物理勘探中取得了良好的应用效果[11-19]。本次围绕磁异常和矿化露头布置激电中梯剖面,电极距$AB=1\,500～1\,800$ m,$MN=40$ m;供电周期16 s,延时350 ms。观测限于装置中部,观测范围不大于AB的三分之二,供电电流大于3 A。采集参数为视极化率、视电阻率。采用一线供电三线观测,主剖面与旁剖面的距离为200 m,采用短导线观测方式。在研究区圈出了3个激电异常,见图1。

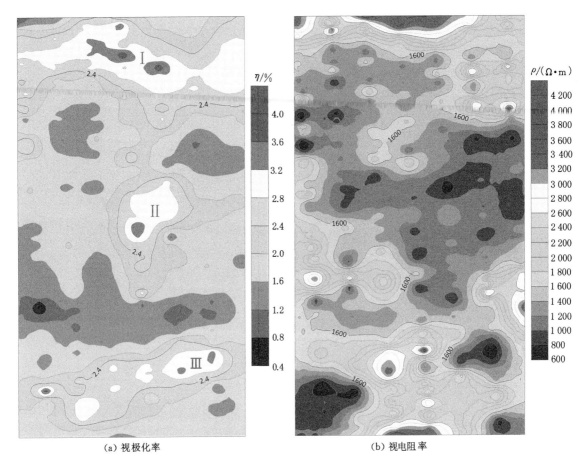

（a）视极化率　　　　　　　　　　　　　（b）视电阻率

图 1　昂张矿区激电中梯视极化率和视电阻率平面等值线图

Ⅰ号异常:位于矿区北部,呈近东西方向带状分布。在视极化率图上,最大视极化率为3.3%,以视极化率大于2.4%圈定异常,该异常宽约300 m,长约1 500 m,且东西两端延出中梯扫面范围,在西端有极化率膨大现象,但覆盖层较厚。在视电阻率图上,该异常呈低阻高极化特征,与F_1、F_2断裂带套合较好,与F_3断裂带东部套合较好。经工程揭露,该异常上发现了11条矿脉,在矿脉中部膨大处视极化率最大,矿脉两端尖灭处视极化率减小。该异常东西两端均未封闭,延伸出测量工作区,推测矿脉沿东西还有一定延伸,沿构造带还可追索铅锌银矿体。

Ⅱ号异常:位于矿区中东部,视极化率大于3.0%,东西宽约250 m,南北长约300 m。该异常呈低阻高极化特征,位于花岗岩区内部,经实地观测,主要为多条含黄铁矿化的石英脉共同引起。低阻反映了该异常覆盖层富含水性,其深部含矿性有待进一步研究。

Ⅲ号异常:位于矿区东南部,呈近东西方向,视极化率大于2.5%,长约1 000 m,宽约120～240 m。该异常在中部呈高阻中等极化特征,推测为岩体中含黄铁矿化引起;东部呈低阻高极化特征,为Ⅰ号矿脉的反映。在该异常位置有多条黄铁矿化石英脉,部分段含有方铅矿化。

2.2.3　激电测深异常特征

依据激电中梯扫面成果,在垂直北部矿体密集区激电异常长轴方向,布设了6条激电测深剖面,点距20 m,采用等比装置,AB最大值为1 200 m,供电周期28 s,延时200 ms。采集参数为:供电电流I、一次电位ΔV、视极化率η_s及视电阻率ρ_s。激电测深M2P32线剖面如图2所示。

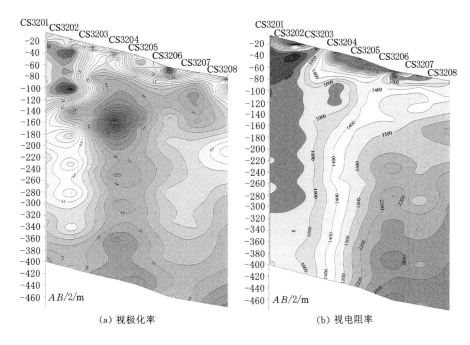

(a) 视极化率　　　　　　　　(b) 视电阻率

图 2　昂张矿区激电测深 M2P32 线剖面图

M2P32 线共完成测深点 8 个。图 2 中视极化率剖面显示,测深 04～05 号点 $AB/2=130$ m 时,出现视极化率异常最大值,约为 4.3%,且向深部延伸;到 $AB/2=400$ m 时,视极化率值又升高,推测极化体延伸性较好,较直立,略向山下倾斜。视电阻率剖面显示,从山顶到山下,在 04 号点附近出现一个较陡立的分界梯度面,推测矿化体较陡立,略向山下倾斜。

钻孔验证结果,M2 矿化体向山下倾斜,在 120 m、200 m、300 m 均见到矿体。矿体呈 3 条分布,产在 F_1 断裂破碎带内,破碎带内含水,使矿体呈低阻反映。山下为花岗闪长岩体,呈高阻反映。

3　物探异常解译

3.1　磁异常指示作用

磁场高背景反映了花岗岩含磁性,其上的磁异常反映了花岗岩含磁性不均匀。矿区西南部的高磁背景,推测为隐伏岩体的反映。已查明铅锌银矿床成因为热液交代型,所以岩体周围断裂构造带上为成矿有利部位,可依据隐伏岩体范围,布置找矿靶区。

在马里组低磁背景上的高磁异常,就是成矿的有利部位。

3.2　激电异常指示作用

物性测量结果,铅锌矿石的 η_s 高达 8.9%。沉积岩、侵入岩的 η_s 明显低于含硫化物的岩(矿)石。在激电中梯剖面的测量中,$\eta_s \geqslant 2.4\%$ 区域为成矿的有利部位。矿区内没有碳质地层,视极化率的高低直接反映了含金属硫化物的多少。

3.3　电阻率异常指示作用

结合地质资料,矿体多产在构造角砾岩等构造带内,沿构造带多含水,形成低阻体,而呈团块状、网脉状的铅锌银矿石也为低阻体,所以矿区内低阻体为找矿另一标志。

4 找矿成果

本次物探工作,结合化探、地质、矿产成果,在工作区圈出铅锌银矿体 14 个。依据《固体矿产推断的内蕴经济资源量和经工程验证的预测资源量估算技术要求》(DD 2002—01)等相关规范要求,对矿区内 14 个矿体全部进行了资源量估算,全区共估算(333)+(334₁)矿石量 437.25 万 t。其中金属量:铅 30.13 万 t,平均品位为 6.89%;锌 7.61 万 t,平均品位为 1.74%;银 458.06 t,平均品位为 104.76 g/t;伴生铜 1.73 万 t,平均品位为 0.40%。据此,矿区为一中型铅锌多金属矿床。

5 结论

在边疆、高原、寒冷地区从事物探工作,存在许多困难,但本次工作成果表明,常规物探方法在西藏冈底斯成矿带寻找铅锌银矿效果显著。

总结在冈底斯成矿带物探寻找铅锌多金属矿步骤如下:

(1)利用磁法经济、快速扫面,对岩体隐伏接触带进行圈定,结合地质分析,确定成矿靶区。

(2)激电中梯剖面对成矿靶区扫面,确定矿化体在地面的激电异常反映。本次将激电异常大于 2.4%定为矿致激电异常。

(3)地质揭露,排除激电异常的非矿异常。

(4)垂直矿致激电异常,布设激电测深剖面,确定矿体的隐伏产状。

(5)钻孔验证。

参 考 文 献

[1] 潘桂棠,中国地质调查局,成都地质矿产研究所编制.青藏高原及邻区地质图[M].成都:成都地图出版社,2004.

[2] 连永牢,曹新志,燕长海,等.西藏当雄县拉屋铜铅锌多金属矿床喷流沉积成因[J].吉林大学学报(地球科学版),2010,40(5):1041-1046.

[3] 蔡志超,罗雪,李新法,等.西藏工布江达亚贵拉铅锌银矿床地质地球化学特征及成因探讨[J].地质找矿论丛,2016,31(2):172-181.

[4] 侯蕊娟,杨帅.西藏那曲县尤卡朗铅银矿床地质特征[J].四川地质学报,2017,37(1):62-65.

[5] 刘金兰,赵斌,王万银,等.南岭于都:赣县矿集区银坑示范区重磁资料探测花岗岩分布研究[J].物探与化探,2019,43(2):223-233.

[6] 崔志强.高精度航空物探在重要成矿带资源调查中的应用[J].物探与化探,2018,42(1):38-49.

[7] 王美丁,马见青.青海循化地区高精度磁异常特征及找矿预测[J].物探与化探,2018,42(3):491-498.

[8] 杜发,张秀萍,毛立全,等.航磁在阿尔金东段铌钽稀有金属找矿中的应用[J].物探与化探,2018,42(5):902-908.

[9] 张波,滕汉仁,胥溢.甘肃南部大水金矿矿集区磁异常特征及找矿分析[J].物探与化探,2018,42(5):917-924.

[10] 曹杰,李水平,刘正好,等.坦桑尼亚恩泽加地区辉长岩地球物理特征及构造意义[J].物探与化探,2018,42(5):946-951.

[11] 张振杰,胡潇,谢慧.直流电测深法优化组合在河西走廊山前戈壁区的找水效果[J].物探与化探,2018,42(6):1186-1193.

[12] 晏月平,徐军伟,黄朝宇.等深模式电极序列法电测深研究[J].物探与化探,2016,40(6):1173-1177.

[13] 张晓东,方捷,张定源,等.激发极化法在东溪金矿接替资源勘查中的应用[J].物探与化探,2017,41(3):445-451.

[14] 何清立,李成.综合物探方法在黑龙江省1:5万矿调中的应用[J].工程地球物理学报,2019,16(1):46-52.

［15］陈伟,周新鹏,贺根文,等.物化探综合方法在天井窝钨多金属找矿中的应用[J].物探与化探,2017,41(4)：594-604.

［16］蔡伟涛.大功率激电法在某地区金属矿普查中的应用[J].世界有色金属,2019(2):117-118.

［17］白亚东,安百州,李宁生,等.综合物探技术在宁夏六盘山盐类矿产勘查中的应用[J].物探与化探,2017,41(4):611-618.

［18］乔祯,蒋职权,张国瑞,等.内蒙古乌奴耳铅锌银矿物化探异常特征及找矿效果[J].物探与化探,2017,41(4):634-640.

［19］王鞿囡.激发极化法在青州铅多金属矿区的应用效果[J].西部资源,2018(2):155-156.

自然资源大数据支撑国土空间规划的方法浅析

乔天荣[1]，马培果[2]

（1. 河南省地质调查院，河南 郑州　450001；

2. 郑州麦普空间规划勘测设计有限公司，河南 郑州　450001）

摘　要：近年来，信息技术的迅速发展加快了大数据的引入，在深化规划体制改革创新的关键时期，如何优化空间组织和结构布局，如何正确处理各类空间规划之间的关系，如何加强部门协作和上下联动，如何搭建国土空间规划信息平台，建立健全统一衔接的大数据空间规划体系，提升国家国土空间治理能力和效率，是当前需要解决的重要课题。

关键词：大数据；国土空间规划；空间规划体系；空间用地

引言

推进自然资源大数据支撑国土空间规划建设，是党中央、国务院作出的重大战略部署。随着大数据时代的到来，迫切需要树立大数据思维，改革政府规划管理体制，建立统一衔接、功能互补、相互协调的国土空间规划体系，创新国土空间开发利用方式，加快转变经济发展方式，促进生产空间集约高效、生活空间宜居适度、生态空间山清水秀。充分发挥自然资源大数据在推动生态文明建设中的基础性作用和构建国家空间治理体系中的关键性作用，建立空间规划体系，尤其是在市县层面编制大数据背景下的空间规划体系，推动大数据空间用地战略在市县层面精准落地，为优化国土空间开发格局、创新国家空间治理模式、实现国家空间治理现代化夯实基础[1]。

1　自然资源大数据的特征

1.1　数据齐全，类型多样

自然资源大数据来源方式较多，类型繁杂，不仅有文本等结构化数据，更包含音频、视频、图片、地理位置、网络日志等非结构化数据，这就对数据处理能力提出了更高的要求。从业务角度看，这些数据涵盖国土规划、国土整治、土地利用、经济社会发展、区域布局、城乡建设、交通发展、生态保护等空间信息。

1.2　数据实时性强、价值高

自然资源大数据实时性强、价值高，大数据与新技术的应用，可实现随时随地捕获、测量和传递信息，实现空间各个系统的实时感知，全面、精确、直观地反映国土空间要素的行为模式和动态变

基金项目：河南省地质科研基金项目"河南省空间规划地质要素与三维网格剖分研究"（编号：豫地矿文[2018]30号）资助。

作者简介：乔天荣，男，1979年生，河南鄢陵人。学士，高级工程师，主要从事摄影测量与遥感、测绘地理信息、遥感图像处理、GIS技术等方面的生产与研究。

化,为国土空间规划提供大量有价值的数据信息及开发导向。[2]

1.3 数据标准统一,相互衔接性强

自然资源大数据相互衔接性强,可通过关联规则,规范数据信息资源采集的内容、方式、频率等,对数据进行整合,建立信息资源库体系,从而进行科学决策和科学管理。

1.4 数据共享性

大数据时代,政府越来越重视数据共享的重要性,国土空间规划相关数据信息公开程度正在逐步提高,伴随着数据的公开,国土空间规划的方式也将更加透明、开放。

1.5 数据保密性

自然资源大数据涉及国家机密、地形图、居民个人隐私等重要信息,因此必须严格保密,防止受到恶意用户或黑客的攻击。如果这些信息不能被妥善保存和管理而是被滥用,将会给国家和个人带来极大的侵害。

2 自然资源大数存在的问题

2.1 处理各规划间的相互关系

国土空间规划就好比各种具体规划的"基本法"。一方面,国土空间规划是"顶层设计",不会取代和代替各种具体规划;另一方面,国土空间规划又为各地区、各部门、各行业和各领域的具体规划编制搭好了"框架",具体规划必须在国土空间规划的约束和指导下,按照各自专业领域进行细化,并监督实施[3]。

2.2 基础数据问题

国土空间规划的关键是实现"一张蓝图",即将各类规划最终成果集成于一张图纸之上,因此,规划数据对实现各规划深度融合非常关键。但基础数据不统一导致对各相关数据的整合力度不够,很难将各规划数据实现在统一图纸上。

2.3 行政壁垒和地方利益的藩篱

由于存在规划交叉、冲突、重复建设等问题,推进国土空间规划面临不少阻碍,改革重点在于突破行政壁垒和地方利益的藩篱,这就需要从政府层面做好各部门的沟通衔接工作。[4]

2.4 大数据统一管理机构

国土空间规划大数据往往涉及跨部门、跨单位、跨行业的协同,一个权威、统一的信息管理机构不但可以实现数据资源共享及有效的管理、规划和协调,而且有利于规划大数据发展战略和规范大数据长远发展。目前缺乏大数据统一管理机构,在一定程度上影响空间规划的编制及应用。

3 基于大数据中的国土空间规划作用

在综合大数据和国土空间规划研究基础上,提出大数据国土空间规划的基本概念。大数据国土空间规划是国土空间规划的升级版,它充分运用云计算、GIS 等技术和科学化的研究方法,进一

步整合各类国土空间要素信息和数据,开展大数据的分析与挖掘,对国土空间分布特征和规划进行综合分析、动态仿真和可视化表达,进行数据资源服务体系的统一规划;它倾向于多种手段的组合与集成运用,自下而上公众参与,具有较强的综合环境适应能力;它建立在最新科学思想与技术方法基础上,统筹谋划未来国土空间开发的战略格局,形成科学的国土空间开发导向。

目前,国家明确了科学开发国土空间的行动纲领和远景蓝图,并明确了中国国土空间开发的战略性、基础性和约束性规划。强化主体功能区作为国土空间开发保护基础制度的作用,加快完善主体功能区政策体系,推动各地区依据主体功能定位发展。[5]

党的十九大报告指出,构建国土空间开发保护制度,完善主体功能区配套政策,建立以国家公园为主体的自然保护地体系。实施大数据空间规划战略,对于推进形成人口、经济和资源环境相协调的国土空间开发格局,加快转变经济发展方式,促进经济长期平稳较快发展,实现全面建设小康社会目标和社会主义现代化建设长远目标具有重要的现实意义。国家"十三五"规划纲要指出,推动重点开发区域集聚产业和人口,培育若干带动区域协同发展的增长极。划定农业空间和生态空间保护红线,拓展重点生态功能区覆盖范围,加大禁止开发区域保护力度。[6]

4 推进市县层面编制大数据背景下的空间规划

中国的市级行政区空间范围一般为一万平方公里左右,县级行政区空间范围一般为一千平方公里左右,在市县层面编制大数据背景下的空间规划,有利于建立由空间规划、差异化绩效考核等构成的空间治理体系,推动大数据空间用地战略在市县层面精准落地。大数据背景下就是将不同部门编制的土地利用规划、城镇体系规划、交通体系规划和环境保护规划合并编制成空间规划,避免相互脱节和冲突,确保"一张蓝图"绘到底。[7]

空间规划是长期性规划,规划期限一般为10年,展望20~30年。空间规划是基础性规划,是编制其他规划的依据,凡是与空间规划不一致的规划,均应根据空间规划进行调整。编制空间规划的工作量很大,但并不复杂,主要内容是"三区三线",三区即城镇、农业、生态空间,三线即生态保护红线、永久基本农田、城镇开发边界。

(1)城乡建设区包括城市、小城镇、农村居民点、各类产业园区和基础设施用地等;农业发展区包括一般农田在内的农业生产区;生态功能区是除城乡建设区和农业发展区以外的地区,包括林地、湿地、草原、各类生态保护区及废弃地。首先,城乡建设区应根据实际发展需要,坚持节约、集约和高效的原则,统筹规划城乡建设用地,整合各类产业园区,实现产城融合。同时,支持农村居民点的土地整理和农村土地流转,全面提升城乡发展水平。其次,强化农业发展区的耕地保护。严格基本农田的建设标准和保护力度,原则上城乡建设区以外的所有农田和耕地都应最大限度地保护。再次,提高生态功能区的生态涵养功能。生态功能区应划定边界,保护林草资源,实施水土保持生态修复,综合治理荒山、荒丘、荒滩和裸地,限制并规范开山、采石等各类活动,控制水土流失,提高水源涵养能力,全面提高生态环境质量。在不影响生态环境的条件下,发展生态休闲旅游业和山区农林产业。

(2)各市县在编制空间规划时应根据大数据空间用地战略要求,科学划分三区,合理划定三线。根据城乡建设面积增减挂钩的原则,确保生态功能区和农业发展区面积不减少、城乡建设区面积不增加。市级空间规划应确定城乡建设区、农业发展区、生态功能区的面积及范围,划定城市的边界。县级空间规划应划定县城、城镇及村庄的边界,划定农田的四至范围及生态区的四至范围。空间规划发布后不得随意调整;如确需调整,必须履行规定的程序。禁止在农业发展区建设住房和其他非农业设施,严格限制在生态功能区垦荒种地或开发建设。

5 以大数据空间用地规划为基础统筹各类空间规划

空间规划包括大数据空间用地规划、国土规划、区域规划、市县空间规划、城市规划和村镇规划等。2010 年以来,国务院发布了《全国国土规划纲要(2016—2030 年)》等一系列区域规划,对国土空间开发、资源环境保护、国土综合整治和保障体系建设等作出了具体部署与统筹安排。这些空间规划之间是什么关系,哪一个规划是上位规划,哪一个规划是编制其他规划的基础和依据,一直未予以明确。将大数据空间用地规划明确为其他空间规划的引领性规划标志着空间规划体系的正式形成。[8]

6 建立实施大数据空间用地战略的体制机制

(1)强化制度设计,统筹重大政策的研究和制定。深入探索空间规划编制、建设规划管理信息平台和空间规划管控体系,推进空间规划管理体制改革。

(2)建立有关部门沟通协商机制。地方各级政府要建立健全工作机制,研究制订具体政策措施和工作方案;各级发展和改革委员会作为空间规划的协调机构,应协调解决经济发展、空间布局、生态保护中的重大问题,全面落实大数据空间用地战略确定的目标和任务。

(3)强化中央与地方之间的协调联动。国土、住建等部门应明确职责分工,形成实施大数据空间用地战略的责任机制。成立具有广泛代表性的专家委员会,加强空间性规划编制实施的咨询论证。建立健全公众参与制度,大数据空间用地作为新的理念和战略,必须形成全民共识及较高的认同度。加大宣传力度,增强公众对科学、高效、集约利用国土空间重要性的认识,提高全社会参与实施大数据空间用地战略的积极性,营造有利于依法、依规开发利用国土空间的良好氛围。

(4)完善相关法规,健全规划法律体系。空间规划作为其他规划的基础和依据,引领并主导其他规划和政策,自身必须具有较高的法律地位和充分的法律依据,因此,国家应完善相关法规,并将其作为其他规划的上位法。同时,推动制定其他相关法律法规,完善空间规划编制与实施的管理制度,严格规范规划编制、审批、实施及修改程序。

(5)国土空间规划领域应以大数据的应用为契机,加强数据管理、数据处理及数据分析等关键技术的研发,并以 GIS 等技术手段为支撑,在多规融合的基础上,建设统合的规划信息平台,构建知识库系统,为基于大数据的国土空间规划提供强有力的技术支撑;加强对国土空间规划以及大数据的专题研究,进行大数据与规划领域交叉学科建设,丰富和深化规划理论,为基于大数据的国土空间规划提供坚实的理论支撑。

7 结论

综上所述,国土空间规划是一项系统工程,对一个地区的长远发展具有重要的指导意义,必须坚持科学、审慎的原则,尽量避免出现遗憾。特别是在大数据支撑编制国土空间规划时,必须充分分析各类自然资源大数据,采取更好形式采集大数据、分析大数据、共享大数据、利用大数据,确保国土空间规划更科学、更完备。

参 考 文 献

[1] 严波,孙斌.大数据背景下智慧城市建设探析[J].前沿,2015(12):19-23.
[2] 林坚,宋萌,张安琪.国土空间规划功能定位与实施分析[J].中国土地,2018(1):15-17.

[3] 叶宇,魏宗财,王海军.大数据时代的城市规划响应[J].规划师,2014,30(8):5-11.

[4] 黄嵘,张新,董春晓,等.国土资源数据集成与服务技术研究[J].测绘与空间地理信息,2013,36(10):9-11.

[5] 仇生泉,任向红.土地整治管理信息化建设探析[J].测绘技术装备,2013,15(2):32-35.

[6] 陕西省国土资源厅课题组.关于优化国土空间开发利用和理顺自然资源管理体制的几点思考[J].陕西国土资源,2015(2):24-26.

[7] 李述,葛刚,刘琪璟.主体功能区视角的江西省人口-经济-城镇建设用地时空动态及其协调性[J].南昌大学学报(理科版),2018(2):197-204.

[8] 黄勇,周世锋,王琳,等.用主体功能区规划统领各类空间性规划:推进"多规合一"可供选择的解决方案[J].全球化,2018(4):19-21.

绿 色 矿 山

郏县江山石料厂绿色矿山建设对策研究

张蒙蒙

(河南省有色金属地质矿产局第四地质大队,河南 郑州 450000)

摘 要:郏县江山石料厂位于郏县黄道镇江山村东北,隶属郏县众和建材有限公司。为响应国家生态环境治理的号召,加快转变矿业发展方式,开展绿色矿山建设,郏县众和建材有限公司江山石料厂针对矿区的矿容矿貌与矿区环境保护、资源综合利用与节能减排、矿山环境保护与土地复垦、数字化矿山建设、企地和谐建设等各项工程进行绿色矿山建设,以此对绿色矿山建设的实施对策进行探讨。

关键词:江山石料厂;生态环境治理;绿色矿山建设

1 矿山现状

为有序规范开采,推进生态环境保护,2010 年 11 月郏县国土资源局根据有关政策对郏县铁汇石料厂等 19 个石料厂进行扩边整合,并划定为江山石料厂矿区。

郏县众和建材有限公司江山石料厂灰岩矿位于郏县黄道镇江山村东北,隶属郏县黄道镇管辖。江山石料厂矿区东西长 1 080~1 250 m,南北宽 610~1 000 m,面积 0.937 8 km²,开采标高 454~350 m。矿区范围由 7 个拐点圈定,地理坐标为北纬 36°07′27″~36°07′45″,东经 113°55′27″~113°55′56″。矿区范围各拐点坐标见表 1。

表 1 众和公司江山石料厂矿区范围拐点坐标表

矿区坐标点	西安 80 坐标系		2000 大地坐标系	
	X	Y	X	Y
1	3 774 361.00	38 421 984.00	3 774 361.8226	38 422 100.4085
2	3 773 648.00	38 421 811.00	3 773 648.8210	38 421 927.4094
3	3 773 446.00	38 421 098.00	3 773 446.8213	38 421 214.4072
4	3 773 618.00	38 420 723.00	3 773 618.8200	38 420 839.4072
5	3 774 058.00	38 420 849.00	3 774 058.8212	38 420 965.4067
6	3 774 589.00	38 421 546.00	3 774 589.8232	38 421 662.4071
7	3 774 571.00	38 421 817.00	3 774 571.8224	38 421 933.4074

社会项目:郏县众和建材有限公司绿色矿山建设项目。
作者简介:张蒙蒙,女,1989 年生。工程硕士,助理工程师,从事环境工程、绿色矿山建设等工作。

2 绿色矿山建设的目的和意义

严格按照《砂石行业绿色矿山建设规范》(DZ/T 0316—2018)、《建筑石料、石材矿绿色矿山建设规范》(DB41/T 1665—2018)等绿色矿山建设标准要求,确保矿山建设的各项指标达到或高于绿色矿山建设指标,最终建成绿色矿山。

坚持"以依法办矿为前提,以环境保护和安全生产为保障,以科技创新为先导,以综合利用为突破,以资源高效开发为中心,以节能环保为重点,以智能矿山建设为契机,以夯实管理基础为手段",优化生产工艺,提高资源节约与综合利用率,使资源利用率达到同行业先进水平。按步骤、分阶段做好矿区绿化和土地复垦工作,逐步提高矿区绿化率,维护良好的周边生态环境,杜绝地质灾害,复垦率达到100%。加强与矿区周边居民的协调沟通,建立良好的企地磋商机制,努力寻求双方共赢的项目合作模式。

3 绿色矿山实施方案

自2011年以来,矿山经历了9年多的建设、开采,已建成完善的石料开采、加工设施。主要工程设施包括:露天采场,双隆石材厂,志刚石材厂,矿山道路,黄道镇众和公司生活区等。

3.1 实施方案

由于江山石料厂矿区为多个小矿权整合而来,整合前开采混乱,场地破坏严重,整个矿区未能形成有序、规范的开采平台。针对这种情况,依据绿色矿山建设标准分为五大块进行建设,分别为矿容矿貌与矿区环境保护、资源综合利用与节能减排、矿山环境保护与土地复垦、数字化矿山建设、企地和谐建设。

3.1.1 矿容矿貌与矿区环境保护

(1)矿山警示牌、标牌、环保标识等各类标识牌的设立工程

根据《建筑石料、石材矿绿色矿山建设规范》(GB41/T 1665—2018)、《矿山安全标志》(GB 14161—2008)及《环境保护图形标志 固体废物贮存(处置)场》(GB 15562.2—1995)中规定,矿山应在相应位置(采场、道路、骨料线、办公区、生活区)和设备(挖掘机、矿山车辆、加工设备等)上设置交通安全、生产安全、双重预防、职业卫生、主要设备等标识标牌,保证矿山标识牌、安全警示牌、安全标志、主要设备操作牌基本齐全。

(2)石料加工厂与运输道路边坡治理及绿化工程

江山灰岩矿有两个石料加工厂,分别为双隆和志刚石料加工厂,均修建在矿山附近,部分石料厂厂区边有未处理的边坡。如志刚石料加工厂东边边坡,高为5～10 m,长约为180 m,坡度约25°,坡面裸露,未处理,未绿化,不符合绿色矿山建设要求。又如双隆石料加工厂存在岩质高陡边坡,矿山运输道路的边坡大多未进行护坡处理,坡面也未进行绿化。

治理方法:先对坡面进行修整、压实,形成平整的坡面,然后铺设生物砖,在生物砖孔中植入草籽和土,进行绿化;对岩质边坡进行危岩清除,挂网喷锚,也可以采用浆砌石护坡,确保石料加工厂边坡的稳定,绿化美观。矿山道路两侧绿化带建设应合理搭配树种,常绿树种与落叶树种搭配,乔木树种与灌木树种搭配,绿化带要错落有致,富有层次,起到抑制扬尘、隔挡噪音、美化环境的作用。

(3)石料加工厂裸露区域的绿化工程

目前,矿山石料加工厂还有未硬化、未绿化的裸露区域,如斜坡、厂区边边角角的小块区域。根

据绿色矿山建设要求,矿山可绿化区域应100%绿化,因此,石料加工厂这些零星裸露区域也应进行绿化。

治理措施:对斜坡进行修坡,铺设生物砖,撒草籽绿化。对于可植树区域全部种植景观树绿化,树下裸露地方覆土、铺草皮绿化,实在无法绿化区域应全部硬化。

(4)石料加工厂四周及运输道路排水渠建设工程

江山灰岩矿两个石料加工厂及矿山主要运输道路边均没有修建排水系统,雨季暴雨会对生产厂区及道路造成不利影响。因此,建议矿山在石料加工厂四周边坡下及矿山主要运输道路边修建排水渠,能将雨水汇水快速排泄出去,预防其对道路的破坏,也有利于清洗路面产生的泥水排出。如有可能矿山也可尝试建设雨水收集工程,将雨水收集后,用于绿化用水等。

(5)矿山运输车辆停车场硬化工程

目前,矿山还有部分停车区域没有硬化,如江山矿区东部的运输车辆停车场,晴天有灰,雨天有泥,不符合绿色矿山的建设要求。

建议矿山停车场应全部硬化或铺设生物砖,划定车位,停车区域四周应植树绿化,建立围挡,设置大门、标牌,以及冲洗系统,确保停车区干净、整洁,管理有序。

(6)露天采场绿化工程

矿区北部大平台为今后矿山开采的主采区,地势高于矿区其他区域,地形标高为350~400 m,面积为40.94 hm²。目前,矿区北部大平台已全部被剥离,处于完全裸露状态。

依据绿色矿山建设要求,露天采区不应大面积、长时间裸露,对于已裸露但短时间不开采的区域应采取措施,主要可行的办法是采取临时措施进行绿化。先对大平台地面进行平整,然后覆土20~30 cm厚,再播撒草籽绿化,草籽可选用狗牙根、麦冬草和高羊茅等,预计覆土8.2万 m³,播撒草籽40.94 hm²。

此外,为防治大平台上的覆土被雨水冲走,在平台边沿修建浆砌石挡土墙,墙高60 cm,长约3.2 km。

矿山其他区域地形地貌整治及复垦工作,指除矿区北部采矿大平台以外的区域,包括矿区南部终了采坑、西北原矿山废弃采坑以及应郏县政府要求治理的矿区外相邻采矿破坏区。依据绿色矿山建设要求,矿山终了采坑应复垦,矿山废弃采坑、采矿破坏区应治理、绿化,恢复其生态功能。

3.1.2 资源综合利用与节能减排

(1)建立或整合制砂厂工程

在资源综合利用方面,江山灰岩矿存在一些问题,如矿山周边有多个制砂企业,依托众和公司矿山提供的生产原料进行生产,这些制砂厂的生产会造成周边环境污染,但众和公司对这些制砂厂没有管辖权。由于周边制砂厂是依托众和公司的矿山而存在的,所以众和公司的矿山是问题根源。为了更好地实现资源综合利用,也为了矿区整体环境的改善,建议众和公司建立或整合这些制砂厂,进行高标准、统一化管理,实现矿产资源全产业链利用,使矿产资源得到高效利用,也对矿区周边环境的改善起到积极作用。

(2)石料加工生产设备、传输带全密闭工程

为了降低破碎站粉尘污染,对破碎站生产设备进行加盖密闭,对破碎站的传输带进行钢棚封闭,各生产环节加装除尘系统,实现运行过程全密闭,有效减少粉尘外排,确保石料加工厂大气污染颗粒物排放满足《建筑石料、石材矿绿色矿山建设规范(DB41/T 1665—2018)》附表A1和A2的限制要求,确保环保达标。

(3)噪声隔离带建设工程

露天采场主要高噪声设备为破碎锤(安装在挖掘机或装载机上进行破碎作业)、挖装机械、潜孔钻机(自带空压机)、运输车辆;骨料线主要高噪声设备为破碎机、筛分机、空压机、风机等。

为了降低露天采场及石料加工厂噪声污染,矿山挖掘机和运输车辆均配置消声器,潜孔钻机作业时间职工佩戴防护耳塞。其他降噪措施包括:禁止夜间爆破和夜间作业;采用微差爆破,控制一次装药量;选用低噪声机械车辆,注意维修保养,维持正常作业和低噪水平,维修保养台账归档。

矿山骨料线生产设备均置于室内,振动设备均设隔震设施,通风除尘系统风机出风口排气筒设消声器。其他降噪措施包括:注意设备设施的维修保养,维持正常作业和低噪水平,维修保养台账归档。

(4) 运输车辆加装封闭覆盖装置和定位管控系统工程

为了减少运输车辆扬尘污染,对所有运输车辆加装封闭覆盖装置。众和公司已在志刚和双隆石料加工厂设置了出厂车辆冲洗除泥设施,目前运行良好。车辆驶离矿区前均冲洗除泥,并按要求密闭。另外,为便于车辆管理,及时掌控运输车辆状况,应对突发事故,在车辆上安定定位装置,并将车辆运营信息实时传入公司信息管控中心。

3.1.3 矿山环境保护与土地复垦

(1) 矿山环境保护与土地复垦工程

矿山应严格按照《矿山土地复垦与地质环境保护治理方案》的要求,积极履行矿山土地复垦与地质环境保护义务,足额缴纳保证金。根据生产计划、矿山开采年限及土地损毁时序合理安排工作,坚持边生产边治理的原则,积极实施矿山地质环境治理与土地复垦工程,以保证损毁土地及时复垦,生态植被及时恢复。

(2) 矿山地质环境监测工程

依照《矿山土地复垦与地质环境保护治理方案》的要求,矿山应积极履行矿山地质环境监测职责,包括地形地貌景观监测、地质灾害监测和含水层监测等。

矿山地质环境监测主要为崩塌、滑坡隐患监测,根据开采情况对有危险隐患处设立监测点,露天采场各布置6个监测点,破碎车间各布设1个监测点,工业场地及运矿道路各布设1个监测点,利用测量仪器、GPS设备等监测工具,设专人定期监测,每月监测一次,并做好监测记录台账。

3.1.4 数字化矿山建设

(1) 采场边坡在线实时监控系统工程

依据绿色矿山建设要求,矿区露天采场等区域应建设在线实时监控系统,并连入公司信息管控中心。对矿山开采过程进行实时监控,对可能存在的生产安全事故隐患及时预警。

(2) 建立企业信息管控中心工程

依据绿色矿山、数字化矿山的建设要求,矿山企业应制定数字化矿山建设规划,建立信息管控中心,将矿区露天采场在线实时监控系统、石料加工厂在线实时监控系统和运输车辆定位管理系统汇集于一体,实现对矿山开采、加工、运输和销售的全过程进行实时管理,实现生产、安全监测监控系统集中管控和信息联动运行,实现生产、经营、管理信息化,确保关键生产工艺流程数控化率不低于70%。

采用计算机和智能控制等技术建设智能矿山,建立数字化资源储量模型和经济模型,实行矿产资源储量利用精准化管理。

3.1.5 企地和谐建设

(1) 继续积极履行矿山周边村庄的搬迁工作

矿山周边部分村庄的搬迁工作尚未完成,搬迁补偿费用还需要进一步投入,企地和谐建设工作尚需加强。要确保村民搬迁补偿费用足额及时发放,做到村民满意;积极解决当地劳动力就近就业问题,确保无群体性事件发生。

具体措施:建立企地长效合作机制、矿区群众满意度调查机制、企地磋商和协商机制等,为当地教育、就业、交通、生活、环保等方面提供资助或方便。每半年举行一次磋商座谈会,邀请参会单位包括乡镇主管部门、村委会、村民等,主要解决矿区群众满意度调查期间收集的、平时通过设立的"意见箱"和电子邮箱收集的以及其他途径收集的短期难以解决的或需要多方协商的问题,另外还包括企业需要告知矿区周边群众的重要事项,同时对问题或事件的处理效果进行及时回访。

(2) 积极组织企业员工定期体检

企业每年定期组织企业员工到医院进行体检,特别是可能接触职业病危害岗位的员工必须进行职业健康检查,与粉尘相关的尘肺病等的检查,检查率应达到100%。

(3) 矿山企业制度建设工程

根据绿色矿山建设要求,矿山企业应建现代企业制度,企业生产(开采、运输、加工)、安全、环保、资源储量、产品质量、档案管理等制度要完善。完善各类生产、管理档案资料,建立健全各类体系、制度及应急预案,如《质量、环境、职业健康和安全管理体系》《职工培训制度》《工会组织、职代会制度和职工满意度调查制度》《企业职工收入增长机制》《重大社会风险危机事件应对机制》《矿地长效合作机制》《矿地磋商和协商机制》《矿山地质环境保护与土地复垦责任机制》《环境监测与突发环境事件应急预案》等。

3.2　绿色矿山建设的可行性

郏县政府和矿山企业治理矿山地质环境的积极性很高,矿山企业极为重视矿区的绿色矿山建设,多次邀请专家到现场考察指导。其绿色矿山建设方案充分利用原有矿山自身的特点,因地制宜,治理效果显著。项目施工所采用的主要机械是自卸载重汽车、推土机、装载机等,这些机械设备充足可靠,技术科学可行。

4　绿色矿山建设前景

在达到绿色矿山建设标准,通过绿色矿山验收后,江山灰岩矿应继续实施绿色矿山建设工作,坚持走循环经济之路,努力创建资源节约型、环境友好型企业;继续稳健地推进产业经营与资本经营的有机结合,强化投资决策与项目管理,提高资本运营与管理水平;做好已破坏区域的土地复垦和生态环境恢复工作,围绕生态文明建设,结合矿山生产实际,积极探索新的管理模式;继续加强与周边村镇的沟通工作,积极履行社会责任,支援带动周边经济发展。绿色矿山建设使江山灰岩矿使成为资源储备雄厚,科研技术先进,生态环境优美,企地关系和谐的矿山企业,成为郏县建筑石料矿绿色矿山示范单位。

5　预期与效益

(1) 社会效益

未来矿山仍然有许多社会责任需要去履行,如尽可能保护矿区环境,积极实施土地复垦、复种,扶持贫困村庄,对矿区居民进行劳动技能培训和教育资助等,使矿区经济社会发展与矿山企业发展同步,以企业的发展带动当地经济发展,促进当地居民增收和就业;建立起更加完备的和谐社区共建体系,使企地情感进一步加强,合作方式进一步丰富,达到企地共建"互利双赢"的发展目标。

(2) 借鉴意义

我国许多矿山面临严重的环境破坏问题,解决问题的根本出路是贯彻科学发展观,走绿色矿业道路。绿色矿山建设的突出特点是边开采、边治理、边恢复,对矿山的资源环境建设具有重要意义。江山矿区的绿色矿山建设为相似矿山的恢复治理提供了新思路、新模式,具有一定的借鉴意义。

综上所述,开展绿色矿山建设是一项利国利民、造福子孙后代的工程,其社会效益和经济效益显著。

参 考 文 献

[1] 全国国土资源标准化技术委员会.砂石行业绿色矿山建设规范:DZ/T 0316—2018[S].北京:中国标准出版社,2018.

[2] 河南省质量技术监督局.建筑石料、石材矿绿色矿山建设规范:DB41/T 1665—2018[S].2018.

[3] 河南双星科贸有限公司.郏县众和建材有限公司江山石料厂矿山土地复垦与地质环境保护治理方案[Z].2017.

露天石材石料类矿山合理化设置政策建议

——以实现资源开发利用与生态环境保护相协调

吕国芳[1]，乔欣欣[2]，李屹田[2]

(1. 河南省国土资源科学研究院，河南 郑州　450053；

2. 河南省地质环境监测院，河南省地质灾害防治重点实验室，河南 郑州　450016)

摘　要：发展绿色矿山和开展露天矿山综合整治的核心，是实现矿产资源开发利用全过程和终了矿区与周边生态环境、人文环境的协调，最大限度地减少对自然生态环境的扰动和破坏。本文简述了露天石材石料类矿山资源开发利用和矿山生态环境保护的现状和问题，以最大限度地实现资源开发利用与周边自然生态环境、人文环境相协调为出发点，提出要对现行的矿产资源调查与出让、矿业权设置、矿产开发利用、矿山地质环境保护与土地复垦方案等进行细化，针对不同类型露天石材石料类矿山制定不同的资源利用及矿山地质环境保护方案，并对现行政策提出了一些优化建议。

关键词：露天矿山；资源利用；生态环境；生态环境保护

引言

我国各地不同程度地存在历史遗留、废弃、闭坑及政策性关闭露天石材石料类矿山地质环境问题，同时部分拟建矿山及生产矿山由于规划设置、资源出让等的不合理必然造成新的矿山地质环境问题。2018年7月，国务院印发《打赢蓝天保卫战三年行动计划》，要求推进露天矿山综合整治，做到"一矿一策"，但是目前在露天矿山资源开发利用过程的各环节缺乏实际操作指南和规范性要求。

露天石材石料类矿山应践行"绿水青山就是金山银山"的生态发展理念，遵循节约资源和保护环境的基本国策，统筹规划解决历史遗留、废弃、闭坑及政策性关闭露天石材石料类矿山地质环境问题，并避免出现新的矿山地质环境问题。为尽快实现满足区域经济发展对石材石料类矿产资源需求的同时还人民绿水青山的目标，需对露天石材石料类矿山现行的矿产资源调查、资源储量出让、矿业权设置、开发利用方案、矿山地质环境保护与土地复垦方案等存在的问题进行梳理，对不同类型露天石材石料类矿山制订不同的资源利用及矿山地质环境保护方案，并对现行政策进行优化。

1　现状及问题

本文所谓露天石材石料类矿山，主要是开采用作建筑石料、石材、饰面等的石灰岩、大理岩、白云岩、花岗岩、玄武岩、安山岩、石英岩、砂岩、页岩、普通黏土等矿产的矿山。开采的矿产用作陶瓷、冶金、化工等的露天矿山与此类似，略有不同，文中探讨的内容同样适合。

基金项目：河南省地质灾害防治"十四五"规划（编号：豫自然资发[2020]7号）。

作者简介：吕国芳，男，1966年生。本科，高级工程师，主要从事深部找矿和矿产资源规划研究工作。

根据资料统计,全国共有非油气矿产采矿权 5.66 万个,登记面积 9.59 万 km²,其中露天矿山约占 10%。由于生产矿山、闭坑矿山及政策性关闭矿山的资源储量查明、矿业权设置、开发利用方案等主要依据地质成矿条件确定,矿山地质环境保护与土地复垦方案又主要依据开发利用方案,较少考虑与周边自然生态环境的协调,造成了目前比较严重的矿山地质环境问题。主要表现在以下几个方面:

(1)缺乏对矿山资源综合调查与评价,资源状况不清;缺少开发利用专项规划,开发利用布局前瞻性不够,采矿权布局结构不合理,矿山数量小而多,造成恶性竞争。

(2)矿产资源综合利用效率低,整体而言全国范围内对露天矿山资源的开发利用方式较为粗放,大量遗留废弃尾矿资源没有得到合理开发利用。

(3)矿山生态环境破坏严重,保护意识淡薄。由于开采方式和矿权设置不合理,造成矿山开采过程中追求利益,忽视对矿山地质环境与周围生态的协调发展,导致生态环境严重破坏。

(4)多数禁采区或者政策性原因关闭的矿山,其生态环境治理财政资金短时间内难以到位,又没能合理引进社会资金,处于废弃留置状态,资源未得到充分利用。

2　资源利用与环境修复主体思路

无论是新建矿山、生产矿山还是历史遗留废弃露天矿山,均需将矿山资源开采利用全过程与生态环境、人文环境协调的观念贯彻在自然资源调查、矿产资源储量查明与出让、矿业权设置、开发利用方案、矿山地质环境保护与土地复垦方案等环节的具体工作中。

在满足经济社会发展需求和区域环境承载力基础上,以终了矿区与周边生态环境、人文环境协调为出发点,查找现行资源调查、资源储量查明、矿业权设置、开发利用方案、矿山地质环境保护与土地复垦方案等环节工作中的不足之处,有针对性地研究制定相关环节工作内容和细则,提出不同类型露天矿山资源利用及矿山地质环境修复模式,实现"山水林田湖草矿地"开发治理一体化。

利用 1∶5 000 地形图对矿山地质环境进行综合填图,摸清地质、林草地、可利用资源、废渣废土尾矿等现状,核算可利用资源储量,制订林草地保护方案、资源开发利用方案、矿山地质环境恢复治理与土地复垦方案等。结合区域经济发展需求,在基本不用政府出资的前提下提出矿山资源开发利用综合整治一揽子方案。

具体包括以下几个方面:

(1)制定自然资源调查细则。结合矿区实际情况,以矿区山水林田湖草作为综合调查对象,针对矿区实际情况制定相应调查准则;结合地形地貌与地质条件等因素确定合理、规范的调查方式和方法,划定合理的可开采资源的范围及终了平台高度和终了边坡坡度。

(2)制定矿产资源调查细则。在综合地质调查的基础上,以矿区为调查单元,对矿区矿产资源做详细的地质调查,获取准确的矿产资源储量数量、质量、空间分布等基础数据;查明矿产资源可利用性,在满足合理终了平台及终了边坡的开采范围内,对矿产资源潜力和经济效益作出准确计算。

(3)制订开发利用方案、矿山地质环境保护与土地复垦方案细则。结合对矿产资源储量作出的估算,制订对资源高效利用的开发利用方案;制订对应的矿山地质环境保护规划方案,方案要将矿山地质环境和周边环境的协调性作为主要制约因素;制订开发利用后土地复垦方案,土地复垦方案要坚持科学规划、因地制宜、合理利用。

(4)制定矿业权出让细则,合理出让矿业权。在满足生态保护和矿产资源规划的基础上,依据"一矿一策"原则,制定相关的矿业权设置细则,妥善处理矿产资源开发空间和时序上的关系,合理划定探矿权、采矿权区块,保障矿业权合理布局;明确开采矿种、范围以及矿产资源综合利用、矿山地质环境保护与恢复治理、土地复垦、矿业权出让收益缴纳计划、法定义务等相关标准规则。

（5）制定严格监督管理细则。依据矿区基本情况,制定对应的矿产资源开发监督管理规范和标准,规范矿山开发治理恢复全过程;保证矿山资源的开发与环境保护相协调,严格依照制定的矿山资源开发、矿山地质环境治理、土地复垦方案执行;依照对应的环境影响和土地复垦报告做好相应的工作。

依据上述细则,分别对新建、生产、历史遗留废弃矿山在资源高效利用和生态环境保护方面的问题提出相应的建议和想法。

3 新建露天矿山

3.1 严格审批与规划

新建露天矿山应把生态环境保护和绿色发展放在第一位,严把开采审批关,不利于生态环境保护和绿色发展的区域坚决不能开发。科学统筹布局矿产规划,在充分调查石材石料矿产资源分布基础上,设置集中开采区和规划开采区。根据经济社会发展需要,合理、有序地投放采矿权,坚持绿色高效开发利用,促进当地生态环境与经济协同发展。

3.2 合理布局开采、规划区块

开采、规划区块的设置必须综合考虑地质、地形地貌、水系、植被(林、草)、地块及村镇,利用大比例地形图为底图,对地质、水系、植被、地块和村镇等简要填图,作为开发区块设置的基础图件。

开采、规划区块设置要远离"三区两线"(自然保护区、重要景观区、居民集中生活区的周边和重要交通干线、河流湖泊)及特定生态保护区域,避免简单地以 300 m 为界,要结合实际确定与自然保护区、风景名胜区、生态红线、耕地区界的距离。

合理设置集中开采区、备选区。根据实际情况建议将低山丘陵规划为集中开采区、备选区,在集中开采区、备选区内合理设置开采、规划区块,按年度逐步出让采矿权,进行独立山头整体开采。

对可整体开发的山体,避免分割划界,尽可能采取移平式开采。开采、规划区块设置应避免简单地以行政界线、自然山脊为界,要以独立山头范围为宜,不得在同一独立山头设置两个及以上开采、规划区块。

不能整体开发的山体,在设置开采、规划区块时需加强论证,原则上按照等高线划定,尽量不将山脊线作为规划开采区块边界;要最大限度地减少终了边坡的面积,要以坡势确定区块范围和开采标高,具体标高要依坡度渐变。

4 生产露天矿山

4.1 生产矿山调查分类

对符合现行政策的生产露天矿山进行调查分类,重点调查非整体开发、闭坑后可能形成矿山地质环境问题且后期难以治理的矿山。其中矿业权设置不合理的生产矿山概括起来可分为沿行政边界或自然山脊线设置的矿山和沿山半坡设置的矿山。这类矿山闭坑后,必然造成高陡边坡,后期治理难度较大,同时又造成资源浪费。

4.2 矿山矿权设置建议

在对矿区矿产资源做好充分调查的基础上,对采矿权设置进行合理的调整,使矿区范围内的矿产资源尽可能地高效开发利用,依据地形地貌、地质条件合理规划开采方式,保护生态环境的协调性,降低后期矿山环境治理的难度。

对不同类型设置不合理生产露天矿山矿业权设置、资源出让、开发利用与治理的优化方案及工作细则建议如下:

(1)沿行政边界或自然山脊线设置的矿山。依据资源赋存情况和地质构造条件,按照合理布局,规模开发、集约管理的原则,列为已有矿山的预备资源,作为已有采矿权扩大矿区范围的区域。

(2)沿半坡设置一个开采标高的矿山。改变原有一个开采标高的模式,实行自上而下台阶式开采,阶段坡面角、平台宽度及终了坡面要符合矿山恢复治理要求,使后期矿山环境恢复治理更易操作。

5 历史遗留露天矿山

5.1 依据分类确定开采治理方式

废弃遗留矿山总体可分为两大类:一是禁止开采区内关闭退出不允许开采的矿山;二是废弃遗留允许开采的矿山。

对于禁止开采区内的矿山,采取以治理为主、适当开发的方式,若剩余可利用资源较多,高于治理费用的可合理安排进行开发中治理;若剩余可利用资源较少,低于治理费用的则采用治理中开发。对于允许开采的矿山,采取以开发为主的治理方式,同样根据剩余资源量分为开发中治理和治理中开发两种模式。

在制订相应的治理和开采方案时,要依据具体的矿山地质环境问题,高陡岩质边坡型、独立山头型、分散采坑型、安全距离形成的高墙型等类型,依照"一矿一策"制订矿山资源开采和地质环境保护修复规划方案。

5.2 制订开发利用与环境保护方案

以矿区为调查单元,结合地形地貌,统筹做好山水林田湖草全要素调查,确立矿区生态环境与周边生态环境的相互联系,研究制订资源调查、资源储量查明、尾矿开发利用、矿山地质环境保护与土地复垦方案等环节的工作内容和细则,依据对矿山的分类,有选择地采取不同的治理方式、方法,严格控制治理与开发的关系。

对于只能治理的区域,采取以保护为主的治理,其他情况则依据分类采取开发中治理或者治理中开发。其中,开发中治理注重以开发可利用资源为主,引进社会资金,制订尾矿资源开发和生态环境治理详细的方案细则,由企业划拨专项资金做好相应的矿山地质环境治理;治理中开发侧重于对生态环境的治理方面,在资源调查的基础上,充分利用尾矿资源的效益,由财政部分出资,在做好矿山生态环境修复治理的基础上尽可能地节约财政治理投入。

5.3 协调政策矛盾

历史遗留废弃露天矿山在开发治理中可能存在与现行政策相矛盾的情况,对此可做如下适当的调整:

(1)对生产规模达不到要求和现有不合理矿权的问题,可由政府主导,适当放宽开采规模要求或对就近露天矿山进行资源整合,做好矿权设置规划,提高现场作业条件以满足开采要求。

(2)对安全距离问题,在不人为造成矿山地质环境问题的基础上,做好矿区规划衔接,通过逐步出让或者分年度开采等方式加以解决。

（3）对耕地上山与土地复垦问题，要依照科学规划、因地制宜、综合治理、合理利用的原则对矿山开采造成的土地进行复垦，尽可能少地破坏耕地，对于占用的耕地可以用矿山环境治理后的耕地作为补偿。

6 结论与建议

总体而言，要制定完善的露天矿山开采与生态环境修复治理制度规范，需要由相关政府部门主导；要改变以往仅仅调查地质矿产资源的方式，综合考虑各方面因素，做好自然资源全要素调查；在综合考虑矿山地质环境与周边环境相协调的基础上，制订相应的矿山开采以及生态环境治理恢复的详细规划方案；以矿山生态环境治理为主线，提高对矿产资源的利用效率，解决生态环境治理财政资金投入紧张和不足的难题，达到社会效益与经济效益的双赢。

参 考 文 献

[1] 中华人民共和国自然资源部.中国矿产资源报告[M].北京:地质出版社,2018.
[2] 全国国土资源标准化技术委员会.非金属矿行业绿色矿山建设规范:DZ/T 0312—2018[S].北京:中国标准出版社,2018.
[3] 全国国土资源标准化技术委员会.土地复垦质量控制标准:TD/T 1036—2013[S].北京:中国标准出版社,2013.
[4] 环境保护部自然生态保护司.矿山生态环境保护与恢复治理技术规范(试行):HJ 651—2013[S].北京:中国环境科学出版社,2013.
[5] 姜建军,刘建伟,张进德,等.我国矿产资源开发的环境问题及对策探析[J].国土资源情报,2005(8):22-28.
[6] 尹国勋.矿山环境保护[M].徐州:中国矿业大学出版社,2010.
[7] 琚迎迎.中国矿山环境保护的法律制度研究[D].北京:中国地质大学(北京),2008.

其　　他

河南省煤炭资源开发利用"三率"调查与评价

秦　正,杜春彦,苑　帅,段　超

(河南省国土资源科学研究院,河南 郑州　450053)

摘　要: 本文介绍了河南省煤炭资源开发利用"三率"调查结果,2011 年河南省煤矿采区回采率为 82.19%,原煤入洗率平均值为 35.14%,共伴生矿产资源利用率平均值为0.22%。同时,本文分析了煤炭开发利用中存在的问题,并提出了相应的对策建议。

关键词: 煤炭资源;开发利用;采区回采率;原煤入洗率;共伴生矿产资源利用率

河南省煤矿开发利用"三率"指标(开采回采率、选矿回收率和共伴生矿产资源综合利用率)调查评价是国土资源部 2012 年 6 月启动的全国重要矿产资源"三率"调查与评价工作的一部分。本次调查评价工作以 2011 年为基期,调查评价对象为河南省范围内 2009—2011 年间正常生产的煤炭矿山企业。

1　调查评价范围与矿山代表性

据河南省国土资源厅统计,2011 年全省共有煤矿采矿权 547 个[1],正常生产矿山 259 处,其中大型矿山 40 处,中型矿山 63 处,小型矿山 151 处,小矿 5 处。本次调查包括了 100% 的大型矿山和100% 的中型矿山,调查覆盖面广、代表性强。

2　资源储量和开发利用情况

2.1　煤炭资源储量

截至 2011 年底,河南省正常生产的煤矿矿山有 259 处,保有资源储量为 1 249 554.09 万 t,集中分布在京广铁路以西地区,即郑州、三门峡、焦作、许昌、平顶山、洛阳等 14 个省辖市。其中,以郑州市、商丘市、平顶山市和许昌市为主,保有资源储量分别为 309 700.83 万 t、184 326.10 万 t、178 174.64 万 t 和 154 358.79 万 t,分别占全省的 24.80%、14.7%、14.3% 和 12.4%。其次为洛阳市、新乡市和鹤壁市,保有资源储量分别为 124 701.66 万 t、73 244.80 万 t 和 72 509.91 万 t,分别占全省的 10.0%、5.9% 和 5.8%。其他地市较少,占比均在 5% 以下,依次为焦作市、三门峡市、安阳市和驻马店市,保有资源储量分别为 61 910.57 万 t、57 680.12 万 t、21 376.17 万 t 和9 319.90 万 t,分别占全省的 5.0%、4.6%、1.7% 和 0.7%。

基金项目:中国地质调查局地质调查项目(编号:1212011220930)。

作者简介:秦正,男,1968 年生,河南南阳人。高级工程师,主要从事地质矿产、综合利用及管理工作。

2.2 煤炭开发利用情况

2.2.1 正常生产煤矿数量及原煤产量

本次调查的259个正常生产煤矿,设计生产能力为1.56亿t[2],2011年实际生产能力为1.55亿t,动用储量为1.17亿t。2011年原煤产量最高的市是平顶山市,达0.27亿t,紧随其后的是郑州市、商丘市,分别为021亿t、0.16亿t。

不同生产规模、开采方式煤矿数量统计见表1。统计结果表明,按开采方式划分,河南省煤矿以地下开采为主;按规模划分,河南省煤矿数量以小型煤矿为主。参与调查的煤矿的开采方式、生产规模符合河南省煤炭资源开采实际。

表1 不同生产规模、开采方式煤矿数量统计

开采方式	煤矿数量/个			合计
	大型	中型	小型	
露天开采			1	1
地下开采	40	63	155	258
合计	40	63	156	259

根据本次调查,河南省露天、地下开采原煤产量分别为10.4万t、11 728.59万t。按生产规模划分,大型、中型、小型煤矿原煤产量分别为7 000.46万t、3 097.38万t、1 267.11万t,见表2。调查结果表明,小型煤矿虽然数量众多,但大、中型煤矿仍是河南省煤炭产业的支柱。

表2 不同生产规模、开采方式原煤产量统计

开采方式	原煤产量/万t			合计
	大型	中型	小型	
露天开采			10.4	10.4
地下开采	7 000.46	3 097.38	1 267.11	11 364.95
合计	7 000.46	3 097.38	1 277.51	11 375.35

2.2.2 选煤厂情况

本次调查正常生产煤矿中共有选煤厂33处,设计生产能力为5 321.31万t/a,实际生产能力为4 307.90万t/a。2011年原煤产量11 738.99万t,有选矿厂的煤矿原煤产量4 869.69万t,入选原煤量4 125.4万t。

调查的煤矿中大型煤矿选煤厂12个、中型煤矿选煤厂18个、小型煤矿选煤厂3个,实际入选原煤量分别为3 429.91万t、610.61万t、84.88万t。选煤厂主要集中于安阳、鹤壁、平顶山、商丘等地,调查范围内郑州地区无选煤厂。

3 采区回采率

2011年河南省煤炭消耗资源储量9 835.61万t,年煤炭采出量为8 083.95万t,采区回采率为82.19%。

3.1 采区回采率与煤矿区的关系

郑州矿区:开采的煤矿主要是郑州煤炭工业集团所属煤矿、红旗煤业股份公司所属煤矿、河南

大峪沟煤业集团有限责任公司所属煤矿及其他性质的煤矿企业,企业众多,以小型煤矿为主。2011年生产煤矿采区回采率为80.2%,薄煤层采区回采率为84.3%,中厚煤层采区回采率为79.6%,厚煤层采区回采率为80.0%。除厚煤层采区回采率高于国土资源部确定的指标外,其余都略低于指标要求,主要是煤层稳定性差、构造复杂、倾角普遍较大以及多数矿井采煤方法落后等原因造成的。

偃龙矿区:开采的煤矿主要是河南永华能源有限公司所属煤矿、义煤集团所属煤矿、河南宝雨山煤业有限公司所属煤矿和洛阳龙门煤业有限公司所属煤矿,以大、中型煤矿企业为主。2011年生产煤矿中厚煤层采区回采率为88%,厚煤层采区回采率为79%,分别高于国土资源部确定的指标。

平顶山矿区:开采的煤矿主要是平顶山天安煤业股份有限公司所属煤矿、中国平煤神马能源化工集团有限责任公司所属煤矿及平顶山市瑞平煤电有限公司,以大、中型煤矿企业为主。2011年生产煤矿薄煤层采区回采率为65%,中厚煤层采区回采率为82.66%,厚煤层采区回采率为79.27%。中厚煤层、厚煤层采区回采率分别高于国土资源部确定的指标,薄煤层采区回采率低于指标要求,主要是开采过程中突遇小断层所致。

鹤壁矿区:开采的煤矿主要是鹤壁煤电股份有限公司所属的煤矿,2011年采区回采率为78.76%,其中中厚煤层为84%,厚煤层为78.72%,分别高于国土资源部确定的指标。

焦作矿区:开采的煤矿主要是河南焦煤能源有限公司所属煤矿和焦作煤业(集团)所属煤矿,2011年采区回采率为91.84%,其中薄煤层采区回采率为93.5%,中厚煤层采区回采率为91.63%,厚煤层采区回采率为91.83%,分别高于国土资源部确定的指标。

禹州矿区:开采的煤矿主要是河南平禹集团所属煤矿、河南永锦能源有限公司所属煤矿及禹州神火所属煤矿,2011年采区回采率为81.22%,其中薄煤层采区回采率为95.11%,中厚煤层采区回采率为83.98%,厚煤层采区回采率为79.25%,分别高于国土资源部确定的指标。

陕渑矿区:开采的煤矿主要是河南大有能源股份有限公司所属煤矿,2011年采区回采率为77%,其中中厚煤层采区回采率为78.14%,厚煤层采区回采率为76.83%。厚煤层采区回采率高于国土资源部确定的指标,中厚煤层采区回采率低于国土资源部确定的指标,但高于开发利用方案设计值,主要是煤层较不稳定、构造比较复杂等原因造成的。

永城矿区:开采的煤矿主要是河南神火煤电股份有限公司所属煤矿和河南龙宇能源股份有限公司所属煤矿,2011年采区回采率为92.17%,为中厚煤层采区回采率,高于国土资源部确定的指标。

3.2 采区回采率与生产规模的关系

按生产规模划分,大型煤矿41处,采区回采率平均值为83.00%;中型煤矿60处,采区回采率平均值为83.33%;小型及以下煤矿158处,采区回采率平均值为81.49%。由此可知,不同生产规模煤矿2011年采区回采率平均值总体呈现大、中型煤矿高于小型煤矿的特点。分析其原因,大、中型煤矿不论管理、装备、技术等方面都优于小型煤矿,资源回收水平高,对资源更容易"吃干榨净"[3]。

3.3 采区回采率与煤层厚度的关系

按煤层厚度划分,地下开采煤矿的薄煤层采区回采率平均值为84.7%,中厚煤层采区回采率平均值为85.8%,厚煤层采区回采率平均值为80.3%;露天开采煤矿1处,为中厚煤层,采区回采率为99%。由此可知,薄煤层和中厚煤层回采率接近,厚煤层回采率略低于前两者。分析其原因,薄煤层和中厚煤层更易开采和实现资源的回收利用,随着煤层厚度增大,厚煤层开采时容易造成厚度和面积的损失,资源回收难度加大。

3.4 采区回采率与开采方式的关系

按开采方式划分,地下开采煤矿的采区回采率平均值为82.85%;露天开采煤矿的采区回采率平均值为99%。由此可知,露天开采回采率高于地下开采回采率。分析其原因,露天开采不用设置相应保护煤柱,开采时直接对煤岩进行剥离,采区损失量小,回采率接近于100%。

4 原煤入洗率

河南省259处煤矿中只有33处煤矿有选煤厂,这33处煤矿按生产规模统计的原煤入选率见表3。从表中可看出,2011年33处煤矿中,大型煤矿原煤入选率平均为82.82%,中型煤矿原煤入选率平均为95.06%,小型及以下煤矿原煤入选率平均为98.86%。

表3 不同生产规模煤矿的原煤入选率

生产规模	2011年原煤产量/万t	2011年原煤入选量/万t	2011年原煤入选率/%
大型	4 141.48	3 429.91	82.82
中型	642.35	610.61	95.06
小型及以下	85.86	84.88	98.86

河南省有选煤厂的煤矿有33处,占全部煤矿的18.8%,2011年河南省原煤产量11 738.99万t,原煤入选量4 125.4万t,入选率仅为35.14%。分析其原因,河南省煤炭矿区主要开采二₁煤层,二₁煤层属于构造煤,可选性差,所以大部分煤矿没有进行洗煤作业;部分缺煤地区的煤矿直接销售原煤,煤炭销售利润可观,缺乏洗选意识;安阳、鹤壁地区部分煤矿将部分煤炭洗选,部分煤炭直接出售,煤炭销售利润仍可观;郑州地区煤炭含水较大,洗后会变成煤泥,无法洗选。

5 综合利用

5.1 煤炭共伴生资源利用率

与煤共生的矿产有高岭土矿、煤层气、耐火黏土矿、黄铁矿、山西式铁矿、熔剂用灰岩、石灰岩等,煤中主要伴生有益组分为镓、锗等元素。除河南焦煤能源有限公司九里山矿查明煤层气储量40.38亿 m^3 外,其余共伴生矿产均未统计到资源储量。

本次调查的煤炭共伴生资源综合利用率较低,分析其原因,大多数固体共生矿产赋存于煤层之下,且大多数共生矿产可露天获得,如果开采,开发技术复杂,开发成本较高。

5.2 煤矸石利用率

2011年底,河南省259处煤矿累计排放煤矸石282 164.92万t,年排放量达23 644.95万t,年利用煤矸石16 386.93万t,年利用煤矸石产值8 048 007.59万元,累计利用量达196 395.22万t,占累计排放量的69.6%,利用率为69.53%。河南省参与调查的煤矿,除7处煤矿没有对煤矸石进行利用,3处煤矿2011年没有正常生产统计不到煤矸石的利用量外,其余249处煤矿均对煤矸石进行了综合利用,主要用于制砖、发电、回填、铺路等。

5.3　矿井水利用率

截至 2011 年底,59 处煤矿累计排放矿井水 97 192.79 万 m³,年排放量达 17 816.97 万 m³,年利用量为 15 988.77 万 m³,主要用于灌溉、工业及生活用水,年利用矿井水产值 3 813.37 万元。

5.4　瓦斯

由于河南抽采瓦斯浓度普遍较低,综合利用主要集中在瓦斯发电方面,也有部分矿区如焦作、平煤将部分高浓度瓦斯用于民用。本次统计到河南省 5 处矿山对瓦斯进行利用,年排放量 3905.67 万立方米,年利用量 1730.59 万立方米,年利用产值 1417.02 万元。瓦斯主要用于发电、民用。

6　存在问题及对策建议

6.1　存在问题

(1) 共伴生矿产资源综合利用程度低。与煤炭资源共伴生的矿种如煤层气、煤下铝土矿等,几乎没有加以利用,只有一个矿山对煤层气进行了利用,共伴生矿产综合利用率低。

(2) 河南省煤矿煤矸石利用率总体较高,但发展不均衡,仍有一些矿井利用率低,未达到国土资源部"三率"指标要求。随着煤矸石广泛用于工作面充填、铺路、填坑等,煤矸石的利用率将不断提高[4]。

(3) 随着矿井水的广泛应用(井下降尘、地面绿化、洗煤厂及电厂用水等),大多数矿井水利用率不断提高。但全省矿井水利用不均衡,总体上未达到国土资源部"三率"指标要求。据统计,截至 2011 年底河南省 259 处煤矿累计排放矿井水 97 192.79 万 m³,仅 59 处煤矿统计到矿井水的利用情况。

(4) 河南省煤矿资源利用中面临着许多困难,一是随着矿区开采深度加大,开采技术条件趋于复杂;二是全省 259 处煤矿中有 148 处煤矿大量煤炭资源被村庄、河流和湖泊等压覆,压覆量高达 20 亿 t,制约着矿井的生产和发展。

(5) 产品结构不合理。河南省煤炭行业的产品结构不够合理,以原煤为主初级产品比重较高,精细产品、深加工产品较少,本次统计 259 处煤矿,只有 48 处煤矿有选煤厂,大多数煤矿只生产原煤。

6.2　对策建议

(1) 合理开发煤炭资源,提高资源综合利用率。在煤炭资源开采环节要大力提高煤炭资源综合利用率和回采率,政府应投入资金支持煤炭企业共伴生资源综合利用项目的实施,对共伴生资源综合利用好的企业应予以奖励和表彰。

(2) 鼓励矿山企业采用新技术、新方法对煤矸石、矿井水等进行合理利用,变废为宝,实现废弃物资源化,以最大限度地利用煤炭开采加工过程中的一切资源,提高资源综合利用率。广泛开展煤矸石回填绿色开采技术研究,选择有代表性的矿山,政府注入相应的资金建设示范工程,逐步推广至所有的矿山企业。此项技术的应用可以解放出被"三下"压覆的煤炭资源储量,提高企业的经济效益,延长矿山的服务年限,可以说是一举多得的好事。

(3) 煤炭加工环节要向精细深加工发展,发展煤炭洗选加工转化技术,在大力推广成熟技术的基础上,积极引进先进技术,加强政策引导,推进精煤洗选技术产业化。

参 考 文 献

[1] 河南省国土资源厅. 河南省国土资源厅开发利用数据库[DB]. 2011.

[2] 中国地质调查局郑州综合利用研究所. 全国重要矿产资源"三率"综合评价系统[DB]. 2012.

[3] 冯安生, 卜孝泉, 郭俊刚, 等. 我国煤炭资源开发利用"三率"调查与评价[J]. 矿产保护与利用, 2016(5): 5-10.

[4] 河南省国土资源科学研究院. 河南省重要矿产资源"三率"调查与评价报告[R]. 2014.

嵩山古建筑群地质灾害发育现状及防治

于松晖[1],徐郅杰[1],刘跃伟[2]

(1. 河南省地质环境监测院,河南省地质灾害防治重点实验室,河南 郑州　450046;

2. 河南省嵩山风景名胜区管理委员会,河南 登封　452470)

摘　要:本文在调查嵩山古建筑群周围地质环境条件和地质灾害现状的基础上,开展地质灾害的危险性评价,编制地质灾害监测方案,建立地质灾害监测网络,提出地质灾害防治措施,最大限度地避免地质灾害对嵩山历史古建筑群文化遗迹的破坏,为合理有效地保护嵩山古建筑文化遗产提供科学依据。

关键词:嵩山;古建筑群;地质灾害防治

嵩山地区的 11 处重点文物保护单位为:太室阙、少室阙、启母阙、嵩岳寺塔、少林寺塔林、初祖庵、观星台、会善寺、中岳庙、嵩阳书院及少林寺常住院。它们是嵩山地理区域内,具有杰出的建筑艺术、技术水平和深厚历史文化内涵的古代建筑群。

嵩山地区地质条件复杂,各种地质灾害频繁发生,给古建筑群带来极大的安全隐患。为了避免地质灾害对嵩山历史古建筑群文化遗迹的破坏,下面就古建筑群地质灾害发育现状及如何防治地质灾害进行分析。

1　地质灾害发育现状及隐患

1.1　观星台

观星台位于登封市区东南 15 km 的丘陵地区,海拔 200 m 上下,地势自西北向东南倾斜。整个建筑群由观星台、周公测景台和周公庙组成,东西宽 37 m,南北长 150 m,占地面积 5 550 m²,建筑面积 520.2 m²。观星台所处地区地势平坦,现状条件下发生崩塌、滑坡、泥石流地质灾害的可能性小。但由于观星台处于告成煤田之上,煤矿的开采活动形成的地面塌陷将对其造成危害,观星台东部的双庙村和北沟村已经出现地面塌陷地质灾害。因此,观星台遭受地面塌陷地质灾害的危险性大,需要重点防范。

1.2　太室阙

太室阙位于登封市东 4 km 的中岳庙村,属山前岗地区,地势平缓,出露地层为第四系上更新统。地层下部为卵砾石,成分以石英岩为主,磨圆度中等,砾径 5～10 cm;上部为黄土状亚砂土,厚 5～10 m。太室阙所处位置地势平缓,其下部没有已探明矿产资源,无采矿活动,只存在农业耕种,现状条件下地质灾害不发育。预测太室阙遭受地质灾害的危险性小。

作者简介:于松晖,男,1968 年生。学士,工程师,研究方向:地质灾害、工程地质和环境地质。

1.3 中岳庙

中岳庙位于登封市东 4 km 的中岳庙村,属山前岗地,地势平缓,出露地层为第四系中更新统,以浅褐、棕红色黄土为主,底部多为砾石层,砾石直径一般为 5～10 cm,呈次圆状。中岳庙所处位置地势平缓,其下部没有已探明矿产资源,无采矿活动,现状条件下无崩塌、滑坡、泥石流、地面塌陷等地质灾害发生。预测中岳庙遭受地质灾害的危险性小。

1.4 启母阙

启母阙位于登封市区北部的旅游路边,属山前坡地,地势平缓,北部为嵩山万岁峰,南部为登封市区,地形标高在 459.5 m;向北 200 m 地形开始变陡,坡度 40°左右。启母阙所在地层为第四系下更新统,岩性以冰渍泥砾为主,砾石以石英岩为主,砾径 20～50 cm,最大厚度不超过 10 m;向北 200 m 的窑破沟一带出露元古代石英砂岩,节理发育,风化破碎,易发生崩塌,现状条件下无滑坡、泥石流、地面塌陷等地质灾害发生。预测启母阙遭受地质灾害的危险性小。

1.5 嵩阳书院

嵩阳书院位于登封市区北部的嵩山脚下,属中低山地貌,相对高差 729 m,地层岩性较为复杂,出露地层的岩性有:第四纪冲洪集物、太古代片麻岩、元古代石英岩等。书院下面为书院河,已经经过治理,东边为一条沟谷,沟中乱石堆积较为严重。山上植被发育一般。该地区降雨比较集中,主要集中于 6、7、8 月,是河南省的暴雨中心区之一。

嵩阳书院东侧的书院后沟为一条泥石流沟。该沟在书院东侧分为两条沟谷,东边沟谷为主沟,上游至嵩山俊极峰,相对高差 729 m,两边山坡坡度为 35°,流域面积为 4 km²,补给段长度比为 100,两边山坡上的植被发育一般,沟中堆积严重;西边沟谷向上至停车场,沟中无松散堆积物,无堵塞现象,但在沟谷的上部有太古代片麻岩出露,风化严重,厚度在 0.5～1 m 之间,为泥石流的形成提供了丰富的物源。该沟谷中泥石流曾多次小规模发生,接近于水石流,对嵩阳书院的威胁较大。为此,已经对书院东测沟岸进行了加固。因此,嵩阳书院遭受泥石流地质灾害的危险性中等,遭受崩塌、滑坡、地面塌陷地质灾害的危险性小。

1.6 嵩岳寺塔

嵩岳寺塔位于登封市区西北 6 km 处太室山南麓嵩岳寺村,嵩岳寺塔西及北西部为台阶状斜坡,地表平均 15°～17°,最大 26°,基底片麻岩表面形态与地表相似,一般坡度为 16°～18°,最大 24°。该斜坡基岩原始地貌为一起伏不大的自然缓坡,后因修建寺院,加上农业耕种修建梯田,使其呈现阶梯状,东西方向为 4 个台阶,南北方向为 5 个台阶。该地区出露地层岩性为太古代片麻岩,风化严重,风化层厚度在 2～10 m 不等。

有关文物部门曾在 1990 年对嵩岳寺塔进行过工程地质勘察和物理勘测,滑坡体长 60 m,宽 100 m,属山坡上的残积层,主要滑动面在残积层和基岩面上,虽然滑坡前沿基岩平缓,易使滑坡处于平衡状态,但在条件合适时,有产生滑坡的可能。为了安全起见,当时在嵩岳寺塔的东面对地基进行了加固,埋抗滑桩 19 根,桩径为 1.2～1.5 m,埋深在 15～30 m 之间。因此,嵩岳寺塔遭受滑坡地质灾害的危险性为中等。

1.7 会善寺

会善寺位于登封市区西北旅游公路旁,处于低山区,标高 535.9 m,地形较为平缓,坡度在 15°以上,出露地层为第四系中更新统,局部出露太古代片麻岩,风化层较厚。会善寺北面和东面有坡度较陡的山坡,坡度在 $30°\sim40°$ 之间,地层岩性为风化物,在一定的条件下有发生滑坡的可能。但由于坡上植被较好,距会善寺较远,对会善寺的影响较小。因此,现状条件下会善寺遭受地质灾害的危险性小。该寺修建时大殿后面的切坡较陡,坡度为 $90°$,高为 3.65 m,距大殿 2.8 m,有微型崩塌灾害发生的可能,规模较小,对古建筑的威胁较小,并且周围无采矿活动,不具备形成泥石流的条件。因此,会善寺遭受滑坡、崩塌、泥石流、地面塌陷地质灾害的危险性小。

1.8　少室阙

少室阙位于登封市西北 6 km 少室山东麓十里铺村西、少林水库下游的沟谷中,周围平整有大块土地,主河道处于少室阙的南部,属简易疏通,现状条件下没有崩塌、滑坡、泥石流、地面塌陷地质灾害发生。少室阙南部的玉皇沟为一条泥石流沟,曾经多次发生泥石流,沟口堆积严重,对少室阙造成一定的威胁,但由于距离较远,危险性较小。因此,少室阙遭受泥石流地质灾害的危险性小。

1.9　少林寺塔林

少林寺塔林位于登封市西北 13 km 外少室山南麓,北倚五乳峰,前临少溪河,属构造侵蚀中低山地貌。少林寺塔林所处山体走向呈近东西向,地形标高 $500\sim1\,200$ m,相对高差 $300\sim800$ m。该地区出露地层为寒武系纽芬兰统辛集组砂砾岩、砂岩、含砂钙质白云岩,厚为 $3.84\sim13.67$ m;朱砂洞组厚层豹皮状灰岩、白云质灰岩,厚为 $27.33\sim37.58$ m;馒头组紫红色、黄绿色页岩、泥质白云岩夹黄色泥质灰岩,厚为 119.22 m;坡积物覆盖于上述基岩之上,坡体上部岩性为棕黄色亚黏土,中下部为红色黏土,夹含姜石。

少林寺塔林北部斜坡曾于 20 世纪 40 年代发生滑动,滑坡体将部分塔林掩埋,掩埋面积达 1 000 余平方米。滑坡体位于山麓前缘,坡体呈三级台阶,坡面陡处约 $18°$,缓处约 $10°$,坡体上发育多处陡坎,高度为 $2\sim3$ m。滑坡体岩性主要为寒武系纽芬兰统厚层状碳酸盐岩,构造节理发育弱,抗风化能力较强。滑坡体长 80 m,宽 160 m,由坡残积黏土、粉质黏土组成,厚为 $3\sim5$ m,总方量为 4 万$\sim$7 万 m³,滑动方向约 $160°$。登封市为大力发展旅游业,于 1979 年对掩埋的塔林进行了清挖。受冬春消融、夏秋降雨的影响,塔林围墙出现裂缝,部分塔体倾斜。可见,该滑坡体直接威胁着少林寺塔林及其相关设施的安全。

1.10　少林寺常住院

少林寺常住院位于登封市西北 13 km 外少室山南麓,处于低山区,建于缓坡地带,寺前为少溪河,寺后为五乳峰,寺后山坡上为缓坡耕地和林地,地势较为平坦,现状条件下无地质灾害发生。为了扩大寺院,寺后的山坡有切坡,坡体出露地层为寒武纪页岩、泥质白云岩夹黄色泥质灰岩,产状 $355°\angle15°$,坡向 $180°$,坡度 $70°\sim90°$,坡高 $3\sim4$ m。该斜坡在一定条件下有发生滑坡可能,但由于为逆向坡,周围地质环境保护较好,出现滑坡的可能性较小,对常住院的威胁较小。因此,常住院发生地质灾害的危险性小。

1.11　初祖庵

初祖庵位于登封市西北 13 km 外少室山南麓一个小山梁上,山梁西北部依托山体,向东南延伸,长约 180 m,向东南逐渐变窄,在大门处宽仅为 39.6 m,从大门再向东南逐渐被冲沟侵蚀。初祖庵两边为沟谷,沟深 $10\sim15$ m,宽 $20\sim60$ m,沟谷两边坡度在 $30°\sim50°$ 之间,局部达 $70°$ 以上;沟中生长有成林的树木,植被发育较好。该地区地层岩性为寒武纪页岩、泥质白云岩夹黄色泥质灰岩,上覆较厚风化层,周围无基岩出露。

目前在初祖庵两边的沟谷边坡出现了滑动现象,使初祖庵的大门两边出现了明显的下沉,围墙出现了 10 条裂缝,缝宽 0.1～2.1 cm,最为严重的是初祖庵的东南角,围墙裂缝处最宽达到 2.1 cm。初祖庵西南面斜坡规模为坡长 8～15 m,坡宽 70 m,坡向 200°,总体坡度 35°;东南面斜坡规模为坡长 5～8 m,坡宽 84 m,坡向 45°,总体坡度 35°。

另外,在初祖庵南 150 m 的山坡上,因为修建旅游道路,对坡脚进行了开挖,使斜坡失稳,在长 30 m、宽 110 m 的山坡上有多处小型滑坡出现,坑上树木歪斜,发育多条裂缝,严重威胁下面旅游道路和游客的生命安全。

2 地质灾害防治措施

(1)划定保护区范围

根据嵩山古建筑群周围地形地貌、地层岩性、人类工程活动、滑坡、崩塌、地面塌陷等因素的影响范围,划出地质灾害防治范围,在保护范围内禁止大规模的开挖工程及矿山开采活动,耕地应逐步实现退耕还林、植被防渗。

(2)建立监测体系

根据嵩山古建筑群地质灾害隐患点的分布状况,建立健全地质灾害监测体系。监测方法主要采用定期巡查及安装简易监测设施等。

① 定期目视检查:对保护区进行定期目视监测、巡视。对滑坡隐患的监测主要监测滑坡体上是否出现树木歪斜、坡体裂缝等滑坡体滑动迹象;地面塌陷隐患监测主要监测地表是否出现地裂缝、地面变形等发生地面塌陷的前兆迹象,如发现发生地面塌陷的前兆,应及时进行行政干预,制止附近的地下采矿活动;泥石流沟谷监测主要监测上游是否有新的人类工程活动,是否有新的可形成泥石流的物源堆积,新的物源是否造成沟谷的堵塞。

② 安装简易监测设施:在少林寺塔林北部山坡、初祖庵东西两侧、嵩岳寺塔安装监测桩。在滑坡体的后缘和前缘埋桩(前缘和后缘各埋测距桩一组),定期用钢尺等工具直接测量前缘和前缘外固定桩及后缘和后缘外固定桩之间的距离,依据测得的数据判定滑坡体的滑动情况;在嵩阳书院泥石流沟谷出口处进行水(泥)位监测,报警水位为 2 m(相对于沟底),水位达到 2 m 时,有发生泥石流的危险,须进行报警。

(3)监测时间

监测时间定为降雨天气,每年的 6、7、8、9 月为重点监测时段。

(4)工程治理

有计划地安排对少林寺塔林滑坡隐患、初祖庵滑坡隐患、嵩岳寺塔滑坡隐患、嵩阳书院泥石流沟进行工程治理。

新时代民生地质工作的机遇

黄光寿[1,2]，黄　凯[3]，郭丽丽[3]

(1. 河南省地质调查院,河南 郑州　450001;

2. 河南省城市地质工程技术研究中心,河南 郑州　450001;

3. 河南省地勘局第五地质勘查院,河南 郑州　450001)

摘　要:河南省生态文明建设和黄河流域生态保护和高质量发展对生态环境保护与修复、环境地质、农业地质、旅游地质、水文地质、生态地质、城市地质、灾害地质等民生地质领域有着巨大需求和市场机会。作为国民经济建设的基础性、先行性行业,地质工作在生态文明建设的大潮中已经行动起来,迎来了民生地质工作的机遇。

关键词:民生地质;环境地质;农业地质;旅游地质;水文地质;机遇

党的十八大以来,服务于美丽中国建设、助力高质量发展的民生地质应运而生,已成为地质行业转型升级的新动能、自然资源产业发展的新风口,展示出巨大的发展前景。

当前,生态文明建设的深入推进,为地质工作转型升级提供了最佳机遇期。地质工作转型升级是指地质工作从传统的地质找矿向环境地质、农业地质、旅游地质、城市地质、灾害地质等民生地质方向发展。

民生地质产业涵盖面广泛,包括生态环境修复、农业地质、土壤地质、城市地质、旅游地质、山水林田湖草综合治理等领域;作为新兴交叉领域,民生地质产业又同农业、林业、牧业渔业,建筑业、交通运输业、制造业乃至信息技术业、文化旅游业都有着不同程度的融合。

河南省生态文明建设和黄河流域生态保护和高质量发展对生态环境保护与修复、城市地质、农业地质、旅游地质、地质灾害防治等民生地质领域有着巨大需求和市场机会。作为国民经济建设的基础性、先行性行业,地质工作在生态文明建设的大潮中已经行动起来,迎来了民生地质工作的机遇。

1　土壤污染详查助力乡村振兴

河南省素有"中原粮仓"之称,粮食总产量占全国的1/10,小麦产量占全国的1/4,河南省的农业特别是粮食生产被习近平总书记誉为"一大优势、一张王牌",做好河南省农用地土壤污染详查工作是保障国家粮食安全的基石。

早在2003年,河南省地质调查院就在中国地质调查局和河南省人民政府的支持下,按照统一的技术标准和技术方法,完成了河南省平原和丘陵地区10.3万 km^2 的1:25万土地质量地球化学调查。

通过调查,查明河南省无污染耕地1.08亿亩,新发现1 439万亩绿色富硒耕地,同时圈定了污染土壤范围。

作者简介:黄光寿,男,1963年生。本科,高级工程师,主要从事水文地质、环境地质、农业地质调查研究工作。

由河南省地质调查院承担完成的河南省1∶25万土地质量地球化学调查一系列成果,为河南省农用地土壤污染详查范围的确定提供了大量系统、翔实的资料。2016年12月,环保部、财政部、国土资源部、农业部、国家卫生和计划生育委员会联合印发了《全国土壤污染状况详查总体方案》,要求2018年底前完成省级土壤污染状况农用地详查。

2018年11月21日,由河南省地质调查院承担的"河南省粮食核心区小麦富硒标准研究"项目通过了专家组验收,为河南省粮食核心区富硒土壤标准值提供了界定方法。该项目通过综合研究提出了河南省粮食核心区富硒土壤标准值的界定方法与富硒土壤标准划分体系,并根据提出的标准值评价了全省富硒土壤资源的面积和分布状况。该项目为河南省富硒土壤的划定与评价提供了方法,为富硒土壤地方标准的制定提供了依据。

党的十八大以来,在江西、四川、贵州、云南等地各级国土资源部门和地勘单位支持、配合下,中国地质调查局深入赣南和乌蒙山等贫困地区,逐县对接需求,精准实施"订单式"地质调查项目,走出一条"地质调查＋"特色扶贫之路。在集中连片特困地区,圈定绿色富硒土地1 084万亩,指导建立农业科技示范园7个,支撑调整富硒农产品种植面积800万亩,使1 500万贫困群众受益,助力支撑150万人脱贫。

2 地质文化村建设助力扶贫攻坚

多年来,地质工作者在为精准扶贫贡献着自己的力量。从中央到地方,从大西北到红土地,地质工作者正在用自身的专业技术支撑服务精准脱贫攻坚。

效果最显著的莫过于我国最早提出并实施的地质公园和矿山公园建设。2017年12月发布的《全国地质公园矿山公园建设助推脱贫攻坚效益评估报告》数据显示,截至2017年11月,我国已建成的位于贫困地区的国家地质公园97处,世界地质公园11处,国家矿山公园6处;涉及我国12个特困连片区(包括"三区三州")范围内的135个贫困县、37.6万贫困户、约174万贫困人口。近年来,地质公园、矿山公园建设为贫困地区直接提供了10万个就业岗位,助推当地24万人直接脱贫、417个村整村脱贫,为贫困地区带来了巨大的社会效益、经济效益和生态效益。其中,贵州、湖北、湖南等地的地质公园建成后,当地旅游人数呈井喷式增长,旅游扶贫成为当地精准扶贫的主要措施。

地质公园、矿山公园作为地学科普的载体,为提高农民的科学文化素养发挥了重要作用。据统计,已建成的"两园"内共建设地质博物馆(展示厅)389个、地质广场284个,满足了贫困地区对地质科普的精神文化需求。

近年来,随着美丽乡村建设和乡村旅游的发展,地质文化村作为一项新生事物和乡村振兴、精准扶贫的重要手段,得到相关部门的高度重视和社会的广泛认可,地质文化村在地勘单位的参与支持下逐渐兴旺起来。

建设地质文化村必须以先进的理念为引领。建设地质文化村一定要抛弃传统地质科学理念,树立山水林田湖草是生命共同体的理念,树立乡村振兴、产业发展的理念,树立保护和利用可持续发展的理念,树立科学与文化的理念。

建设地质文化村的意义重大、影响深远。建设地质文化村必须要和国家的总体规划相协调,要把影响力放在突出的位置,让地质文化村真正成为乡村振兴、精准扶贫的助推力。同时,建设地质文化村还要和山水林田湖草、美丽乡村、特色小镇、田园综合体等项目充分融合。

3　生态环境修复助力绿色发展

2016 年 10 月,财政部、国土资源部、环境保护部联合印发了《关于推进山水林田湖生态保护修复工作的通知》,对各地开展山水林田湖生态保护修复提出了明确要求。"南太行地区山水林田湖草生态保护修复工程"是国家第三批山水林田湖草项目,是河南省第一个跨区域重大国土生态修复项目。河南省地质调查院负责承担了"淇河流域山水林田湖草生态保护修复工程"规划设计工作。设计方案以淇河流域的区域生态功能为基础,将淇河流域生态保护修复工程分为"一廊带"(南水北调生态廊带)和"五区"(生物多样性保护区、水源涵养区、水土保持区、农田保护区、城市发展建设区)进行工作部署,分类实施流域水环境治理工程、生态修复及生物多样性保护工程、矿山治理及土地治理工程、人居环境改善及治理工程。通过治理将新增水土流失治理面积 8.21 km²,新增草地面积 123.7 hm²,新增高标准农田面积 1 938 hm²,新增湿地面积 0.01 km²,矿山环境整治 58 处、面积 12.58 km²,城镇生活垃圾无害化处理率由 80% 提升至 93%,乡村生活垃圾无害化处理率由 60% 提升至 85%,城乡污水集中处理率由 95% 提升至 97%。为强化国土空间管控,解决突出环境问题,构建区域生态安全,提升太行山地生态区、沿黄生态涵养带、南水北调中线生态走廊的生态功能,维护国家生态安全、饮水安全,促进人与自然和谐发展提供了基础支撑。

4　缺水地区找水助力精准扶贫

河南省嵩县九皋镇石场村位于豫西山区,全村有 130 多户,总人口近 500 人,村内石房石屋比邻而建、石墙石院随形而就,是人们耳熟能详的旅游地。但由于该村水资源严重匮乏,人畜饮水困难,不仅严重制约着当地经济发展和人民生活水平提高,也制约着景点的进一步发展。

石场村石板沟自然村吃水难的问题牵动着各界人士的心,中央电视台 2012 年曾对此作过深度报道。为解决群众饮水难问题,当地村委会先后邀请五家单位对该村进行找水勘察工作,均未成功。河南省地矿局第一地质矿产调查院承担任务后,抽调 12 名专业人员组建高水平找水技术团队,运用瞬变电磁法对该区进行全覆盖测量,寻找构造裂隙,在山中反复进行水文地质调查,终于在一条深沟里发现了含水构造裂隙。

通过半个月的地球物理勘探,结合相关资料和报告,找水技术团队对该区的水文地质条件进行反复研讨,经过认真细致的野外调查和严密的技术论证,搞清本区的地层及构造特征,从而确定含水构造靶区。同时结合地质、水文地质情况选用瞬变电磁和激电测深测量进一步缩小靶区,最终敲定了寻找深层构造裂隙水的靶区目标,确定了最有可能找到水源的井位,设计井深 630 m。

为了加快施工进度,解决施工难题,钻井选用国内较为先进的潜孔锤施工工艺,既提高了效率,又保证了质量,历时 7 天即完成了钻井施工任务。经过抽水试验,出水量可达每小时 46 t。

水质经化验高于国家饮用水安全卫生标准,部分元素含量达到天然矿泉水标准,能够满足 2 万余人基本用水需求,彻底解决了全村近 500 名村民正常生活及灌溉用水。该村旅游景点因为有了充足的水源,带动了当地的旅游业发展和村民的就业,为村民尽快精准脱贫打下了坚实的基础。

党的十八大以来,地质工作助推脱贫攻坚已经全面开花。在乌蒙山、沂蒙山、太行山、赣南、陕甘宁等地,完成探采结合井 1 400 余眼,解决 300 多万人饮水困难。在赣南钻获多处富锂、富锶的天然优质饮用矿泉水,带动地方矿泉水产业发展。支撑石漠化治理成效明显,在广西马山县形成可推广的荒山变绿洲"弄拉模式"。

5 原生劣质水区调查助力协调发展

立足资源环境协调发展、生态人文共同进步,构建和谐的山水林田湖草生命共同体的需求,围绕涡河流域(河南段)水资源短缺及水生态恶化等问题,揭示区域水文地质规律,总体查明水文地质条件、水资源现状及地质环境问题,优化地下水动态监测网络,评价水资源承载力,提出河南省粮食生产核心区水资源开发利用建议,总体提升水文地质工作服务民生、服务发展、服务生态文明建设的能力,梳理涡河流域环境地质问题,以应用为导向进行创新性专题调查评价工作。

围绕工作的总体目标,着眼于工作区水资源短缺、饮水安全、水生态恶化等问题,2019年河南省地质调查院开展了兰考县幅(I50E008004)、杞县幅(I50E009004)1:50 000水文地质调查与评价。运用系统理论和方法,划分水文地质单元,查明"水流场",包括地下水补径排特征、开发利用现状和循环制约因素;查明"水化学场",包括地下水化学特征、地下水质量和污染状况;查明"储水空间特征",包括含水层和弱透水层的空间结构发育特征、富水性特征。在此基础之上,评价地下水资源,提出地下水开发利用区划,规划应急(后备)水源地,分析地下水开采引起的环境地质问题,进行地下水防污性能分区。

在区域调查基础上,针对工作区重大地质环境问题及需要解决的科学问题,开展专项调查及研究工作。针对豫东地区高矿化度、高氟、高铁、高砷等原生劣质水的分布情况及安全饮水需求,在兰考、杞县开展原生劣质水区地下水化学特征分析与安全饮水专题研究工作。在分析地下水化学特征和高含量因子赋存特征及演化机理的基础上,分层、分质评价地下水资源,规划了水资源开发利用方向。

6 结语

目前,各地勘单位在实施民生地质工作项目时,普遍以矿产勘查技术手段为主。从竞争状况看,同质化竞争现象普遍。

从工作水平看,低水平作业现象严重。特别是在矿山地质环境的恢复治理上,普遍以复垦绿化为主,对恢复治理的矿区重新进行功能、用途等规划的少,易使社会形成矿区地质环境恢复治理技术含量低的认识,不利于这一工作的深度拓展。

从技术标准看,缺乏专门的技术规程。目前,矿山地质环境治理工程缺乏专门的设计、施工、监理等技术规程和预算定额标准,给工程预算、投资控制、预算审查带来许多不便和困难。

地质勘探单位在民生地质领域要根据自己的特点和优势,找准目标定位,坚持需求导向,开展差异化竞争,坚持特色化发展,要避免过去在传统的资源地质领域曾出现的同质化竞争、低水平重复现象。

参 考 文 献

[1] 王瑜.田野间的新希望:解读2018年中央一号文件中的地质机遇[N].中国国土资源报,2018-02-09.
[2] 谭勇,周强,李凯."地质神探"找水助力精准脱贫[N].河南日报,2019-03-25.
[3] 王琼杰,蔡春楠.河南省打造全国生态环境保护修复标杆[N].中国矿业报,2019-02-26.
[4] 河南省地质调查院.河南1:5万兰考县幅(I50E008004)、杞县幅(I50E009004)水文地质调查工作设计[R].2019.
[5] 黄光寿,李春立,刘富有,等.水文地质工作发展方向刍议[J].河南地质,1999(3):3-5.
[6] 黄光寿.开展农业地质工作刍议[J].河南地质情报,1994(1):33-35.